トランジスタ技術 SPECIAL

No.162

JN107301

フレッシャーズもベテランも！ 電子回路のサッと早見集

エレクトロニクス設計便利帳101

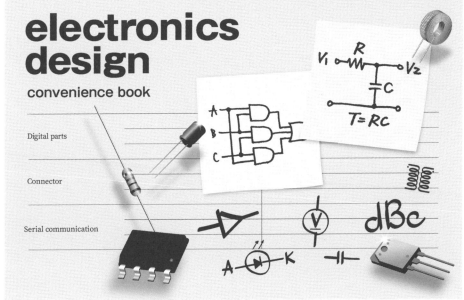

CQ出版社

トランジスタ技術SPECIAL No.162

フレッシャーズもベテランも！電子回路のサッと早見集

エレクトロニクス設計便利帳101

トランジスタ技術SPECIAL編集部 編

第1部　電子回路・部品の設計便利帳　　[No.1-55]

CONTENTS

表紙／扉デザイン：ナカヤ デザインスタジオ（柴田 幸男）

CONTENTS

第6部　これからの注目分野あれこれ

▶本書は「トランジスタ技術」誌に掲載された記事を元に再編集したものです．

第1部

電子回路・部品の設計便利帳

第1章　部品定数の読み方から各種特性まで

抵抗・コンデンサ・コイルの設計便利帳

1　リード線抵抗のカラー・コードの読み方

藤平　雄二

カラー・コードとは，数字や乗数，許容差などを色で表すためのものです．カラー・コードを**表1**に示します．

カラー・コードを覚えるとき，まず赤が2と覚えてください．その次からは，中学のとき覚えた虹の色「赤，橙，黄，緑，青，藍，紫」の順になります．ただし，よくわからない色「藍」は抜いてください．これで2〜7までは覚えられます．次の白と灰は私も悩むときがあります．ですが，白(9)と黒(0)は端と覚えると大丈夫です．そうすると茶は1しかなくなります．

いくつかの例を**表2**に示します．

● 炭素皮膜抵抗

電気回路でよく使う炭素皮膜抵抗は4本の色帯で表します．炭素皮膜抵抗の許容差は，ほぼすべて5%なので，最後の色が金色の色帯ですから金色の帯の逆側から読んでいきます．

● 金属皮膜抵抗

抵抗値は5本の色帯で表します．許容差を表す色帯がほかのものより太くなっているので，太い帯の逆から読んでいきます．

表1　カラー・コード

4本線

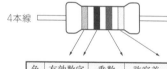

色	有効数字	乗数	許容差
黒	0	10^0	—
茶	1	10^1	±1%
赤	2	10^2	±2%
橙	3	10^3	—
黄	4	10^4	—
緑	5	10^5	—
青	6	10^6	—
紫	7	10^7	—
灰	8	10^8	—
白	9	10^9	—
金		10^{-1}	±5%
銀	—	10^{-2}	±10%

5本線

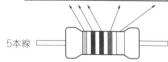

表2　カラー・コードの表示と抵抗値の例

実物イメージ	有効数字	乗数	値	許容差
黄 紫 赤 金	黄紫 = 47	赤 = 10^2 = 100	47×100 = 4700 Ω = 4.7 kΩ	金 = ±5%
赤 赤 黒 金	赤赤 = 22	黒 = 10^0 = 1	22×1 = 22 Ω	金 = ±5%
緑 茶 金 金	緑茶 = 51	金 = 10^{-1} = 0.1	51×0.1 = 5.1 Ω	金 = ±5%
紫 赤 黄 黒 茶	黄紫黒 = 470	赤 = 10^2 = 100	470×100 = 47000 Ω = 47 kΩ	茶 = ±1%
黒 黄 茶 黒 茶	茶黒黒 = 100	黄 = 10^4 = 10000	100×10000 = 1000000 Ω = 1 MΩ	茶 = ±1%

② チップ抵抗／コンデンサ／コイルの値の読み方

藤平 雄二

● チップ抵抗の抵抗値

チップ抵抗には，3桁の数字が書かれています．それぞれの数字は，カラー・コードと同様な意味をもっています．小数点が必要なときはRで表します．**表3**に例を示します．

● コンデンサの容量値

電解コンデンサには，容量がそのままの値で書かれています．またマイラ・コンデンサと積層セラミック・コンデンサでは，容量を3桁の数字で表しています．ただし，100 pF未満のセラミック・コンデンサには，そのままの値（単位はpF）が書かれています．

3桁表示の例を**表4**に示します．3桁目が乗数を表しているのは，チップ抵抗（**表3**）と同じです．ただし単位はpFです．許容差は，**表5**のようにアルファベットで表します．

表4　コンデンサの表示と容量の例

表示	値
105	$10 \times 10^5 = 1000000$ pF $= 1\,\mu$F
224	$22 \times 10^4 = 220000$ pF $= 0.22\,\mu$F
333	$33 \times 10^3 = 33000$ pF $= 0.033\,\mu$F
472	$47 \times 10^2 = 4700$ pF $= 0.0047\,\mu$F
681	$68 \times 10^1 = 680$ pF

表5　許容差記号

記号	F	G	J	K	M	Z
値	± 1%	± 2%	± 5%	± 10%	± 20%	− 20%，＋80%

● コイルのインダクタンス値

コイルの表示とインダクタンスの例を**表6**に示します．抵抗やコンデンサと同じです．ただし単位はμHです．

表3　チップ抵抗の表示と抵抗値の例

実物イメージ	有効数字	乗数	値
473	47	$10^3 = 1000$	47×1000 $= 47\,$kΩ
101	10	$10^1 = 10$	10×10 $= 100\,\Omega$
100	10	$10^0 = 1$	10×1 $= 10\,\Omega$
2R2	—	—	$2.2\,\Omega$
R22	—	—	$0.22\,\Omega$

表6　コイルの表示とインダクタンスの例

形状	値	許容差
103	10×10^3 $= 10000\,\mu$H $= 10\,$mH	—
101	10×10^1 $= 100\,\mu$H	—
橙 橙 茶 銀 3 3 1	33×10^1 $= 330\,\mu$H	銀色は ± 10%

③ 角形チップ抵抗器の外形寸法

稲葉 保

表7に角形チップ抵抗器の外形寸法と実物大の外形を示します．

外形の呼称は，例えば "1608" は公称1.6×0.8 mmを表し，数値が小さいほど小型です．

高周波回路では回路を小さくする必要があり，チップ抵抗器を使いますが，小型化によって許容消費電力も小さくなるので，回路に加わる電圧と電流値についてはチェックが必要です．

表7　角形チップ抵抗器の外形寸法

呼称	0402	0603	1005	1608	2012	3216	3225	5025	6432
インチ呼称	01005	0201	0402	0603	0805	1206	1210	2010	2512
寸法 [mm]	0.4／0.2	0.6×0.3	1.0×0.5	1.55×0.8	2.0×1.25	3.1×1.55	3.2×2.6	5.0×2.5	6.3×3.15
実物大	・	-	-	–	–	▬	▬	■	■

④ ほとんどの工業製品が採用している ISO規格の標準数「R系列」

藤田 昇

工業製品の物理的寸法や電気部品の値がメーカや国ごとに違うのは，ユーザにとってもメーカにとっても不便なことです．万国共通のあらかじめ限られた数値，すなわち標準数が決められているほうが便利です．そこで，国際的に標準として使用する数列(標準系列)が定められています．

数列には等差数列と等比数列が考えられます(**図1**)．数値が広範囲にわたる場合は，等差数列では種類が多くなるため，等比数列が採用されています．

● R系列とは

R系列とは，1870年代にフランス軍技術大佐シャルル・ルナール(Charles Renard)が提案した数列で，ルナール番号とも呼ばれます．フランス国内規格などを経て，1953年にISO(International Organization for Standardization：国際標準化機構)によって標準規格化(ISO R3)されました．翌年にはJIS(Z 8601)にも採用されています．

一般的に使われるR10系列を例にとると，10の10乗根を基本にした数列で，1〜10の間を等比級数で10分割しています．より小さな数値や大きな数値は，同じ数列の10のべき乗数(…×0.1，×1，×10，×100…)になります．場合によって10分割では足りないときや多すぎるときがあるので，R5，R10，R20，R40，R80系列も定められています(**表8**)．

● 数字の丸め方

R10系列の各数値は，$n = 0 \sim 9$として$10^{n/10}$で計算できます．計算の結果は$n = 0$のとき以外は無理数になるので，使いやすいように適当に丸められています(**表9**)．丸めたあとの有効桁は基本的に3桁ですが，必ずしも下4桁目以降を四捨五入しているわけではありません．たとえばR10系列の2，4，5，8などは，わざと多めに丸めて切りのよい数字にしているようです．さらにほかの数値も，最終桁ができるだけ0または5になるように丸められているものが多くなっています．

低い系列の数値と高い系列の数値は同一になっています．たとえば，R10の3.15はR80でも3.15です．機械寸法などはこのほうが便利なのでしょうが，ヒューズの電流容量のように誤差の大きいものに，3.15 Aなどと表記してあるのは違和感があります．

1, 2, 3, …999, 1000, 1001… 　 1, 10, 100, 1000, 10000…
　　　(a) 等差数列　　　　　　　　　　(b) 等比数列

図1　2種類の数列「等差数列」と「等比数列」
国際的に標準として使用されている数列は等比数列

表8　標準数「R系列」(JIS Z 8601)

R5	R10	R20	R40	R80	
1	1	1	1	1	1.03
				1.06	1.09
			1.06	1.12	1.15
				1.18	1.22
		1.12	1.12	1.25	1.28
				1.32	1.36
			1.18	1.4	1.45
				1.5	1.55
	1.25	1.25	1.25	1.6	1.65
				1.7	1.75
			1.32	1.8	1.85
				1.9	1.95
		1.4	1.4	2	2.06
				2.12	2.18
			1.5	2.24	2.3
				2.36	2.43
1.6	1.6	1.6	1.6	2.5	2.58
				2.65	2.72
			1.7	2.8	2.9
				3	3.07
		1.8	1.8	3.15	3.25
				3.35	3.45
			1.9	3.55	3.65
				3.75	3.87
	2	2	2	4	4.12
				4.25	4.37
			2.12	4.5	4.62
				4.75	4.87
		2.24	2.24	5	5.15
				5.3	5.45
			2.36	5.6	5.8
				6	6.15
2.5	2.5	2.5	2.5	6.3	6.5
				6.7	6.9
			2.65	7.1	7.3
				7.5	7.75
		2.8	2.8	8	8.25
				8.5	8.75
			3	9	9.25
				9.5	9.75
	3.15	3.15	3.15		
			3.35		
		3.55	3.55		
			3.75		
4	4	4	4		
			4.25		
		4.5	4.5		
			4.75		
	5	5	5		
			5.3		
		5.6	5.6		
			6		
6.3	6.3	6.3	6.3		
			6.7		
		7.1	7.1		
			7.5		
	8	8	8		
			8.5		
		9	9		
			9.5		

表9　R系列において変則的に丸められている数値例

標準数	1.6	3.15	4	7.75
計算値	1.5848…	3.1622…	3.9810…	7.7179…

⑤ 電子部品の定数で採用している標準数「E系列」

藤田 昇

表10 標準数「E系列」(JIS C5063, 1997年) ※E192は省略した

E3	E6	E12	E24	E48	E96	
1	1	1	1	100	100	102
				105	105	107
			1.1	110	110	113
				115	115	118
		1.2	1.2	121	121	124
				127	127	130
			1.3	133	133	137
				140	140	143
	1.5	1.5	1.5	147	147	150
				154	154	158
			1.6	162	162	165
				169	169	174
		1.8	1.8	178	178	182
				187	187	191
			2	196	196	200
				205	205	210
2.2	2.2	2.2	2.2	215	215	221
				226	226	232
			2.4	237	237	243
				249	249	255
		2.7	2.7	261	261	267
				274	274	280
			3	287	287	294
				301	301	309
	3.3	3.3	3.3	316	316	324
				332	332	340
			3.6	348	348	357
				365	365	374
		3.9	3.9	383	383	392
				402	402	412
			4.3	422	422	432
				442	442	453
4.7	4.7	4.7	4.7	464	464	475
				487	487	499
			5.1	511	511	523
				536	536	549
		5.6	5.6	562	562	576
				590	590	604
			6.2	619	619	634
				649	649	665
	6.8	6.8	6.8	681	681	698
				715	715	732
			7.5	750	750	768
				787	787	806
		8.2	8.2	825	825	845
				866	866	887
			9.1	909	909	931
				953	953	976

● E系列とは

電子部品の定数(抵抗値や容量値など)に限っては，R系列ではなく，E系列と呼ばれる標準数が使用されています．これは，10のE乗根($E=3$, 6, 12, 24, 48, 96, 192)の等比数列になっています(**表10**)．

どうして電子部品の定数は，あえてR系列と異なる標準系列を採用したのでしょうか．それは，定数だけではなく誤差も考慮したからです．

以前は，誤差範囲は±20％や±10％でした．誤差20％の部品に対してR10系列を当てはめると，**図2(a)**のように誤差を含めた数値どうしが重なってしまいます．つまり，R10では細かすぎます．かといってR5を当てはめると，**図2(b)**のように誤差を含めた数値と数値の間に隙間ができます．作る側からいえば，隙間がなく規格はずれがないように製造するほうが経済的です．

その隙間がちょうど埋まるような系列がE系列というわけです [**図2(c)**]．±20％はE6，±10％はE12，±5％はE24系列に対応させると隙間がちょうど埋まります(丸める前の数値で計算した場合)．誤差±2％，±1％はそれぞれE48とE96系列に対応します．ちなみに，E系列はIEC(International Electrotechnical Commission：国際電気標準会議)でIEC 60063として規格化されています．それに基づいてJISではC 60063として規格化されています．

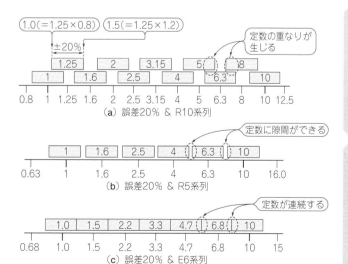

図2 電子部品の業界は定数だけでなく誤差も考慮したE系列を採用した
R系列と誤差を組み合わせると定数が連続的にならず製造上不経済

⑥ 抵抗器の温度特性

稲葉 保

計測用などの精密な回路では使用する抵抗器の温度特性が全体の精度を決定します．**図3**は各種抵抗器の温度特性で，25℃を基準に抵抗値変化率がパーセント表示されています．抵抗器のデータ・シートに温度係数が××ppm/℃以内といった表示があり，使用温度範囲が広い場合は要注意で，例えば200 ppm/℃で，温度範囲が0～50℃の場合，

$$200 \times 10^{-6} \times 50 = 0.01$$

となり抵抗値が1％変化します．炭素皮膜抵抗器は温度係数が大きいので主に民生機器で多く使われ，計測用途では金属皮膜か薄膜抵抗器を使用します．

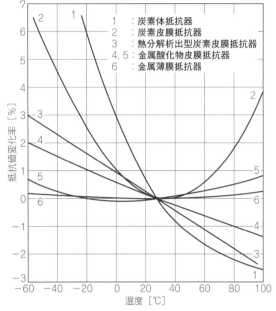

1 ：炭素体抵抗器
2 ：炭素皮膜抵抗器
3 ：熱分解析出型炭素皮膜抵抗器
4，5 ：金属酸化物皮膜抵抗器
6 ：金属薄膜抵抗器

図3[1]　抵抗器の温度特性

⑦ 抵抗器の周波数特性

稲葉 保

一般的に抵抗値××Ωといった表示は直流抵抗R_{DC}の値で，高周波では実際の値(インピーダンス)が変化します．**図4(a)**の等価回路においてL_1とL_2はリード線のインダクタンス，L_Sは抵抗器自身のインダクタンスです．抵抗値R_{DC}が数十Ω以下の低抵抗値では並列容量C_Pは無視できるので誘導性になり，逆に数kΩ以上の高抵抗値では並列容量C_Pが支配的になり

(R_{DC}とCの並列回路)高周波ほど抵抗値(インピーダンス)が小さくなります．

図4(b)～(d)は代表的な抵抗器の周波数特性(R_{HF}/R_{DC})で，皮膜抵抗器では抵抗値が高いほど周波数特性が悪く，数MHz以上の周波数帯では回路定数値が高くならない配慮が必要です．角形チップ抵抗器は小型のため周波数特性が良くなっています．

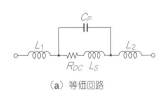

(a) 等価回路

図4[1]　抵抗器の周波数特性

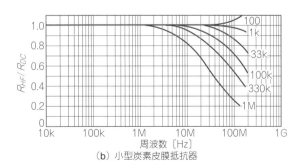

(b) 小型炭素皮膜抵抗器

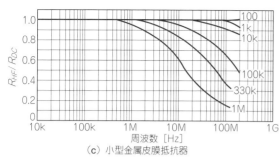

（c）小型金属皮膜抵抗器

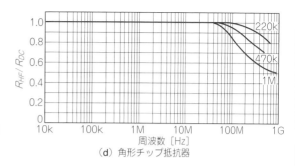

（d）角形チップ抵抗器

図4[(1)]　抵抗器の周波数特性（つづき）

8 分圧抵抗の組み合わせ表

瀬川　毅

● **分圧抵抗の組み合わせ表**

　抵抗で電圧を分圧することは，回路設計でよくあることです．例えば1/10にするならば，9kΩと1kΩの組み合わせでOKです．しかし，一般的な抵抗配列のE24では9kΩは存在しません．抵抗器を特別注文したり可変抵抗器を使って調整してもかまいませんが，**表11**に1/n分圧用の表を用意しました．回路を**図5**に示します．

　電圧精度，温度特性などは使用する抵抗に依存します．微調整のために可変抵抗器を付けてもかまいません．

● **分圧比が大きい場合の抵抗組み合わせ表**

　表12は，さらに分圧比が大きい分圧回路用です．抵抗を2本だけでは難しいので3本使用しています．電圧精度などは**表11**と基本的に同じですが，抵抗が1本加わるので，そのぶん厳しくなります．

　ここで，200V以上の電圧を分圧するときは，抵抗の定格電圧にも配慮してください．定格以下で使用するのはもちろんですが，抵抗には電圧依存性（高い電圧が加わると抵抗値が減少したように見える現象）があるので，定格電圧の1/2以下での使用をお勧めします．

表11　分圧抵抗の組み合わせ表（抵抗2本）

分圧比	R_2 [Ω]	R_1 [Ω]
1/10	27 k	3 k
1/9	24 k	3 k
1/8	9.1 k	1.3 k
1/7	12 k	2 k
	18 k	3 k
	10 k	2 k
1/6	11 k	2.2 k
	15 k	3 k
	18 k	3.6 k
1/5	12 k	3 k
	30 k	7.5 k
	3.3 k	1.1 k
1/4	3.6 k	1.2 k
	3.9 k	1.3 k
	2 k	1 k
	2.2 k	1.1 k
1/3	2.4 k	1.2 k
	3 k	1.5 k
	3.6 k	1.8 k
	15 k	7.5 k
1/2	R_1に同じ	R_2に同じ

表12　分圧抵抗の組み合わせ表（抵抗3本）

分圧比	R_3 [Ω]	R_2 [Ω]	R_1 [Ω]
	24 k	75 k	1 k
1/100	43 k	56 k	1 k
	68 k	130 k	2 k
	10 k	39 k	1 k
	22 k	27 k	1 k
1/50	30 k	68 k	2 k
	36 k	62 k	2 k
	47 k	51 k	2 k
	56 k	91 k	3 k
1/40	0	39 k	1 k
	11 k	18 k	1 k
1/30	11 k	47 k	2 k
	15 k	43 k	2 k
	22 k	36 k	2 k
	3 k	16 k	1 k
	6.8 k	16 k	1.2 k
1/20	4.7 k	20 k	1.3 k
	18 k	20 k	2 k
	27 k	30 k	3 k
	10 k	47 k	3 k

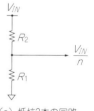

（a）抵抗2本の回路

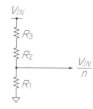

（b）抵抗3本の回路

図5　分圧器の回路

⑨ コンデンサの静電容量範囲

稲葉 保

● **コンデンサの種類と誘電体の主材料**

コンデンサは使用する誘電体の材料により分類され，電気的な特性はその誘電体に依存します．**表13**にコンデンサの種類を示します．アルミ電解コンデンサは大容量が得られるので電源平滑や時定数回路に，タンタル固体電解コンデンサは電源ラインのパスコン，時定数回路，結合回路に使われています．

磁器(セラミック)コンデンサは高周波回路や，積層化されたものは電源ラインのパスコン，スイッチング電源の2次平滑用などに使われていますが，種類1〜3により特性が異なるので注意してください．

フィルム系コンデンサは，低周波アナログ回路で多用され，種類も多いので各社カタログ・データを参考

に品種を決定します．

● **各種コンデンサの容量範囲**

コンデンサを構成する誘電体の種類で区分した静電容量範囲の目安は**図6**のとおりです．品種の選定にあたり重要なのは，電気的特性，外形，コストのバランスで，やたら高性能を求めないことです．一般的に多く使われている代表的な品種で，アルミ電解コンデンサは1 μ〜数万 μF，タンタル電解コンデンサは0.1 μ〜100 μF，各種フィルム・コンデンサは1000 p〜数 μF，低誘電率系セラミック・コンデンサは1p〜0.1 μF，高誘電率系コンデンサで，1000 p〜100 μFです．

表13　コンデンサの種類と記号(JIS C 5101)

記号	コンデンサの種類	誘電体の主材料
CA	アルミニウム固体電解コンデンサ	アルミニウム酸化皮膜
CC	磁器コンデンサ(種類1)	磁器
CE	アルミニウム非固体電解コンデンサ	アルミニウム酸化皮膜
CF	金属化プラスチック・フィルム・コンデンサ	プラスチック・フィルム
CG	磁器コンデンサ(種類3)	磁器
CH	金属化紙コンデンサ	紙
CK	磁器コンデンサ(種類2)	磁器
CL	タンタル非固体電解コンデンサ	タンタル酸化膜
CM	マイカ・コンデンサ	マイカ
CP	紙コンデンサ	紙
CQ	プラスチック・フィルム・コンデンサ	プラスチック・フィルム
CS	タンタル固体電解コンデンサ	タンタル酸化皮膜
CU	金属化複合フィルム・コンデンサ	紙とプラスチック・フィルムまたは異種のプラスチック・フィルムの組み合わせ
CW	複合フィルム・コンデンサ	紙とプラスチック・フィルムまたは異種のプラスチック・フィルムの組み合わせ

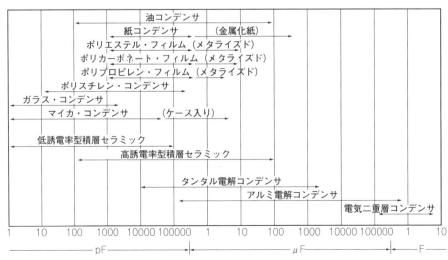

図6(2)　**コンデンサの静電容量範囲**

⑩ コンデンサの使用周波数範囲

稲葉 保

交流回路で使われるコンデンサは構成する誘電体材料により使用周波数が決まります．図7は代表的なコンデンサの使用周波数範囲で，交流での損失tan δが小さい品種ほど，高周波で使用できます．

アルミ電解コンデンサは一般に数百kHz以下で使用され，等価直列抵抗ESRと許容リプル電流値に注意します．大電力回路で使用するフィルム系の場合も同様な配慮が必要です．

高周波回路で使われるセラミック型はリード線のインダクタンスが問題となり，自己共振周波数以下の周波数で使用します．この点でチップ型は最適です．

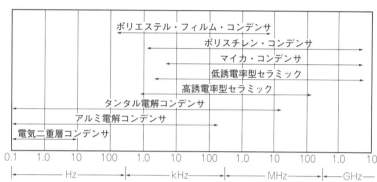

図7[(2)]　コンデンサの使用周波数範囲

⑪ コンデンサの定格電圧

山本 真範

図8に各種コンデンサの定格電圧範囲を示します．定格電圧は，コンデンサに連続して加えることができる直流電圧の最高電圧，またはパルス電圧の最大ピーク電圧値として規定されています．

一般的に定格電圧は2文字の記号で表されます．1文字目の数字は10のn乗を表し，2文字目の記号は表14に示した値に相当し，これらを乗じた値が定格電圧です．

　（例）　**0J**：DC6.3 V

　　　　1C：DC16 V

積層セラミック・コンデンサの中には電圧によって静電容量が変化するものがあり，実際に使用する電圧は，この定格電圧より小さくなければなりません．

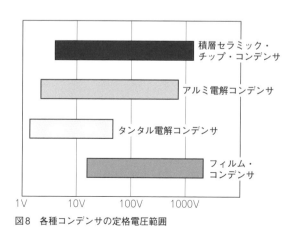

図8　各種コンデンサの定格電圧範囲

表14　定格電圧の記号

記号	値
A	1
B	1.25
C	1.6
D	2
E	2.5
F	3
G	4
H	5
J	6.3

12 コンデンサの温度特性

山本 真範

積層セラミック・チップ・コンデンサは温度によって静電容量が大きく変化するものがあります.

温度特性はEIA規格やJIS規格により,温度範囲における静電容量変化率の補償範囲が定められています.表15に代表的な温度特性の一覧を示します.

図9は各種コンデンサの静電容量温度特性の比較です.一般的に温度特性は,CH特性,B特性,F特性がよく使われます.CH特性,UJ特性などの種類Ⅰは温度補償用とも呼ばれ,B特性やF特性品(種類Ⅱ)に比べて温度による静電容量の変化がほとんどありません.F特性品は温度による静電容量変化が大きく,使用環境温度を考慮しなければなりません.

表15 EIA規格とJIS規格の温度特性

EIA規格	温度範囲	容量変化率・温度係数
C0G	− 55 ～ + 125℃	0 ± 30ppm/℃
X8R	− 55 ～ + 150℃	± 15%
X7R	− 55 ～ + 125℃	± 15%
X5R	− 55 ～ + 85℃	± 15%
Y5V	− 30 ～ + 85℃	+ 22%, − 82%

(a) EIA規格

JIS規格	温度範囲	容量変化率・温度係数
CH	− 25 ～ + 85℃	0 ± 60ppm/℃
UJ		− 750 ± 120ppm/℃
BJ(B)	− 25 ～ + 85℃	± 10%
FJ(F)		+ 30%, − 80%

(b) JIS規格

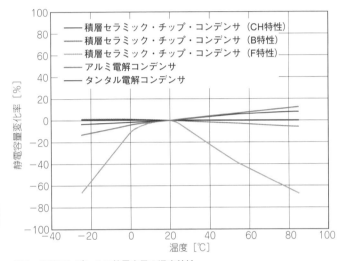

図9 各種コンデンサの静電容量の温度特性

◆参考文献(第1章)◆

(1) 佐井 行雄;別冊 エレクトロニクス便利帳,トランジスタ技術,1990年4月号別冊付録,CQ出版社.

(2) 電子回路部品活用ハンドブック,第22版,pp.37 - 38,CQ出版社,1985年.

回路・部品

シリアル通信

コネクタ関係

単位・値

電波・無線

あれこれ

第2章 ダイオードからトランジスタ, OPアンプ, コンパレータ回路まで

半導体ミニ図鑑

1 整流ダイオードのミニ図鑑

今関 雅敬

● 見た目と中身

シリコン・ダイオードは, PN接合のPからNに電流が流れ, 逆方向には流れない性質を利用した, 元祖半導体とでもいうべきものです(図1). 記号は三角形の矢印の方向が電流の流れる方向を表しています. そしてその先端に棒が1本引いてあります. 実際のダイオードも, カソード側に線を引いて方向表示にしてあるものもあります.

● ショットキー・バリア・ダイオードについて

ショットキー・バリア・ダイオードはPN接合ではなく, 金属とシリコンによるショットキー接合 (Schottky barrier junction)を使って順方向電圧を低く抑えてあります(図2). 普通のダイオードと区別するために, カソード側の棒線の両端に折れ曲がったカギ型(S字形)を付けて区別します.

● 基本的な使い方

ダイオードの用途は大変多く, 整流, 検波, インダクタやリレー・コイルのサージ吸収, デコーダなどさまざまです. 小さなガラス管のダイオードから大きな電源整流用まであります. また, 2つのダイオードが入っていて, センタ・タップ型全波整流回路が1つのパッケージでできるものや, 4つのダイオードをブリッジにして1つのパッケージに入れたものなど種類も豊富です.

ダイオードのパラメータはいろいろとありますが, 整流器などに使用するときに注意するのは逆耐圧や許容損失などです. ダイオードは順方向電圧と電流で損失が発生し, 大きな電流を流すと発熱します.

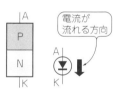

（a）半導体構造 （b）動作回路

図1 一般的な整流ダイオードの中身

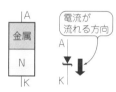

（a）半導体構造 （b）動作回路

図2 ショットキー・バリア・ダイオードの中身

写真1 ダイオードのいろいろ
左上から：整流用ダイオード, 小信号用ダイオード, ゲルマニウム・ダイオード. 右の並んだ2個はブリッジ整流器

	本誌	IEC
	丸囲みはパッケージを表す	
	（a）本誌：ダイオード	05-03-01 （c）IEC：ダイオード
	（b）本誌：ショットキー・バリア・ダイオード	（d）IEC：ショットキー・バリア・ダイオード

図3 ダイオードの記号
パッケージを表す丸囲みはオプションであり, あってもなくてもよい. ほかの部品についても同様で, 囲みの形は楕円や長方形の場合もある

2 LEDミニ図鑑

今関 雅敬

● 見た目と中身

　記号そのものはダイオードで，発光を2つの矢印で表します(図4)．半導体材料にはヒ化ガリウム(赤系)，ガリウム・リン(黄系)，窒化ガリウム(青系)などを使い，不純物などを入れて色合いを出します(写真2)．

● 基本的な使い方

　小さな表示ランプ用の品から，照明用の品まで多様です．表示ランプなどに使う小さなもので数m～10 mA程度です．駆動電圧が高い場合，安易に抵抗で電流制限をすると，抵抗の損失が大きくなります．例えば駆動電圧が24 Vの場合，抵抗には22 V加わり，10 mAで220 mWもの損失が発生してしまいます．1/4 Wの抵抗では定格ぎりぎりで，発熱量もばかになりません．

　図5の回路例は，5 Vを電源として50 mA程度の高輝度LEDをマイコンで駆動する例です．

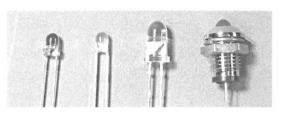

写真2　LEDのいろいろ
左から：φ3モールドLED(2個)，φ5モールドLED，パネル取り付け用

図4　LEDの記号

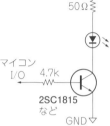

▶図5　LEDの応用回路例
マイコンI/Oでちょっと大きなLEDを点灯する

3 ツェナー・ダイオードのミニ図鑑

今関 雅敬

● 見た目と中身

　逆バイアスで急に電流が流れるツェナー現象(Zener effect)を利用した，電圧を一定に保つダイオードです(図6)．双方向ツェナー・ダイオード[図7(b)]は，内部で2つを反対方向につないだ構造です．

● 基本的な使い方

　主に定電圧回路に使われます．図8の回路例は，ツェナー・ダイオードで構成した簡単な電圧レギュレータです．

写真3　ツェナー・ダイオードの外観

図6　ツェナー・ダイオードのV-I特性グラフ

本誌	IEC
▼ (a) 本誌：ツェナー・ダイオード	⊥ 05-03-06 (c) IEC：ツェナー・ダイオード
(b) 本誌：ツェナー・ダイオード(双方向)	05-03-07 (d) IEC：ツェナー・ダイオード(双方向)

図7　ツェナー・ダイオードの記号

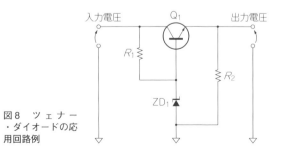

図8　ツェナー・ダイオードの応用回路例

回路・部品

シリアル通信

コネクタ関係

単位・値

電波・無線

あれこれ

④ 可変容量ダイオードのミニ図鑑

今関　雅敬

● 見た目と中身

ダイオードに逆方向にバイアス電圧をかけて，その電圧を変化させると，空乏層の厚みが変化します．空乏層の厚みが増すと，その部分の静電容量が減っていきます．この性質を使って，加える電圧によってバリコンのように容量を変化させることができるのが可変容量ダイオードです（**図9**）．記号はダイオードの先にコンデンサ構造を付けたような形をしています［**図10(a)**］．

可変容量ダイオードはダイオードに逆方向に電圧をかけることで容量を制御します．内部で2つの可変容量ダイオードをつないで，どちらから電圧をかけても同じに働くようにした双方向可変容量ダイオードもあります．

● 基本的な使い方

バリキャップやバラクタ・ダイオードなどとも呼ばれます．電子同調回路やVCOなどに使われています．

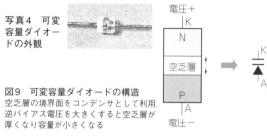

写真4　可変容量ダイオードの外観

図9　可変容量ダイオードの構造
空乏層の境界面をコンデンサとして利用．逆バイアス電圧を大きくすると空乏層が厚くなり容量が小さくなる

本誌	IEC
（a）本誌：可変容量ダイオード	05-03-04 （c）IEC：可変容量ダイオード
（b）本誌：可変容量ダイオード（対向）	（d）IEC：可変容量ダイオード（対向）

図10　可変容量ダイオードの記号

⑤ バイポーラ・トランジスタのミニ図鑑

今関　雅敬

NPNトランジスタ

● 見た目と中身

NPNトランジスタは，N型半導体がP型半導体を挟む形をしていて，P型半導体にベースがつながっています（**図11**）．このベース電極にわずかな電流を流し込むと，コレクタにh_{FE}（直流増幅率）倍の大きな電流が流れます．そして，エミッタにはベースとコレクタ

の電流を合わせたぶんが流れ出します．

NPNトランジスタの記号（**図12**）を見ると，エミッタ・ピンの矢印が，その電流方向の外方向を向いています．IEC記号に付いた丸記号［**図12(c)**］は，トランジスタのメタル缶や放熱タブを意味しています．この記号の場合，メタル缶や放熱タブがコレクタに接続されていることを示しています．

小信号用のものや高周波用，VHF用，UHF用，パワー・トランジスタなど，普通のトランジスタだけでも多くの品があります．さらに，2つのトランジスタ

写真5　バイポーラ・トランジスタのいろいろ

N型半導体に薄いP型半導体が挟まれている．その名の通りNPN

図11　NPNトランジスタの構造

コレクタ電流
ベース電流のh_{FE}倍

エミッタ電流
ベース電流＋コレクタ電流

少しのベース電流

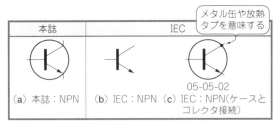

図12 NPNトランジスタの記号

を1つのパッケージに入れて熱的に結合させた差動増幅用デュアル・トランジスタ，スイッチング用にベース周りの抵抗をパッケージに取り込んだ抵抗入りトランジスタ，抵抗入りトランジスタを多連化したようなトランジスタ・アレイなどがあります．

● 基本的な使い方

使用時は定格電流および定格損失，定格電圧を守ることが基本です．パワー・トランジスタは内部の定格損失以外に，内部のジャンクション温度も規定されているので，必要に応じて放熱器を付けるなどの対策が必要です．

最近はワンチップ・マイコンのI/O端子の定格出力電流が大きく，小さなLEDなどは直接点灯できるので，トランジスタの出番は減っています．しかし，500 mA，24 Vのバルブの開閉用ソレノイドなどをCPUから駆動する場合は，トランジスタをスイッチとして使用することで，CPUの手足を強化できます．

図13の回路例は，NPNトランジスタをオープン・コレクタで使用したもので，負荷をマイナス側からON/OFFするロー・サイド・スイッチの例です．

トランジスタは電流入力動作なので，3.3 Vなどと動作電圧が低いマイコンからMOSFETを直接動かせない場合などにも使うことができます．

P型半導体に薄いN型半導体が挟まれている

図14 PNPトランジスタの構造

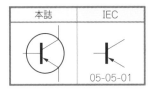

図15 PNPトランジスタの記号

$$R_B = \frac{V_{out}-0.6}{5(I_L/h_{FE})}$$

トランジスタがI_Lを流しきれるようにベース電流をI_L/h_{FE}の5倍とした．ベース電流がトランジスタの定格を超えないように注意．MOSFETのしきい値に届かない2.7V出力などでもトランジスタなら動作する

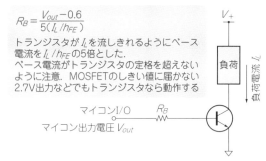

図13 NPNトランジスタをオープン・コレクタで使用したロー・サイド・スイッチ

PNPトランジスタ

● 見た目と中身

P型半導体2つでN型半導体を挟む形をしていて，N型半導体にベース電極がつながっています（図14）．ベースからわずかな電流が流れ出すと，コレクタからh_{FE}倍の大きな電流が流れ出し，それらを合わせたぶんの電流がエミッタから流れ込みます．

● 基本的な使い方

主にNPNトランジスタのコンプリメンタリとして用いられます．NPNと同じような用途に使えますが，電源極性が反対になります．

図16の回路は，マイコン出力端子の能力を補っている例です．負荷をプラス側からON/OFFするハイ・サイド・スイッチです．安全上の理由からグラウンド側をON/OFFできない場合に使用します．

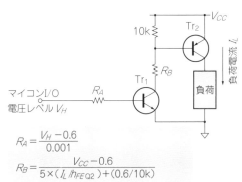

$$R_A = \frac{V_H-0.6}{0.001}$$

$$R_B = \frac{V_{CC}-0.6}{5\times(I_L/h_{FE\,Q2})+(0.6/10k)}$$

Tr_1はh_{FE}100以上の小信号用トランジスタ．R_BはTr_2がI_Lを十分に流しきる値としてI_L/h_{FE}の5倍とした．ベース電流がTr_2の定格を超えないように注意すること

図16 PNPトランジスタをオープン・コレクタで使用したハイ・サイド・スイッチ

6 MOSFETミニ図鑑

今関 雅敬

MOSFET（Metal Oxide Semiconductor Field Effect Transistor）はトランジスタの一種で，ベースにあたるゲート，エミッタにあたるソース，コレクタにあたるドレインの3つの端子をもつ増幅素子です．ゲート・ソース間に電圧を加えて使います．ゲートに電流は流れず，高速スイッチングに向きます．〈編集部〉

写真6 MOSFETのいろいろ

ノーマリOFF型NチャネルMOSFET

● 見た目と中身

エンハンスメント型（ノーマリOFF型）のMOSFETは，ソースとドレインの間にチャネル（電流の流れる経路）が貫通していません（図17）．記号でもその構造を表していて，ソース-ドレインの間のチャネルを意味する線が切れています．

MOSFETのゲートは酸化絶縁膜で本体から絶縁されており，記号でもゲートとチャネルが離れて描かれています（図18）．ソースとドレインの間にサブストレート・ゲートを示す矢印の付いた電極が描かれ，その先がソースに接続されています．Nチャネルのものは矢印が内向きに描かれます．

エンハンスメント型はもともとチャネルが切れているので，ソース-ゲート間電圧が0Vでは電流が流れません．ソース-ゲート間にプラス電圧を加えること

で，初めてソース-ゲート間にチャネルが形成されて電流が流れるようになります．

● 基本的な使い方

MOSFETには小信号用からパワー用途まで多種多様なものがあります．特にパワー用途は内部抵抗が小さくなる傾向にあり，その応用であるサーボ・モータのドライバやスイッチング電源などの製品は近年，発熱量が目立って下がってきています．

0Vバイアスで電流がOFFになることから，マイコンの手足としてのスイッチング用途に使いやすいFETです．トランジスタと違って順方向電圧がないので，大電流時の損失も内部抵抗と電流で評価できます．パワーMOSFETはゲートの入力容量が大きいので，マイコンのI/Oなどにゲートを直接つないでドライブすると，突入電流で動作が不安定になる場合があります．そのようなときは，数十Ω〜100Ω程度のダンパ抵抗をゲートとドライブ回路間に入れるとよいでしょう．

図19の回路例は，マイコンから小型のDCモータを駆動する例です．マイコンの出力をつないで"H"（5V）を出力することで，MOSFETがONしてモータが回転します．

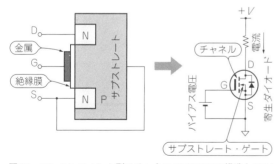

図17 エンハンスメント型NチャネルMOSFETの構造とON/OFFの方法

図18 エンハンスメント型Nチャネル MOSFETの記号

本誌	IEC
G ⊦ D / S	G ⊦ D / S
	05-05-14

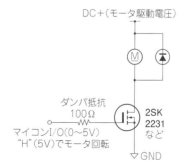

図19 応用例…マイコンのI/Oで小型DCモータを回す

回路・部品

シリアル通信

コネクタ関係

単位・値

電波・無線

あれこれ

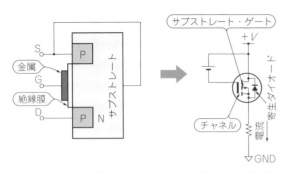

チャネルがソース-ドレイン間で切れているのでゲート電圧0V
でチャネルに電流は流れない．ゲートにソースより低いバイア
ス電圧をかけることでソース-ドレイン間にチャネル形成され
電流が流れる

図20　エンハンスメント型PチャネルMOSFETの構造とON/
OFFの方法

ノーマリOFF型PチャネルMOSFET

● 見た目と中身

Pチャネル・エンハンスメント型のMOSFETは，N
チャネル品と同じ構造で，N型とP型の使い方が逆に
なっています（図20）．

● 基本的な使い方

Nチャネル・エンハンスメントMOSFETのコンプ
リメンタリ品としての用途などに使用されるほか，マ
イコンから駆動してハイサイドをON/OFFするスイ
ッチを簡単に構成できます．

Pチャネルは0Vバイアスで電流がOFFであるのは
Nチャネルと同じですが，ソースがプラス側になるの
で，直接マイコンの端子から制御するのはちょっと手
間がかかります．しかし，制御電圧はプラス電源から

図21　エンハンスメント型Pチ
ャネルMOSFETの記号

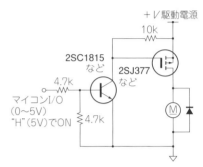

図22　応用例…マイコンのI/Oで小型DCモー
タを駆動するハイ・サイド・スイッチ

GNDの範囲内なので，ほかのFETほど使いにくくは
ありません．制御する素子のプラス側を切りたいとき
は，Pチャネル・エンハンスメントMOSFETの出番
です．

MOSFETのソース-ドレイン間には寄生ダイオー
ドがあるので注意が必要です．この寄生ダイオードは
積極的にFETの保護などに使用します．またNチャ
ネル・エンハンスメントMOSFETの項目の説明と同
じ理由で，入力容量による不安定回避のために数十Ω
～100Ω程度のダンパ抵抗をゲートとドライブ回路間
に入れるとよいでしょう．

図22の回路例は，マイコンから小型DCモータの
プラス側をON/OFFする例（ハイ・サイド・スイッ
チ）です．モータの駆動電源がマイコンの電源と同一
の場合はゲート回路に入ったトランジスタは必要なく，
マイコン端子で直接制御することもできます．モータ
駆動電源がマイコンの電源電圧より高い場合は，回路
例のようにトランジスタを入れてゲートをドライブす
ればよいでしょう．

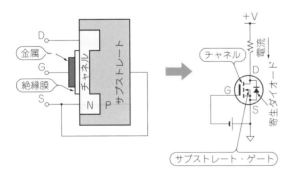

チャネルがつながっているのでゲート電圧0Vでチャネルに電流
が流れる．ゲートにソースより低いバイアス電圧をかけること
でチャネルがOFFする

図23　デプレーション型NチャネルMOSFETの構造とON/
OFFの方法

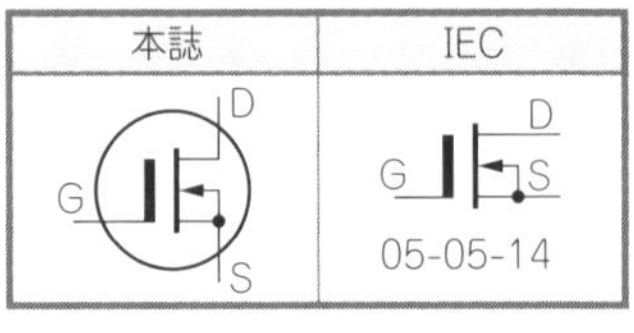

図24　デプレーション型NチャネルMOSFETの記号

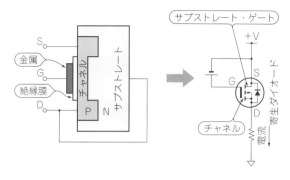

チャネルがつながっているのでゲート電圧0Vでチャネルに電流が流れる．ゲートにソースより高いバイアス電圧をかけることでチャネルがOFFする

図25 デプリーション型PチャネルMOSFETの構造とON/OFFの方法

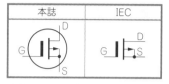

図26 デプリーション型PチャネルMOSFETの記号

ノーマリON型NチャネルMOSFET

● 見た目と中身

Nチャネル・デプリーション型（ノーマリON型）MOSFETは，ソース-ドレイン間にチャネルの半導体が貫通しています（図23）．

記号はこの構造を表していて，ソースとドレインの間がチャネルを表す棒線でつながっています（図24）．そして，MOSFETの特徴であるゲートの絶縁状態を表すようにチャネルから離れて描かれています．サブストレート・ゲートは矢印の付いた極としてソース-ドレイン間に描かれ，それがソースに接続されています．そのサブストレート・ゲートを表す矢印が内側を向いています．この矢印の向きが，チャネルがN型でサブストレートがP型でできているNチャネルであることを示しています．

● 基本的な使い方

Nチャネル・デプリーション型MOSFETは，チャネルがドレイン-ソース間をつないでいるので，ゲート-ソース間の電圧が0Vでチャネルは導通状態になります．

チャネルを流れる電流を止めるためには，ゲートにソース電位より低い単一電源範囲外のマイナスのバイアス電圧をかける必要があります．ゲート・バイアスにソース電圧（グラウンド電位）より低い電圧を必要とするので，マイコン端子で制御するのにはちょっと使いにくいFETです．

ノーマリON型PチャネルMOSFET

● 見た目と中身

Pチャネル・デプリーション型MOSFETの記号や構造はNチャネルのものとほぼ同じです（図25）．違いはサブストレート・ゲートを表す矢印の向きがNチャネルのものとは逆です（図26）．この外向きの矢印が，サブストレートがN型，チャネルがP型でできているPチャネルであることを示しています．

● 基本的な使い方

Pチャネル・デプリーション型MOSFETは，Nチャネル型のものと同じく，チャネルがドレイン-ソース間をつないでいるので，ゲート-ソース間の電圧が0Vでチャネルは導通状態になります．ただし，チャネルを流れる電流を止めるためには，ゲートにはNチャネルとは逆にソース電位（＋電源）より高い，いわば単一電源範囲外のプラス・バイアス電圧をかける必要があります．

デプリーション型MOSFETとフォトカプラを使ってノーマル・クローズのMOSFETリレーを構成できます．

回路・部品

シリアル通信

コネクタ関係

単位・値

電波・無線

あれこれ

⑦ JFET ミニ図鑑

今関 雅敬

Nチャネル JFET（接合型 FET）

● 見た目と中身

　Nチャネル JFET は図27のように，N型半導体をチャネルにしてP型半導体のゲートが付いた構造になっています．もともとN型半導体がドレイン-ソース間に貫通しているので，ゲート電圧が0Vの状態でドレイン-ソース間に電流が流れます．記号のドレイン-ソース間の棒線はチャネルを表しています（図28）．ゲートの内側を向いた矢印がNチャネル JFET のゲートの極性を示しています．ソース-ゲート間にマイナスのバイアス電圧をかけ，電界効果を利用してソース-ドレイン間の電流を制御します．

● 基本的な使い方

　ゲートが1本のシングル・ゲート品，2本のデュアル・ゲート品，パワー FET，小信号用，高周波用などがあります．図29の回路例は，Nチャネル JFET のソース・フォロワを使った簡単な高圧電源安定化用のセンスアップ回路です．

Pチャネル JFET（接合型 FET）

● 見た目と中身

　Pチャネル JFET は，図30のようにP型半導体をチャネルにしてN型半導体のゲートが付いた構造になっています．N型半導体がドレイン-ソース間に貫通しているので，ゲート電圧が0Vの状態でドレイン-ソース間に電流が流れます．ソース-ゲート間にプラスのバイアス電圧をかけて，その電界効果を利用してソース-ドレイン間の電流を制御します．

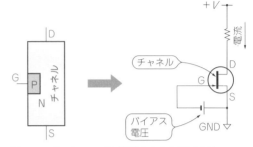

図27　Nチャネル JFET の構造と ON/OFF の方法

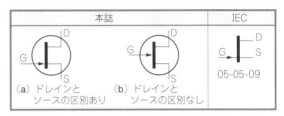

本誌		IEC
（a）ドレインとソースの区別あり	（b）ドレインとソースの区別なし	05-05-09

図28　Nチャネル JFET の記号

写真7　JFET のいろいろ

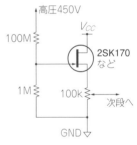

図29　Nチャネル JFET による高電圧センスアップ回路

● 基本的な使い方

　極性が違うだけでほぼNチャネルと同じような用途に使用できますが，単体で使用されることは少なく，むしろNチャネル JFET とコンプリメンタリで使用されることが多いです．

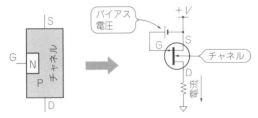

図30　Pチャネル JFET の構造と ON/OFF の方法

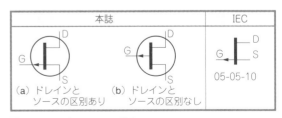

本誌		IEC
（a）ドレインとソースの区別あり	（b）ドレインとソースの区別なし	05-05-10

図31　Pチャネル JFET の記号

8 サイリスタのミニ図鑑

今関 雅敬

回路・部品

写真8 サイリスタの外観

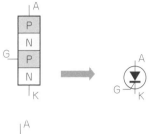

このようにPNPとNPNトランジスタを積み重ねた構造に例えられる

図32 サイリスタの構造

本誌	IEC
(a) 本誌：サイリスタ（Pゲート，逆阻止）	05-04-06 (e) IEC：サイリスタ（Pゲート，逆阻止）
(b) 本誌：サイリスタ（Nゲート，逆阻止）	05-04-05 (f) IEC：サイリスタ（Nゲート，逆阻止）
(c) 本誌：サイリスタ（3端子，双方向，トライアック）	05-04-11 (g) IEC：サイリスタ（3端子，双方向）
(d) 本誌：サイリスタ（2端子，双方向，ダイアック）	05-04-03 (h) IEC：サイリスタ（2端子，双方向）

図33 サイリスタの記号

● 見た目と中身

サイリスタは図32のように，PNPNの接合でできています．よくPNPトランジスタとNPNトランジスタを積み重ねた構造に例えられます．

記号は普通のダイオードにゲートを追加しただけのものです（図33）．電球の調光などによく使われるのは双方向サイリスタで，ゲートにかける電圧の極性でONする方向を変えられます［図33(c)］．また，トライアックのゲートをコントロールするために使われるダイアックもサイリスタの仲間です［図33(d)］．

● 基本的な使い方

主に交流の電力制御などに使われ，ゲートの構造や機能の違いが数種類あります．ダイオードのように片方向の電流だけ制御できるサイリスタのほかに，両方向の電流を制御できるものもあり，商品名で「トライアック」と呼ばれたりしています．

サイリスタは，ゲート制御によってA-K（アノード-カソード）間をONにできますが，OFFにはできません（逆のものやON/OFFできるものもある）．いったんONした状態を解消するためには，A-K間の電圧をゼロにするか，逆電圧をかけるしかありません．1サイクル内に必ず0Vを通過し，逆電圧もかかる交流に対しては，はまり役です．

図34の例は，よく使われる簡単な調光回路です．図中のⒶ点の電圧がダイアックのブレーク・レベルに達するとトライアックがONし，電源がゼロ・クロスする点でトライアックがOFFします．これを繰り返すことで，交流電源が通電する時間を制限して調光します．

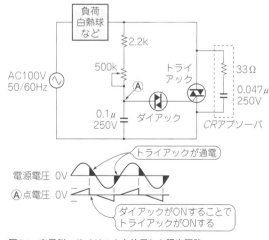

図34 応用例…サイリスタを使用した調光回路

シリアル通信

コネクタ関係

単位・値

電波・無線

あれこれ

⑨ 3端子レギュレータのミニ図鑑

今関　雅敬

写真9　3端子レ
ギュレータの外観

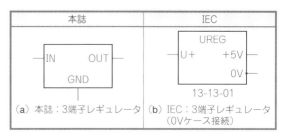

図35　3端子レギュレータの記号

● 基本的な動作

　高めの電圧から必要な電圧を作れます．記号は一般的に四角い機能ブロックとして使われています［図35（a）］．INは入力，OUTは出力，GNDは0V端子です．IEC記号［図35（b）］内の "UREG" は電圧レギュレータを意味します．端子はU＋が入力，＋5V（5Vの場合）が出力，0Vがグラウンド端子です．

● 種類と使い方

　LM78シリーズは5，6，8，9，10，12，15，18，24Vと，多くの電圧がそろっています．マイナス電圧用のLM79シリーズもあります．2.7Vや3.3Vの品も複数のメーカから出されています．LM317は出力電圧が1.27Vで，これは外部に抵抗と可変抵抗の分圧回路を付けて出力を可変にして使用することが前提の製品です．数点の抵抗やコンデンサと組み合わせることで，直流電源を必要な電圧で安定化できます．

　応用回路例を図36に示します．3端子レギュレータの入力電圧は，出力電圧とデバイス・メーカの定める電圧マージンを足したぶんの電圧が必要です．

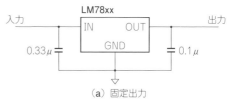

（a）固定出力

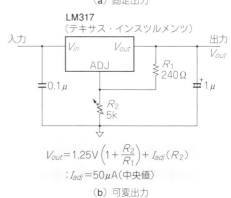

$$V_{out} = 1.25V\left(1 + \frac{R_2}{R_1}\right) + I_{adj}(R_2)$$
$$: I_{adj} = 50\mu A（中央値）$$

（b）可変出力

図36　3端子レギュレータの応用回路

⑩ OPアンプのミニ図鑑

宮崎　仁，登地　功

● 基本的な動作

　OPアンプは，2入力の電圧差を増幅して出力する差動増幅器です（図37）．抵抗，コンデンサ，ダイオード，トランジスタなどの外付け部品と組み合わせることにより，フィルタや演算器などさまざまなアナログ機能を実現できます．図38にピン配置を示します．OPアンプは特性の異なる多数の品種がありますが，基本的な機能は同じなので，他の品種に置き換えられる場合が多くあります．各メーカではなるべく標準的なパッケージやピン配置を採用して，置き換えを簡単にしています．　　　　　　　　　　〈宮崎　仁〉

写真10　高精度
OPアンプLT1112
（アナログ・デバイセズ）

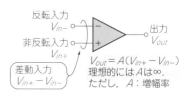

図37　OPアンプの回路記号
2入力の電圧差 $V_{in+}-V_{in-}$ を増幅して V_{out} に出力する．増幅率はきわめて大きい．通常は出力 V_{out} を反転入力 V_{in-} に負帰還することで $V_{in-}=V_{in+}$ の状態（仮想短絡）にして使う

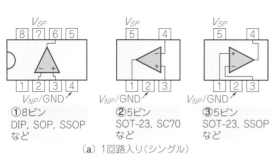

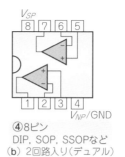

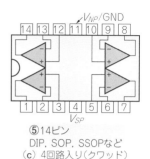

①8ピン
DIP, SOP, SSOP
など

②5ピン
SOT-23, SC70
など

③5ピン
SOT-23, SSOP
など

（a）1回路入り（シングル）

④8ピン
DIP, SOP, SSOPなど

（b）2回路入り（デュアル）

⑤14ピン
DIP, SOP, SSOPなど

（c）4回路入り（クワッド）

図38　OPアンプのピン配置
V_{SP}とV_{NP}，またはV_{SP}とGNDは電源ピン．負電源ピン（①④の4ピン，②③の2ピン，⑤の11ピン）は，正負電源用OPアンプではV_{NP}，単電源用OPアンプではGNDと表記されるが，どちらも通常の負電源に接続してよい

● 種類と使い方

▶汎用タイプ：DC～100 kHzの周波数で使用する，精度がそこそこで安価なものです．低電圧で動作するCMOSタイプのOPアンプが多くあります．

▶高精度タイプ：おもにDC～低周波で高精度の信号処理をするためのもので，オフセット電圧やドリフトが小さく，電圧ゲインが大きいです．オフセット電圧

が極めて小さいチョッパ安定化OPアンプもあります．

▶高速タイプ：100 MHz以上でも高い性能をもった製品が出ています．ディジタル無線機のIF段でA-Dコンバータのドライブなどに使われています．

▶パワー・タイプ：10 A以上の出力電流を供給できるものがあります．高電圧OPアンプでは，電源電圧1200 Vで動作するものがあります．〈登地 功〉

11 コンパレータのミニ図鑑

中村 黄三

● 基本的な動作

OPアンプと同じように，反転（－IN）/非反転（＋IN）と呼ばれる2つの入力と1つの出力（V_O）から構成されます．大きな増幅率（理想は無限大）を持ちます．

● 基本的な使い方

コンパレータは，2つの入力に対する信号電圧の大小を比較したいときに使います．比較結果は"H"または"L"のロジック出力（V_{LO}）です．2つのコンパレータ（オープン・コレクタ型）をワイヤードOR接続すると，ウインドウ・コンパレータを構成できます．モニタす

る電圧V_{in}で上限・下限値の中，または外を判別できます（図41）．システムの電源電圧や温度を監視し，設定値を超える異常値が発生したとき，アラームを出す回路などに使われます．

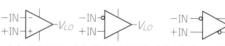

（a）本誌記号　（b）ICメーカが採用しているMIL規格風の記号（シングル出力）　（c）ICメーカが採用しているMIL規格風の記号（差動出力）

図39　コンパレータの回路記号

写真11　2回路入り汎用コンパレータNJM2903（日清紡マイクロデバイス）

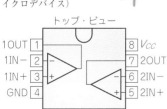

トップ・ビュー

1OUT	1		8	V_{CC}
1IN−	2		7	2OUT
1IN+	3		6	2IN−
GND	4		5	2IN+

図40　NJM2903のピン配置

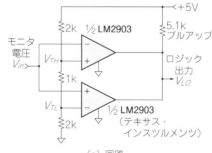

（a）回路

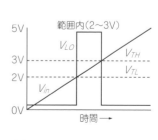

（b）モニタ回路V_{in}対ロジックV_{LO}

図41　ワイヤードORによるウインドウ・コンパレータ回路
ワイヤードORが可能なのはオープン・コレクタ型だけである．LM2903はオープン・コレクタ型の2個入りコンパレータ

基本電子回路の便利帳

1 抵抗によるLEDの電流制限

馬場 清太郎

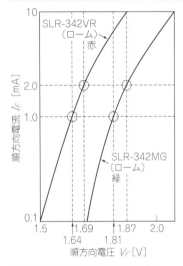

図1 LEDの順方向電圧−電流特性例

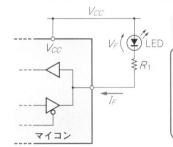

■ 値を求める式
$$V_F + R_1\,I_F = V_{CC}$$

■ 計算例
$V_{CC} = 3.3\text{V}$とする
SLR-342VRを$I_F = 2\text{mA}$で使用すると
(a)より$V_F = 1.69\text{V}$
$$R_1 = \frac{V_{CC} - V_F}{I_F} = \frac{3.3 - 1.69}{2 \times 10^{-3}} = 805\,\Omega$$
$$\fallingdotseq 820\,\Omega\,(\text{E12系列})$$

LEDは流れる電流が変わっても電圧があまり変わらない定電圧性素子である. 電圧源でドライブすると過電流が流れLEDが焼損する. そこで, マイコンのポートのような電圧源でドライブするときは, 抵抗で電流値を制限する

図2 LEDの電流制限抵抗値の求め方

マイコン内蔵のA-Dコンバータを同時に使う場合は, 外部トランジスタを使ってLEDを駆動し, マイコンやIC内部のグラウンドに大電流を流さないようにします. LEDの大きな順方向電流がマイコンに流れ込むと, マイコンやIC内部のグラウンド配線の電圧降下が増加し, A-D変換誤差が大きくなることがあるためです.

2 トランジスタによるローサイド・ドライブ回路

馬場 清太郎

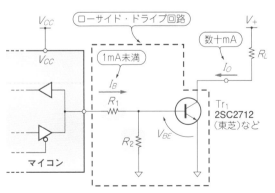

図3 トランジスタによるローサイド・ドライブ回路

■ 値を求める式
$h_{FE} = \dfrac{I_O}{I_B} = 20$とすると次のようになる

$$I_B = \frac{I_O}{h_{FE}} < 4\text{mA}$$
$$R_1 = \frac{V_{CC} - V_{BE}}{I_B} = \frac{V_{CC} - V_{BE}}{I_O}\,h_{FE} = 20 \times \frac{V_{CC} - V_{BE}}{I_O}$$
$R_2 = 100\text{k}\Omega\,(V_+ < 10\text{V}),\ R_2 = 47\text{k}\Omega\,(V_+ \geqq 10\text{V})$

■ 計算例
$V_{CC} = 5\text{V},\ I_O = 10\text{mA},\ V_+ = 12\text{V},\ V_{BE} = 0.7\text{V}$とすると次のようになる
$$I_B = 0.5\text{mA} < 4\text{mA},\ R_2 = 47\text{k}\Omega$$
$$R_1 = 20 \times \frac{5 - 0.7}{10 \times 10^{-3}} = 8.6\text{k}\Omega \fallingdotseq 8.2\text{k}\Omega\,(\text{E12系列})$$

負荷抵抗R_Lに流れる電流をマイコンでON/OFFします.

3 トランジスタによるハイサイド・ドライブ回路

馬場 清太郎

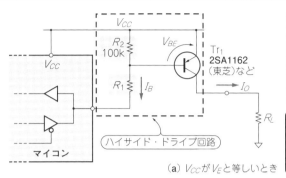

(a) V_{CC} が V_E と等しいとき

■ **値を求める式**

$h_{FE} = \dfrac{I_O}{I_B} = 20$ とすると次のようになる

$I_B = \dfrac{I_O}{h_{FE}} < 4\text{mA}$

$R_1 = \dfrac{V_{CC} - V_{BE}}{I_B} = \dfrac{V_{CC} - V_{BE}}{I_O} h_{FE} = 20 \times \dfrac{V_{CC} - V_{BE}}{I_O}$

$R_2 = 100\text{k}\Omega$

■ **計算例**

$I_O = 10\text{mA}$, $V_{CC} = 5\text{V}$, $V_{BE} = 0.7\text{V}$ とすると次のようになる

$I_B = 0.5\text{mA} < 4\text{mA}$, $R_2 = 100\text{k}\Omega$

$R_1 = 20 \times \dfrac{5 - 0.7}{10 \times 10^{-3}} = 8.6\text{k}\Omega \fallingdotseq 8.2\text{k}\Omega$（E12系列）

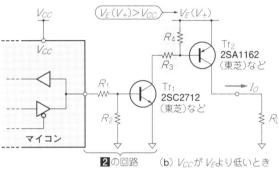

(b) V_{CC} が V_E より低いとき

■ **値を求める式**

R_3 の計算は**(a)**と同様

R_4 は $V_+ > V_{CC}$ より47kΩとする

図4 トランジスタによるハイサイド・ドライブ回路　　負荷抵抗 R_L に流れる電流をマイコンでON/OFFします.

4 リレー・ドライブ回路

馬場 清太郎

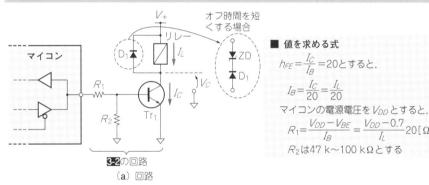

（a）回路

■ **値を求める式**

$h_{FE} = \dfrac{I_C}{I_B} = 20$ とすると,

$I_B = \dfrac{I_C}{20} = \dfrac{I_L}{20}$

マイコンの電源電圧を V_{DD} とすると,

$R_1 = \dfrac{V_{DD} - V_{BE}}{I_B} = \dfrac{V_{DD} - 0.7}{I_L} 20 [\Omega]$

R_2 は47 k～100 kΩとする

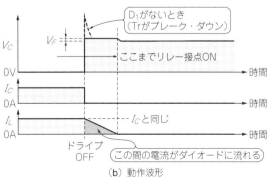

（b）動作波形

リレーをマイコンの出力ポートで直接ドライブすることはできません. リレーがOFFした直後にコイルに逆起電力が発生して, 出力ポートの最大定格 $V_{CC} + 0.3$ V を超えるからです. 逆起電力とは電流の時間変化 di_L/dt による電圧であり, $v_L = Ldi_L/dt$ で表されます. 急激にコイル電流が減少すると大きな逆電圧がコイルに発生し, 最悪出力ポートが破損します. リレーをドライブするときは, **図5**のようにトランジスタを外付けします.

コイル電流の最大値はONしていたときの電流値です. D_1 に許容電流の大きいダイオードを使っているのをよく見かけますが, 無意味です. ほとんどの場合, 小信号スイッチング用で十分です.

図5 リレー・ドライブ回路

5 パワーMOSFETによるローサイド・ドライブ回路 馬場 清太郎

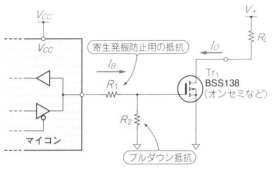

図6 パワーMOSFETによるローサイド・ドライブ回路

■ 経験的に求まる値
$R_1 = 10\Omega \sim 100\Omega$
$R_2 = 100k\Omega (V_+ < 10V)$,
$R_2 = 47k\Omega (V_+ \geqq 10V)$

注▶ $I_O \geqq 10mA$のときは$V_{GS} \geqq 2.5V$とする

負荷抵抗R_Lに流れる電流をマイコンでON/OFFします.

6 パワーMOSFETによるハイサイド・ドライブ回路 馬場 清太郎

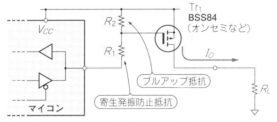

図7 パワーMOSFETによるハイサイド・ドライブ回路

■ 経験的に求まる値
$R_1 = 10\Omega \sim 100\Omega$
$R_2 = 100k\Omega$

バイポーラ・トランジスタのスイッチング回路は,ONしたときにベースにキャリア(正孔)が蓄積されます.このためOFFさせようとすると蓄積されたキャリアを引く必要があり,これに時間がかかります.この時間を蓄積時間といいます.

バイポーラ・トランジスタはこの蓄積効果のため高速スイッチングしにくいのですが,パワーMOSFETはキャリアの蓄積がないので高速にスイッチングできます.ただし,パワーMOSFETは入力容量が大きいため,高速スイッチングのためには,マイコン出力ポートのインピーダンスとR_1をできるだけ小さくする必要があります.

パワーMOSFETをON/OFFスイッチングさせるときは,オン抵抗$R_{DS(ON)}$を規定しているゲート-ソース間電圧V_{GS}以上の電圧を加えるように使います.ゲート直列抵抗R_1は寄生発振防止用で10Ω〜100Ωとします.R_2はプルダウン抵抗です.

ゲート直列抵抗R_1の無い回路もよく見かけます.使用するパワーMOSFETとパターン設計によっては不要になる場合もありますが,寄生発振を起こします.ON⇔OFFの遷移期間が長い低速スイッチングでも良い場合は,パワーMOSFETの大きな入力容量への充放電電流に対する出力ポート保護のために,ゲート直列抵抗R_1を1kΩ程度にします.

7 OPアンプの空き端子の処理 馬場 清太郎

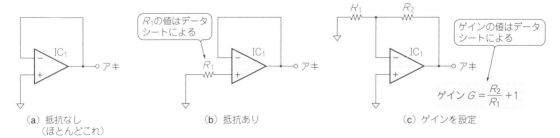

図8 OPアンプの空き端子の処理

ゲイン$G = \dfrac{R_2}{R_1} + 1$

ゲイン1倍で安定動作できないOPアンプの場合は図8(c)にする必要があります.

第3章 **基本電子回路の便利帳**

回路・部品

シリアル通信

コネクタ関係

単位・値

電波・無線

あれこれ

8 両電源用反転増幅回路

馬場 清太郎

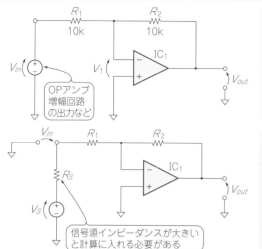

■ 値を求める式

$V_1 = 0$とすると，次のようになる

$$\frac{V_{in}}{R_1} = -\frac{V_{out}}{R_2}$$

$$\therefore V_{out} = -\frac{R_2}{R_1} V_{in}$$

$$G = \frac{V_{out}}{V_{in}} = -\frac{R_2}{R_1}$$

ただし，G：ゲイン[倍]

■ 計算例

$G = -1$倍，$R_1 = 10\text{k}\Omega$
とすると，次のようになる

$$R_2 = -GR_1 = 10\text{k}\Omega$$

■ 値を求める式

$$V_{out} = -\frac{R_2}{R_1} V_{in} = -\frac{R_2}{R_1 + R_S} V_S$$

$$G = -\frac{R_2}{R_1 + R_S} \text{ 誤差}$$

ただし，G：ゲイン[倍]
一般に信号源インピーダンスは変動が大きく，V_{in}ではなくV_S
を増幅したいことが多い．よって，
$R_1 \gg R_S$
でないと大きな誤差を生じる

図9 両電源用反転増幅回路

9 単電源用反転増幅回路

馬場 清太郎

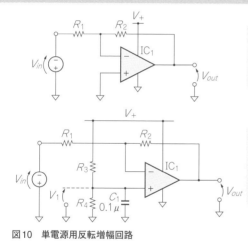

■ 値を求める式

$$V_{out} = -\frac{R_2}{R_1} V_{in}$$

$$V_{out} \geqq 0\text{V}$$

より，V_{in}は負電圧（$V_{in} \leqq 0\text{V}$）の必要がある

■ 値を求める式

$R_3 = R_4 = 10\text{k}\Omega$とすると，次のようになる

$$V_1 = \frac{V_+}{2}$$

V_{in}は$\frac{V_+}{2}$を中心に変化する必要がある

図10 単電源用反転増幅回路

10 両電源用非反転増幅回路

馬場 清太郎

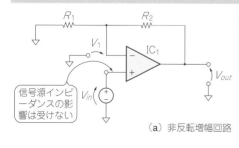

（a）非反転増幅回路

■ 値を求める式

バーチャル・ショートより，次のようになる

$$V_1 = V_{in}$$

$$\therefore G = \frac{V_{out}}{V_{in}} = \frac{R_1 + R_2}{R_1}$$

■ 計算例

$G = 10$倍，$R_1 = 1\text{k}\Omega$
とすると，次のようになる

$$R_2 = (G-1)R_1 = 9\text{k}\Omega$$

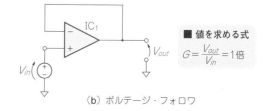

（b）ボルテージ・フォロワ

■ 値を求める式

$$G = \frac{V_{out}}{V_{in}} = 1倍$$

図11 両電源用非反転増幅回路

11　アナログICの入出力保護回路

馬場 清太郎

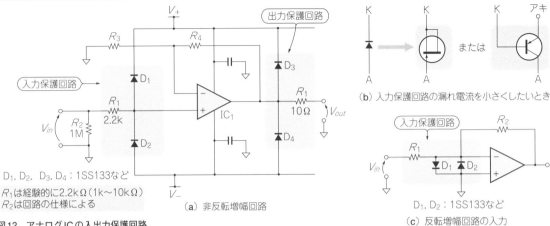

D₁, D₂, D₃, D₄ : 1SS133など
R_1は経験的に2.2kΩ(1k～10kΩ)
R_2は回路の仕様による

（a）非反転増幅回路

（b）入力保護回路の漏れ電流を小さくしたいとき

D₁, D₂ : 1SS133など

（c）反転増幅回路の入力

図12　アナログICの入出力保護回路

12　ディジタルICの入出力保護回路

馬場 清太郎

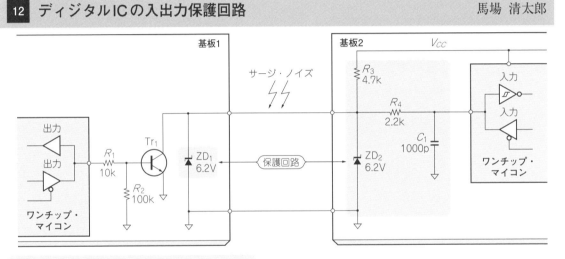

■ 値を求める式

$$V_{ZD1} = V_{ZD2} \fallingdotseq V_{CC} + 1V$$

のツェナー・ダイオードを使用. V_{CC}に1V加算するのは，V_{CC}からの漏れ電流を防止するため

図13　ディジタルICの入出力保護回路

ツェナー電圧が電源電圧よりも約1Vほど高いツェナー・ダイオード(D_1とD_2)を追加するのが簡単です．アナログ入出力と同様にダイオードを2個使用して信号ラインと電源(V_{CC})，またはグラウンド(GND)に入れてもかまいません．ツェナー・ダイオードにはESD保護用として市販されているものが最適です．

13　接点入力回路（チャタリング低減回路）

登地 功

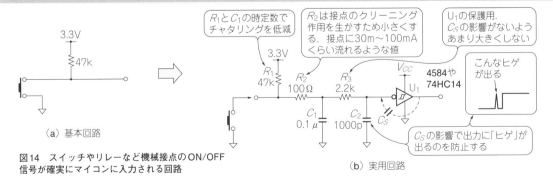

（a）基本回路

R_1とC_1の時定数でチャタリングを低減

R_2は接点のクリーニング作用を生かすため小さくする．接点に30m～100mAくらい流れるような値

U₁の保護用．C_Sの影響がないようあまり大きくしない

4584や74HC14

こんなヒゲが出る

C_Sの影響で出力に「ヒゲ」が出るのを防止する

（b）実用回路

図14　スイッチやリレーなど機械接点のON/OFF信号が確実にマイコンに入力される回路

14 反転型電流-電圧変換回路

馬場 清太郎

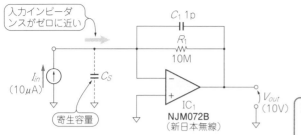

図15 反転型電流-電圧変換回路

■ 値を求める式

$$V_{out} = -I_{in}\,R_1$$

C_1 は C_S による発振の防止用.

IC_1 のゲイン・バンド幅 GBW より次のようになる

$$C_1 > \sqrt{\frac{C_S}{2\pi R_1\,GBW}}$$

■ 計算例

$I_{in} = -1\mu\mathrm{A}$, $V_{out}=10\mathrm{V}$, $C_S=10\mathrm{pF}$ とすると次のようになる

$$R_1 = \frac{V_{out}}{-I_{in}} = 10\mathrm{M}\Omega$$

IC_1 に **NJM072B** を採用すると $GBW = f_T \fallingdotseq 3\mathrm{MHz}$

$$\therefore C_1 > \sqrt{\frac{10\times10^{-12}}{2\pi\times10\times10^6\times3\times10^6}} = 0.23\mathrm{pF}$$

$$C_1 \fallingdotseq 1\mathrm{pF}$$

15 反転型電圧-電流変換回路

馬場 清太郎

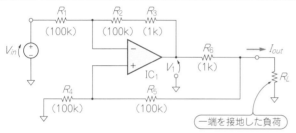

図16 反転型電圧-電流変換回路

■ 値を求める式

$$\frac{R_2+R_3}{R_1} = \frac{R_5+R_6}{R_4}$$

のとき次のようになる

$$I_{out} = -\frac{R_2+R_3}{R_1\,R_6}\,V_{in}$$

■ 計算例

$R_1 = R_2 = R_4 = R_5 = 100\mathrm{k}\Omega$, $R_3 = R_6 = 1\mathrm{k}\Omega$ とすると次のようになる.

$$I_{out} = -\frac{10^5+10^3}{10^5\times10^3}\,V_{in} \fallingdotseq -\frac{V_{in}}{990} \fallingdotseq -\frac{V_{in}}{1000}$$

$$V_{in}=1\mathrm{V} \rightarrow I_{out} \fallingdotseq -1\mathrm{mA}$$

$$V_{in}=10\mathrm{V} \rightarrow I_{out} \fallingdotseq -10\mathrm{mA}$$

OPアンプの出力電圧 V_1 はOPアンプの最大出力電圧によって制約されるため, 負荷抵抗 R_L の大きさには制限があります.

16 非反転型電圧-電流変換回路

馬場 清太郎

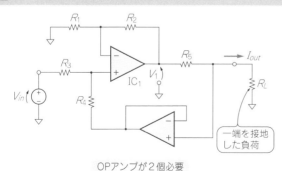

OPアンプが2個必要

図17 非反転型電圧-電流変換回路

OPアンプの出力電圧 V_1 はOPアンプの最大出力電圧によって制約されるため, 負荷抵抗 R_L の大きさには制限があります.

■ 値を求める式

$$\frac{R_2}{R_1} = \frac{R_4}{R_3}$$

のとき,

$$I_{out} = \frac{R_2}{R_1\,R_5}\,V_{in}$$

■ 計算例

$R_1 = R_2 = R_3 = R_4 = 100\mathrm{k}\Omega$, $R_5 = 1\mathrm{k}\Omega$ とすると次のようになる.

$$I_{out} = \frac{10^5}{10^5\times10^3}\,V_{in} = \frac{V_{in}}{1000}$$

$$V_{in}=1\mathrm{V} \rightarrow I_{out}=1\mathrm{mA}$$

$$V_{in}=10\mathrm{V} \rightarrow I_{out}=10\mathrm{mA}$$

ロジック回路の便利帳

①3つの基本素子 AND, OR, NOT

三原 順一

● 1と0の定義…HアクティブかLアクティブか

ディジタル回路では図1に示すように, 信号レベルの高低, つまり "H" か "L" かで状態を表します. しかし, HとLのどちらを真(1)にするかはユーザが決めることになっています.

H＝1, L＝0とする正論理(Hアクティブ, あるいはアクティブ・ハイと呼ぶ)が直感的ですが, 逆にH＝0, L＝1とする負論理(Lアクティブ, あるいはア

クティブ・ローと呼ぶ)のケースもあります. ICのファンクションによって使い分けるにしても, 混在することもあるので注意が必要です. とくに断らない限りは正論理(アクティブHと呼ぶ)のほうが多いです.

ディジタル回路＝ロジック回路(論理回路)を構成する基本要素として, AND(論理積), OR(論理和), NOT(否定)の3種類の素子(ゲートと呼ぶ)があります.

ANDゲート…論理積

まずは単純化のために2入力で話を進めますが, 3入力でも他の複数入力でも考え方は同じです.

2入力ANDゲートは, 2つの入力AとBが両方ともHのときに, 出力がHになる回路です. ANDゲート

図1 正論理と負論理

スイッチA, BがともにON("H")のとき出力は"H"

（a）スイッチによるAND

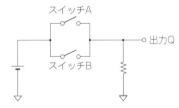

スイッチA, BのいずれかがON("H")のとき出力は"H"

（a）スイッチによるOR

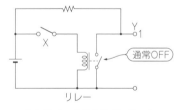

（a）スイッチによるインバータ

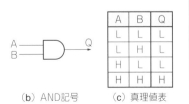

（b）AND記号　（c）真理値表

図2　ANDゲート

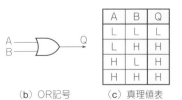

（b）OR記号　（c）真理値表

図3　ORゲート

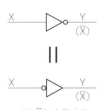

Yを$\overline{X}$と表示する

（b）NOT記号

（c）真理値表

図4　NOTゲート

の機能を2つのスイッチで表現すると図2(a)のように
なります．この図において，スイッチが閉じた状態を
Hに対応させると，スイッチAとBが同時に閉じてい
るとき，すなわちAとBが同時にHのとき，出力Qに
は電源電圧(＝H)が出力されます．また，スイッチA
とBの片方または両方が開いているとき，すなわちA
またはBがLのときは，Qには抵抗接地された電圧(＝
L)が出力されます．

以上のような動作をするANDゲートは論理記号で
は図2(b)のように表現します．なお，入力信号Aと
Bの組み合わせに対し，どのような出力が得られるか
を示した表を**真理値表**と呼びます．ANDゲートの真
理値表は図2(c)のようになります．

ORゲート…論理和

2入力ORゲートは，2つの入力A，Bのいずれかが
Hであれば出力がHになる回路です．ORゲートの機
能をスイッチを用いて表現すると，図3(a)のように
なります．

図3(a)において，スイッチAとBは並列に接続さ
れているので，どちらか一方のスイッチが閉じて(H
になって)いれば，Qには電源電圧Hが出力されます．
そしてスイッチAとBが同時に開でLのときのみ，出
力QはLになります．

以上のような動作をするORゲートの論理記号と真
理値表は図3(b)，(c)のように表現します．

NOTゲート…反転回路(インバータ)

NOTゲートは一般にはインバータと呼ばれ，入力
信号がHのときLを，入力信号がLのときHを出力す
るものです．すなわち，入力信号を反転させて出力す
るのがインバータの働きです．

インバータの論理記号と真理値表は図4のように表
現します．そして，Xの反転信号を$\overline{X}$あるいは$-X$の
ように表現します．

論理記号の変換

ANDゲートやORゲートとインバータを組み合わ
せた回路としてNANDゲート，NORゲートがあります．

NANDゲートはANDゲートとインバータを組み合
わせたもので，図5(a)のように表現します．

NORゲートはORゲートとインバータを組み合わせ
たもので，図6(a)のように表現します．NANDや
NORの例のように，論理記号に用いる○印は，イン
バータの働きを示しています．NANDやNORでは，
出力信号に○印がついているので，ANDやORの出

力信号を反転することを意味します．

これに対して，入力信号を反転させた回路例を図7
と図8に示します．図7はANDの入力信号を反転さ
せた回路ですが，その真理値表は図6のNORとまっ

(a) NAND記号

A	B	Q
L	L	H
L	H	H
H	L	H
H	H	L

(b) 真理値表

図5 NANDゲートの表現方法

(a) NOR記号

A	B	Q
L	L	H
L	H	L
H	L	L
H	H	L

(b) 真理値表

図6 NORゲートの表現方法

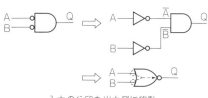

入力の○印を出力側に移動

A	B	Q
L	L	H
L	H	L
H	L	L
H	H	L

真理値表

図7 ○記号の使い方(1)…ANDゲートの入力信号を
反転させた回路

たく同じです．また，**図8**はORの入力信号を反転させた回路ですが，その真理値表は**図8**のNANDと同じです．

このように，回路の表現方法は異なっていても，**図5**と**図8**，**図6**と**図7**は，それぞれ同じ働きをします．そして，入力や出力に○（すなわちインバータ）を含む回路では，入力の○は出力側に，出力の○は入力側に移動できることがわかります．また，○印を移動した場合には，ANDはORに，ORはANDに置き換わります．

以上のような論理回路の置き換え（論理記号の変換）を利用すると，同じ働きをする回路を，種々の方法で実現（表現）することができます．

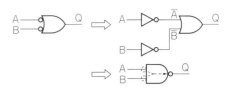

入力の○印を出力側に移動

A	B	Q
L	L	H
L	H	H
H	L	H
H	H	L

真理値表

図8　○記号の使い方（2）…ORゲートの入力信号を反転させた回路

---

② ド・モルガンの定理と負論理

大中 邦彦

● 論理回路とは

'0' と '1' の2値を入力とし，結果としてまた '0' か '1' を出力する装置を「論理回路（ロジック回路）」などと呼びます．「論理（logic）」というのは簡単に言うと，「真」と「偽」という2つの状態をベースに物事を考えることで，例えば「Aは真で，かつBは偽」といった論理式で表現されます．

論理式が成り立つか成り立たないかを判定することを「論理演算」（あるいは論理計算）と言います．「真」と「偽」をそれぞれ '1' と '0' に割り当てると，論理演算を行う装置をディジタル回路で実現することができます．

● 2入力1出力の論理回路

2入力1出力の論理回路を考えてみます．入力の組み合わせは4通りあるので，回路としては16通りが考えられます．これら16通りの回路のなかには，入力に依存せずに出力が決まるものもあるので，**表1**に代表的なものだけを示します．

ここに示した5つの論理回路は，人間が意味付けをしやすいという理由で挙げてあります．

例えば，OR回路は日本語では「論理和」という名前がついていますが，英語の名前のとおり「もしくは」という動作をすると覚えたほうが簡単でしょう．「Aが '1' もしくはBが '1' のときは '1' を出力する（真になる）」というわけです．AND回路も同様で，「かつ」という動作をします．「Aが '1' かつBが '1' のときは '1' を出力する」となります．

また，ANDとORにNOTを組み合わせたNAND，NORという論理回路もよく使われます．

XOR回路は，意味付けがわかりにくいかもしれません．「どちらか片方だけが '1' のときに '1' を出力する」という意味でとらえてもかまいませんが，私は「Bが '1' ならばAの否定を出力する」あるいは「Aが '1' ならばBの否定を出力する」という意味を覚えておくと使いやすいと感じています．

● 3入力以上の論理回路

入力が3入力以上になっても，ANDやORについては同様に定義することができます．多入力のAND回路は「すべての入力が '1' のときだけ '1' を出力する回路」で，多入力のOR回路は「どれか1つでも入力が '1' ならば '1' を出力する回路」となります．

表1　2入力1出力の論理回路の代表的な例

入力		出力	動作
A	B	Y	
0	0	0	●パターンI
0	1	1	A，Bのどちらか一方でも '1' なら
1	0	1	'1' を出力する
1	1	1	(OR，論理和)
0	0	0	●パターンII
0	1	0	A，Bの両方が '1' のときだけ '1' を
1	0	0	出力する
1	1	1	(AND，論理積)
0	0	0	●パターンIII
0	1	1	A，Bのどちらか一方だけが '1' なら
1	0	1	'1' を出力する
1	1	0	(XOR，排他的論理和)
0	0	1	●パターンIV
0	1	0	A，Bの両方が "0" のときだけ '1' を
1	0	0	出力する．ORの結果を否定したも
1	1	0	のを出力するとも言える
			(NOR，否定論理和)
0	0	1	●パターンV
0	1	1	A，Bのどちらか一方でも '0' なら
1	0	1	'1' を出力する．ANDの結果を否定
1	1	0	したものを出力するとも言える
			(NAND，否定論理積)

表2　各種論理ゲートの回路記号と論理式

名称	論理記号	論理式
NOT（否定）	A —▷○— Y	$Y = \overline{A}$
OR（論理和）	A, B —⊐D— Y	$Y = A + B$
AND（論理積）	A, B —D— Y	$Y = A \cdot B$
XOR（排他的論理和）	A, B —⊐D— Y	$Y = A \oplus B$
NAND（否定論理積）	A, B —D○— Y	$Y = \overline{A \cdot B}$
NOR（否定論理和）	A, B —⊐D○— Y	$Y = \overline{A + B}$

回路・部品

シリアル通信

コネクタ関係

単位・値

電波・無線

あれこれ

論理回路を表現する方法

● 論理式と論理記号

　今まで言葉で述べてきた論理式ですが，記号を使った式で記述するほうが一般的です．また，論理式を判定する論理回路は，論理記号と呼ばれる記号を使って平面的に回路図として記述します．

　表2に，先ほど紹介したNOT，OR，AND，XOR，NAND，NORについて，それぞれを式で書く方法（論理式）と回路図で使う論理記号を示します．ここでは一般的によく使われている書き方を示しましたが，これとは違った記法も存在しますのでご注意ください．

　また，NOT，AND，ORなどの各回路は，信号がそこを通る（くぐる）と値が変化することから「論理ゲート（gate）」とも呼ばれ，それぞれNOTゲート，ANDゲートなどと呼ぶこともあります．

● 論理式で使用できる公理

　記号を使った論理式では，通常の式と同様に，一般的に以下のルールが適用できます．

- 和（論理和）より積（論理積）のほうが計算の優先順位が高い

　　$A + B \cdot C = A + (B \cdot C)$

- 論理和，論理積のなかで順番を入れ替えることができる（交換律）

　　$A \cdot B = B \cdot A$

　　$A + B = B + A$

- 論理和，論理積においても分配律が成り立つ

　　$A \cdot (B + C) = A \cdot B + A \cdot C$

　逆に，一般的な式とは違う部分として注意しなければならないこともあります．論理式では差や商に相当する演算が存在しないので，以下のような操作はできません．

- 恒等式の両辺から同一の変数を引くこと

【例】

　　$A + C = B + C$

という恒等式の両辺からCを引いてA＝Bという式に変換することはできない．この場合，Cが真のときはA，Bに関わらず恒等式が成り立つので，Cを省いてしまうことはできない．

- 恒等式の両辺を同一の変数で割ること

【例】

　　$A \cdot C = B \cdot C$

という恒等式の両辺をCで割って，A＝Bという式に変換することはできない．この場合，Cが偽の場合はA，Bに関わらず恒等式が成り立つので，Cを省いてしまうことはできない．

ド・モルガンの定理

「ド・モルガンの定理」とは，以下の式が常に成り立つという定理です．

$$A + B = \overline{\overline{A} \cdot \overline{B}} \quad (\overline{A + B} + \overline{A} \cdot \overline{B} \text{と同義})$$

$$A \cdot B = \overline{\overline{A} + \overline{B}} \quad (\overline{A \cdot B} = \overline{A} + \overline{B} \text{と同義})$$

この定理の意味を理解するためには，負論理という考え方を知る必要があります．

● 負論理の世界

ここまで，ANDやORという論理式（論理回路）は，'1' を真，'0' を偽にあてはめて考えてきました（正論理）．ここでもし，'0' を真，'1' を偽というように，今までとは意味を逆にとらえるとどうなるでしょうか（負論理）．

'0' を真とした場合，「両者が真（'0'）だったときだけ真（'0'）になる」回路は，負論理の世界ではAND回路といえます．これは「どちらか一方でも '1' だったら '1' になる」回路と同じですから，正論理の世界のOR回路と同じになります．また，「どちらか片方だけでも真（'0'）だったら真（'0'）になる」回路は負論理の世界のOR回路ですが，これは正論理のAND回路と同じものになります．

ド・モルガンの定理は，まさにこのことを表現しています．等号の左側が正論理の世界で，等号の右側が負論理の世界だと思ってください．例えば「Aが真である」というのは左辺ではAが '1' であることであり，右辺ではAが '0' であることに相当しますので，右辺では各変数に否定のバーが付きます．そして，ANDとORの意味が入れ替わります．また，右辺では式全体が '0' であることが「真」を意味するので，左辺と合わせるために式全体に否定のバーが付きます．

● 負論理のメリット

論理式のなかには，意味を考えていくと負論理で考えたほうがすっきりとする場合があります．また，ANDをORに変換したり，逆にORをANDに変換したりしたい場合があり，そのような場合にド・モルガンの定理を適用して論理式を変換すると有利な場合があります．

例えば，「AかつBかつC，が成り立たないとき真」になる論理式は，そのまま書くと，

$$\overline{A \cdot B \cdot C}$$

ですが，ド・モルガンの定理で変換すると，

$$\overline{A} + \overline{B} + \overline{C}$$

となります．どちらの式が理解しやすいかはA，B，Cの中身によりますが，逆の論理で考えたほうがわかりやすい場合は多々あります．

● 負論理とNAND，NOR

負論理という考えが出てきたので，やっとNANDゲートとNORゲートの出番がやってきました．

NANDゲートは「AND演算をした後に否定する」ゲートで，NORゲートは「OR演算をした後に否定する」ゲートです．これをド・モルガンの定理の右辺に適用し，少し式を変形すると以下のようになります．

$$A \text{ NAND } B = \overline{A} + \overline{B}$$

$$A \text{ NAND } B = \overline{A} \cdot \overline{B}$$

この式の意味は次のように解釈できます．

AとBが負論理の入力信号だとすると，「負論理の2つの信号AとBにNAND操作を施すことは，AとBを正論理に直してOR操作をすることと等しい」と言え，また「負論理の2つの信号AとBにNOR操作を施すことは，AとBを正論理に直してAND操作をすることと等しい」と言えます．

このように，NANDとNORは，信号のなかに負論理のものと正論理のものが混ざった場合に便利で，負論理の信号を正論理に変換しながら演算したいときに使用できます．

● NANDだけですべての組み合わせ回路を実現できる

NANDゲートには実は優れた性質があります．

入力が決定すると出力も一意に決まるような論理回路は，入力信号の組み合わせで出力が決まるため，組み合わせ回路と呼ばれます．NOT，AND，ORの3種類のゲートを使えばあらゆる組み合わせ回路を実現できますが，実は，NANDゲートだけあれば，すべての組み合わせ回路が実現できるのです．

NOT，AND，ORそれぞれの回路をNANDゲートだけで実現する方法を表3に示します．

まず，NOTゲートがNANDゲートに変換できることを示します．2入力NANDゲートの2つの入力を束ねて1つにしてしまうと，入力が '1' のときは '0' が出力され，入力が '0' のときは '1' が出力されますので，NOTと同じ回路になります．

次にANDゲートですが，NANDゲートでNOTゲートを作り，NANDゲートの後に接続することでANDゲートになります．

最後にORゲートです．NANDゲートは「負論理の入力を正論理に戻してOR操作をするものである」という説明を先ほどしました．したがって，正論理の入力を一度反転して負論理にし，その信号をNANDゲートに入力することで正論理のORが実現できます．

もしピンとこない方は，4通りの入力パターンをすべて試してみて，確かに同じ動作になっていることを確かめてみてください．

表3　NOT，AND，OR を NAND だけの回路で置き換える

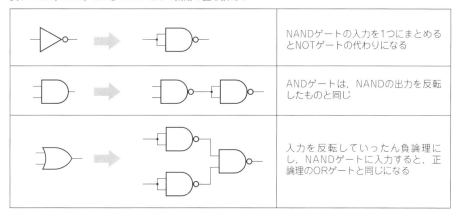

		NANDゲートの入力を1つにまとめるとNOTゲートの代わりになる
		ANDゲートは，NANDの出力を反転したものと同じ
		入力を反転していったん負論理にし，NANDゲートに入力すると，正論理のORゲートと同じになる

3 ロジックICの電気的特性

桝田 秀夫

ロジック・レベル

ロジック回路では2値を電圧で区別します．電圧が高い場合を "H"，低い場合を "L" として表現します．

このHレベルとLレベルは，しきい値またはスレッショルド・レベル（threshold level）と呼ばれる基準電圧で区別します．

実際の素子では，スレッショルド・レベルは1つの値ではなく，ある程度の幅をもっています（図9）．ロジック・レベルには以下のような余裕度があります．

▶Hレベル余裕度

最小Hレベル出力電圧 V_{OHmin} と最小Hレベル入力電圧 V_{IHmin} の差

▶Lレベル余裕度

最大Lレベル出力電圧 V_{OLmax} と最大Lレベル入力電圧 V_{ILmax} の差

これらを雑音余裕度またはノイズ・マージン（noise margin）といい，ノイズなどの影響により変動が起きたとしても，この範囲に収まっていれば，H/Lレベルに分離可能であることを示します．

これにより，多少の誤差や電源電圧の変動の影響を受けにくくなり，容易に高信頼性・高再現性を得ることができます．

例えば，TTLレベル[注1]と呼ばれる信号レベルは，一般に，$V_{OHmin} = 2.4\ \mathrm{V}$，$V_{IHmin} = 2.0\ \mathrm{V}$，$V_{OLmax} = 0.4\ \mathrm{V}$，$V_{ILmax} = 0.8\ \mathrm{V}$です．

注1：TTL（Transistor Transistor Logic）とは，昔からあるバイポーラ・トランジスタで構成されたロジックICを指す．電源電圧は5V．

入力信号と出力信号の時間的関係

理想的には，入力の "H" や "L" が変化したとき，一切の遅れなしに出力が決まればよいのですが，現実にはそうはいかず，図10のような伝播遅延時間 t_{PD} が発生します．一般にロジックICの動作速度は，伝播遅延時間によって決まります．これはデバイスごとに最大値が決まっています．さらに，ロジックICの消費電力と動作速度はトレードオフの関係にあり，両立は困難です．

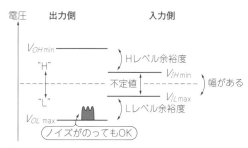

図9　スレッショルド・レベル

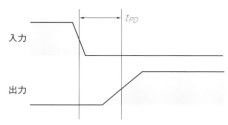

図10　伝播遅延時間

図11に標準ロジックICのt_{PD}と消費電流I_{CC}の関係を示します．この図からシリーズの変遷がわかります．例えば，標準ロジックICの74LS00は，t_{PD} = 15nsでI_{CC} = 4.4 mAですが，74F00は，t_{PD} = 6 nsでI_{CC} = 10.2 mAです．

また，フリップフロップやラッチのように，クロックによって入力を処理し，出力を決めるようなロジックでは，図12のようなセットアップ時間t_S，ホールド時間t_H，リリース時間t_R，パルス幅t_W，最大クロック周波数f_{CLKmax}などのトランジェント特性も重要になります．

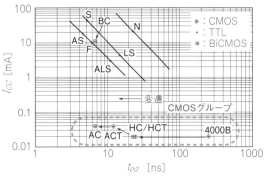

図11　t_{PD}とI_{CC}の関係

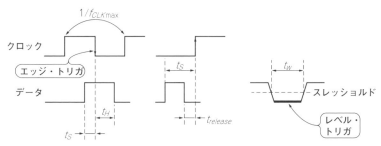

図12　トランジェント特性パラメータ

IC接続とファン・アウト

実際にシステムを設計する場合，ICを複数組み合わせて使うことがあります．同じタイプのものどうしや，異なるタイプ，異なるプロセスのICを接続しなければならないこともあるでしょう．以下は標準ロジックICの接続例で，ファン・アウト（fan out）とロジック・レベルに関する注意点です．

▶ TTL接続の場合

図13にTTL接続のロジック・レベルの関係を，図14に回路例を示します．

TTLの入力はLSタイプ（74LS00など）の場合，入力に関しては，Hレベル時の入力電流I_{IH}が20 μA程度，Lレベル時の入力電流I_{IL}が0.4 mA程度なのに対して，出力はHレベル時の出力電流I_{OH}が0.4 mA，Lレベル時の出力電流I_{OL}が8 mAです．I_{OL}/I_{IL}を計算した結果をファン・アウトといい，駆動能力（後段に接続できるICの数）を表します．この場合20です．FタイプやASタイプでは，I_{OH}が1 mA，I_{OL}が20 mA程度に増強されているので，単純には2.5倍の駆動能力をもっていることになります．

TTLは，Lレベル時に電流を引き込むシンク電流

column▶01　CMOSロジック・レベルは電源電圧によって変わる

編集部

マイコンの電源電圧V_{DD}は3.3 V系が主流です．FPGAでは2.5 Vや1.8 Vなど低い電圧のものもあります．

"H"と"L"を認識するCMOSロジックの電圧範囲は，電源電圧で違ってきます（表A）．そのため，電源電圧が異なるCMOSロジックIC間で信号をやり取りする際は，正常に入出力の判定ができないことがあり，レベル変換用ICなどを介して接続する必要があります．

なお，特殊な例として，3.3 VのCMOS出力を5 VのTTLレベルで受けることは可能です．一部のCMOS ICの中には，入力レベルをあえてTTLレベ

ルに合わせているものもあります．

◆参考文献◆

(1) 統一化電源電圧CMOSインターフェース規格 JEITA ED-5007，2010 年 4 月，https://www.jeita.or.jp/japanese/standard/pdf/ED-5007_b.pdf

表A　CMOSロジック・レベルの電圧範囲の例[1]
V_{DD} = 2.5 Vで計算すると，V_{OHmin} = 2.1 V，V_{IHmin} = 1.8 V，V_{OLmax} = 0.4 V，V_{ILmax} = 0.8 Vとなる

	出力電圧	入力電圧
"H"と認識する電圧範囲	V_{OH} = 0.85 × V_{DD} ~ V_{DD}	V_{IH} = 0.7 × V_{DD} ~ V_{DD} + 0.3
"L"と認識する電圧範囲	V_{OL} = 0 ~ 0.15 × V_{DD}	V_{IL} = -0.3 ~ 0.3 × V_{DD}

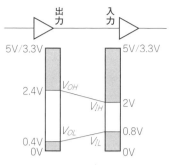

図13 TTL接続のロジック・レベル
三角形は増幅器を表す

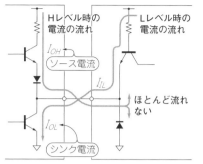

図14 TTL接続の回路

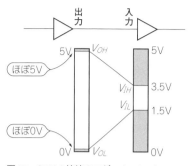

図15 CMOS接続のロジック・レベル
LとHの差が大きいので，ノイズ・マージンは大きい（ノイズに強い）

（図14のI_{OL}）が大きく，Hレベル時に電流を流し出すソース電流（図14のI_{OH}）が小さいという特徴があります．

▶ CMOS接続の場合

図15にCMOS接続のロジック・レベルの関係を示します．

入力インピーダンスは非常に高く，例えば標準ロジックICの4000BシリーズならI_{IH}やI_{IL}は最大でも1 μAです．I_{OH}, I_{OL}は小さいものでも440 μAはあるので，直流的には実質上ファン・アウトの制限がありません．

しかし，交流的には，入力容量C_iが5 pFあるため，

この負荷容量による遅延時間の増大によって制限されます．

◆参考文献◆
(1) 猪飼國夫，本多中二；定本 ディジタル・システムの設計，第10版，CQ出版社，1998年．
(2) トランジスタ技術編集部編；わかる電子回路部品完全図鑑，トランジスタ技術増刊，1998年4月，CQ出版社．
(4) 大幸秀成；基本・CMOS標準ロジックIC活用マスタ,トランジスタ技術SPECIAL No.58，1997年1月，pp.4-60，CQ出版社．
(5) 丸岡嵩彌；ディジタルIC実用ノウハウ，トラ技ORIGINAL No.2，1990年3月，pp.14-25，CQ出版社．

④ **ロジックICのピン配置**

編集部

図16に示すのは，標準ロジックICでもっともポピュラなICである74シリーズのピン配置図です．NANDゲートの「7400」から始まり「74LS00」，「74HC00」と，中の名称でICの電気的規格が変化しますが，ピン配置は変わりません．

もう1つ，ポピュラな標準ロジックICとしてCMOS4000シリーズがあります．そちらのピン配置はまったく異なります．

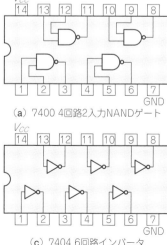

（a）7400 4回路2入力NANDゲート

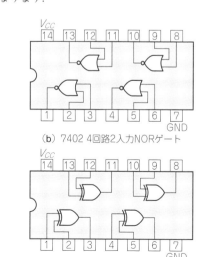

（b）7402 4回路2入力NORゲート

（c）7404 6回路インバータ

（d）7486 4回路2入力ExORゲート

図16 ロジックICのピン配置の例

電気回路の基本法則

馬場 清太郎 Seitaro Baba

これだけは覚えて使いこなしたい電気の公式といえば，オームの法則と重ね合わせの理，テブナンの定理の3つです．他の公式は覚えていなくても，3つの公式から簡単に導くことができます．それ以外に理解していることが必要なのは，電圧源と電流源，インピーダンスの意味です．これらを紹介します．

上記だけでほとんどの電子回路を解析したり，設計したりできます．他の法則を知っていると簡単に解ける場合もあります．

1 オームの法則

電気回路の法則の中で図1に示すオームの法則は，最も基本的な法則で応用範囲も広くなっています．

基本的なインピーダンス抵抗値RとインダクタンスL，容量値Cとオームの法則の関係を表1に示します．基本的な電気の計算では，微分方程式を解いて必要な解を求めることはほとんどありません．定常状態の正弦波交流では「$j\omega$」を使い，過渡現象ではラプラス変数の「s」を使って，四則演算で必要な解を求めます．

$j\omega$とsは，d/dtを意味する微分演算子です．

図2に，オームの法則による抵抗と電圧，電流，電力の関係を示します．このような早見図の便利な点は，パラメータが変化したとき，正確ではありませんが概略の結果が一望できるところにあります．

図3に，インダクタンスLと容量値Cの周波数に対するリアクタンス図を示します．この図は多用途で，共振周波数までわかります．

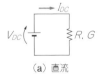

(a) 直流

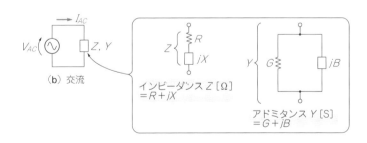

(b) 交流

インピーダンス Z [Ω]
$= R + jX$

アドミタンス Y [S]
$= G + jB$

直流電流 I_{DC} [A] $= \dfrac{V_{DC}}{R} = GV_{DC}$

直流電圧 V_{DC} [V] $= I_{DC}R = \dfrac{I_{DC}}{G}$

直流電力 P [W] $= V_{DC}I_{DC} = I_{DC}^2 R = \dfrac{V_{DC}^2}{R}$

$= \dfrac{I_{DC}^2}{G} = V_{DC}^2 G$

ただし，R：抵抗 [Ω]，
G：コンダクタンス [S] $\left(= \dfrac{1}{R}\right)$

交流電流 I_{AC} [A] $= \dfrac{V_{AC}}{Z} = YV_{AC}$

交流電圧 V_{AC} [V] $= I_{AC}Z = \dfrac{I_{AC}}{Y}$

ただし，R：抵抗 [Ω]，Z：インピーダンス [Ω]，Y：アドミタンス [S] $= \dfrac{1}{Z}$，
X：リアクタンス [Ω]，G：コンダクタンス [S]，B：サセプタンス [S]

図1 基本中の基本！ オームの法則

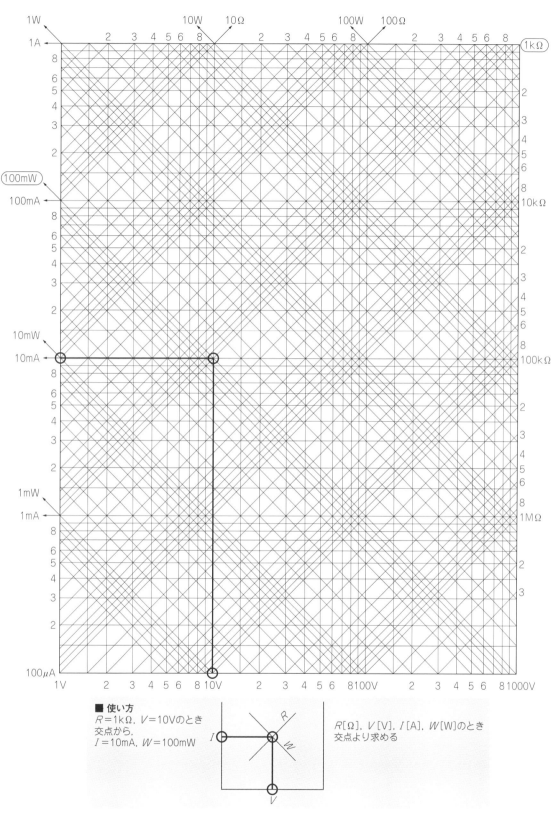

図2 抵抗に対する電圧，電流，電力の早見図
ざっくり結果を一望できる

■ 使い方
$R=1\text{k}\Omega$，$V=10\text{V}$のとき
交点から，
$I=10\text{mA}$，$W=100\text{mW}$

$R[\Omega]$，$V[\text{V}]$，$I[\text{A}]$，$W[\text{W}]$のとき
交点より求める

回路・部品

シリアル通信

コネクタ関係

単位・値

電波・無線

あれこれ

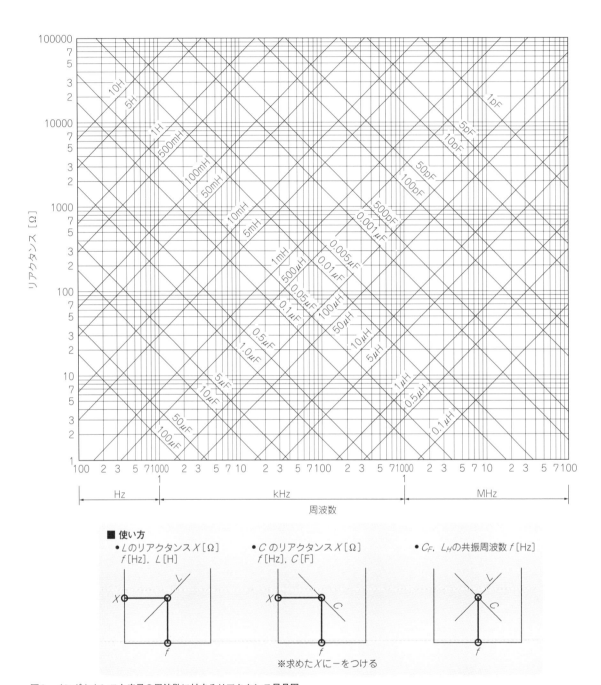

図3　インダクタンスと容量の周波数に対するリアクタンス早見図
共振周波数もわかる

表1 抵抗，コイル素子，コンデンサとオームの法則

素子	$\xrightarrow{i_R}$ R v_R	$\xrightarrow{i_L}$ L v_L	$\xrightarrow{i_C}$ C v_C
インピーダンス (impedance)	R （抵抗と同じ）	$j\omega L$	$\dfrac{1}{j\omega C} = -j\dfrac{1}{\omega C}$
リアクタンス (reactance)	–	ωL	$-\dfrac{1}{\omega C}$
アドミタンス (admittance)	$\dfrac{1}{R}$ （コンダクタンスと同じ）	$\dfrac{1}{j\omega L} = -j\dfrac{1}{\omega L}$	$j\omega C$
サセプタンス (susceptance)	–	$-\dfrac{1}{\omega L}$	ωL
時間領域 (t)	$v_R = R i_R$	$v_L = L\dfrac{d}{dt} i_L$	$v_C = \dfrac{1}{C}\displaystyle\int i_C\,dt$
周波数領域 (jω)	$V_R = R I_R$	$V_L = j\omega L I_L$	$V_C = \dfrac{I_C}{j\omega C}$
周波数領域 (s)	$V_R = R I_R$	$V_L = s L I_L$	$V_C = \dfrac{I_C}{sC}$

ωは角周波数，周波数fとは$\omega = 2\pi f$の関係がある．

- コイルとコンデンサは，インピーダンス（リアクタンス）とアドミタンス（サセプタンス）では極性が異なる．
- コイルとコンデンサを使った回路は，オームの法則で電圧と電流の関係を求めると，時間領域と周波数領域では式の形が異なる．両者を比較すると，$j\omega$とsは微分d/dtを表していることがわかる．言い換えれば$j\omega$とsは微分演算子である．
- $1/j\omega$と$1/s$は微分の逆演算である積分$\int dt$を表す．ただし，表は定常状態を表しているため，過渡現象を求めるときは初期値を入れる必要がある．

2 キルヒホッフの法則

キルヒホッフの法則には，図4のように電流則（KCL：Kirchhoff's Current Law）と，電圧則（KVL：Kirchhoff's Voltage Law）の2つがあります．

電流則は，任意の1接続点に流入する電流の総和は零であるというもので，電流の連続性を表しています．ただし，電流の符号は流入を「＋」，流出を「－」とします．

電圧則は，任意の1閉路において同一方向に全ての電圧降下を加えると零になるというもので，電圧の平衡性を表しています．

● 複雑な回路をコンピュータで解析するときに向く

実際の回路解析にキルヒホッフの法則を適用すると，多元連立方程式が立てられます．3元連立方程式程度は何とか手計算でも解けますが，それ以上になると手計算では間違いが多くなります．また結果が出るまで検算できません．

キルヒホッフの法則はコンピュータによる計算向きです．設計や実験現場の手計算の場合は，重ね合わせの理とテブナンの定理を適用して回路を単純化しながら解いていくことを勧めます．

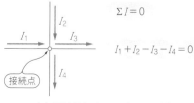

$\Sigma I = 0$

$I_1 + I_2 - I_3 - I_4 = 0$

（a）電流則（KCL，電流の連続性）

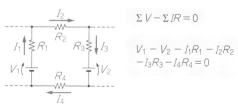

$\Sigma V - \Sigma IR = 0$

$V_1 - V_2 - I_1 R_1 - I_2 R_2$
$\quad - I_3 R_3 - I_4 R_4 = 0$

（b）電圧則（KVL，電圧の平衡性）

図4 キルヒホッフの法則
複雑な回路をコンピュータで力技で解析するときに使う

③ 重ね合わせの理

　図5に示すように，多数の電圧源（ないし電流源）を持つ線形回路において，1つの岐路に生じる電圧は，電圧源が個々に1つずつ存在する（他の電圧源は短絡して0Vとする）として求めた電圧を全電圧源について足し合わせた電圧に等しい，というのが「重ね合わせの理」です．これは定理ではなく原理で，線形回路の性質です．

　線形回路というのは入出力の関係が1次関数（直線）で表される回路で，この場合には電圧源と1つの岐路に生じる電圧の関係が1次関数（直線）で表されることを意味します．

　OPアンプ増幅回路のような線形回路に重ね合わせの理を適用すると，回路解析が簡単になります．

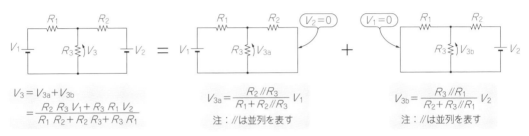

図5　重ね合わせの理
OPアンプを使った増幅回路（第3章参照）などで使う

④ テブナンの定理

　テブナンの定理は，図6に示すように「電圧源（ないし電流源）を含む回路（イ）の任意の2点間において，この2点間の開放端電圧と出力インピーダンスがわか

ればこの回路（イ）は（ロ）と等価である」と言うことです．単純ですが実際の回路解析や回路設計において非常に有用な定理です．

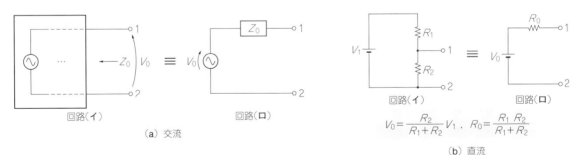

図6　テブナンの定理
手計算するならキルヒホッフを使うよりもこれ

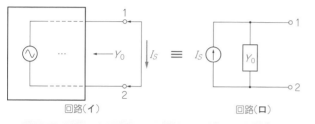

⑤ ノートンの定理

テブナンの定理を電圧源ではなく電流源で表したのが，等価電流源の定理とも呼ばれているノートンの定理です．図7のように「電圧源（ないし電流源）を含む回路（イ）の任意の2点間において，この2点間の短絡電流と開放端アドミタンスがわかればこの回路（イ）は（ロ）と等価である」ということです．

テブナンの定理を使うか，ノートンの定理を使うかは，等価回路を描いて式を立てたとき，どちらが簡単な式になるかで決めます．一般的な指針としては，直列回路ではテブナンの定理を使い，並列回路ではノートンの定理を使う場合が多いですが，計算間違いの少ない簡単な式になるほうを使います．

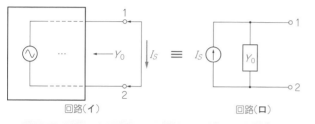

回路（イ）   回路（ロ）

電圧源ないし電流源を含む回路（イ）の任意の2点において，この2点間の短絡電流 I_S と，開放端アドミタンス Y_0 がわかれば，この回路（イ）は（ロ）と等価である．

（a）交流の場合

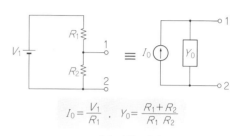

$$I_0 = \frac{V_1}{R_1} \quad , \quad Y_0 = \frac{R_1 + R_2}{R_1\,R_2}$$

（b）直流の場合

図7　ノートンの定理
テブナンの定理を電圧源ではなく電流源で表したもの

⑥ 電圧源と電流源の等価変換

電圧源と電流源は仮想的な信号源です．電圧源は，どのような負荷を接続しても電圧を一定に維持し，電流源は，どのような負荷を接続しても電流を一定に維持します．電圧源を短絡すると無限大の電流が流れ，電流源を開放すると無限大の電圧が発生します．

実際には電圧源が供給できる電流には制限があり，電流源の開放端子電圧には上限があります．回路解析や回路設計で電圧源と電流源を使用する場合は，この上限を考慮して制限内で動作するようにします．

電圧源と電流源自体は等価変換できませんが，現実の電圧源と電流源は内部にインピーダンスを含むため図8のように等価変換できます．

基本的に直列回路では電圧源とインピーダンスで考え，並列回路では電流源とアドミタンスで考えて，式を簡単にし計算を楽にします．

$$V = IR \quad \text{または} \quad I = V/R$$

電圧源と電流源を含む回路に，テブナンの定理とノートンの定理を適用すれば，二つの回路は等価である．
注）電圧源 V は電流 I が大きくなっても（$I \to \infty$ まで）一定の電圧を維持し，電流源 I は電圧 V が大きくなっても（$V \to \infty$ まで）一定の電流を維持する，仮想的な電源である．現実の電源では適用範囲に注意すること．

図8　電圧源と電流源の等価回路
計算を楽にするため，直列回路は電圧源とインピーダンスで，並列回路は電流源とアドミタンスで考えられるようにできる

式を簡単にして計算を楽にするのは，解析や設計のとき間違いを少なくするために非常に重要なことです．

7 ミルマンの定理と全電流の定理

図9に示すミルマンの定理と図10に示す全電流の定理は，先述した電圧源と電流源の等価変換の応用です．回路を描きなおすことでA-B間の電圧や，A，B を還流する電流を簡単に求められます．

トランジスタ回路の解析や多相交流回路の解析に適用すると便利なことが多いです．

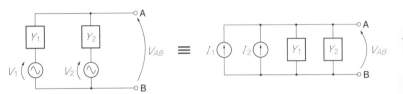

図9　ミルマンの定理
図8の電圧源と電流源の等価変換の応用．トランジスタ回路や多相交流回路の解析に使うと便利

$$V_{AB} = \frac{I_1 + I_2}{Y_1 + Y_2} = \frac{Y_1 V_1 + Y_2 V_2}{Y_1 + Y_2}$$

これを一般化してn個の電圧源とアドミッタンスを有する回路では，

$$V_{AB} = \frac{\sum_{k=1}^{n} Y_k V_k}{\sum_{k=1}^{n} Y_k}$$

となる．これをミルマンの定理と呼ぶ

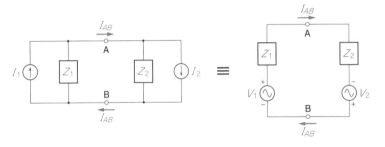

図10　全電流の定理
図8の電圧源と電流源の等価変換の応用．トランジスタ回路や多相交流回路の解析に使うと便利

$$I_{AB} = \frac{V_1 + V_2}{Z_1 + Z_2} = \frac{Z_1 I_1 + Z_2 I_2}{Z_1 + Z_2}$$

これを一般化してn個の電流源とインピーダンスを有する回路では，

$$I_{AB} = \frac{\sum_{k=1}^{n} Z_k I_k}{\sum_{k=1}^{n} Z_k}$$

となる．これを全電流の定理と呼ぶ

8 供給電力最大の法則

内部抵抗がある電源から供給される電力は図11に示すように，負荷抵抗が内部抵抗に等しいときに最大となります．

● 応用例

化学電池の場合，放電電流の上限があり，温度と供給可能残量によって内部抵抗が大幅に変化するため，実験的にこの法則を確認することは難しいでしょう．この法則の適用例としては太陽電池のMPPT（Maximum Power Point Tracking：最大電力点追従制御）があります．太陽電池の場合，太陽光の入射角度や雲の状態によって大幅に供給可能電力が変動するだけでなく，内部抵抗も変化します．供給電力最大の法則を利用して計算しながら，太陽電池から常に最大電力を取り出しています．

太陽電池の場合，太陽光→電力変換効率は十数％程度（メーカによっては20％程度）が多いため，内部抵

内部抵抗rをもつ電源において，負荷抵抗Rを接続したとき，Rに供給される電力Pの最大値P_{max}は，

$$P = I^2 R = \frac{R}{(r+R)^2} V^2 = \frac{1}{\frac{r}{R} + 2 + \frac{R}{r}} \frac{V^2}{r}$$

$\dfrac{R}{r} = 1$のとき最大となり，

$$P_{max} = \frac{V^2}{4r}$$

となる．つまり負荷抵抗が内部抵抗に等しいとき，負荷には最大の電力が供給される．またこのP_{max}を電源の固有電力といい，電源が負荷に供給できる最大の電力である．

rとRで消費される電力がr対Rに比例することから，効率はrに対しRが大きくなるほど高くなる．

図11　供給電力最大の法則
負荷に供給される電力が最大になるのは，負荷抵抗と電源の内部抵抗が等しいとき

抗での損失を問題にせず，MPPT制御により最大出力を取り出しています．しかし，化学電池を含めた一般的な電源では（効率）＝（出力電力）÷（内部抵抗での損失も含めた入力電力）が問題になります．内部抵抗と負荷抵抗が等しいときの効率は50％になって著しく低効率ですから，一般に負荷抵抗は内部抵抗よりもできるだけ大きくしています．

図11は直流電圧源ですが，rとRが抵抗ならば交流電源のときにもこの法則は成立します．rとRがインピーダンスの場合に内部インピーダンス$z = r + jx$と負荷インピーダンス$Z = R + jX$とすると，供給電力が最大になる条件は次のとおりです．

$$r = R, \quad x = -X$$

つまりzとZは互いに共役の関係のとき，負荷に供給される電力は最大になり，最大値P_{max}は図11と同じになります．

9 ミラーの定理

図12に示すのがミラー効果を一般化したミラーの定理です．ミラーの定理は電子回路（増幅回路）の定理で，回路の解析や設計に非常に有用です．

ミラーの定理を利用して回路設計や回路解析を行うのは，ほとんどがトランジスタやFETを使用したディスクリート回路です．パワーMOSFETのゲート入力電荷量（Q_g）の特性は，能動状態のときに，ドレイン-ゲート間にある帰還容量（C_{rss}）が入力側（ゲート側）で（1＋ゲイン）倍されて非常に大きくなります．ディスクリート・トランジスタ増幅回路に関する知識は，低雑音増幅回路や高周波増幅回路を設計するときに必要となります．

OPアンプでミラーの定理を利用するのは，OPアンプ内部回路の解析のときです．バイポーラICのOPアンプ内部回路を見ると，初段の差動増幅回路，2段目のエミッタ接地電圧増幅段，終段のエミッタ・フォロワとなっていることが多いです．2段目のエミッタ接地電圧増幅段では，ベース-コレクタ間に位相補償容量が付加されています．この位相補償容量によって起きる現象を「極分離（pole splitting）」と言います．OPアンプの内部位相補償といえば「極分離」です．

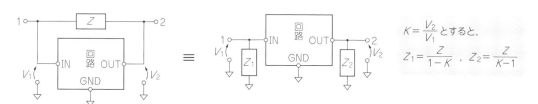

Zだけを取り出せば，下図のように変形できる

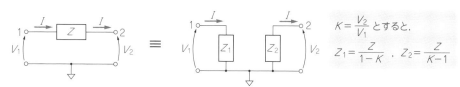

線形回路の入出力間にインピーダンスZを接続するのは，入力と出力にそれぞれZ_1，Z_2を接続するのと等価である

図12 ミラーの定理
ミラー効果を一般化した

第6章 制御信号の大きな流れがパッとわかる早見図

ブロック線図の基本

足塚 恭 Kyo Ashizuka

1 ブロック線図の表記例

制御信号の流れは，ブロック線図を使って表します．**図1**は，ブロック線図の基本表記をまとめたものです．

図において，x，yなどは信号を表します(電流や電圧などの変数を意味する．制御では状態量という言い方もする)．

ゲインは，信号へ乗算する係数になります．ゲインそのものは，時間変化をしないこと(時不変)が前提です．ゲインの表記例として，**図1**中にオームの法則($i = v/R$)が記載されています．この場合，iとvは変数であり，Rはゲインです．

そのほか，加算，減算，分岐などもよく用います．

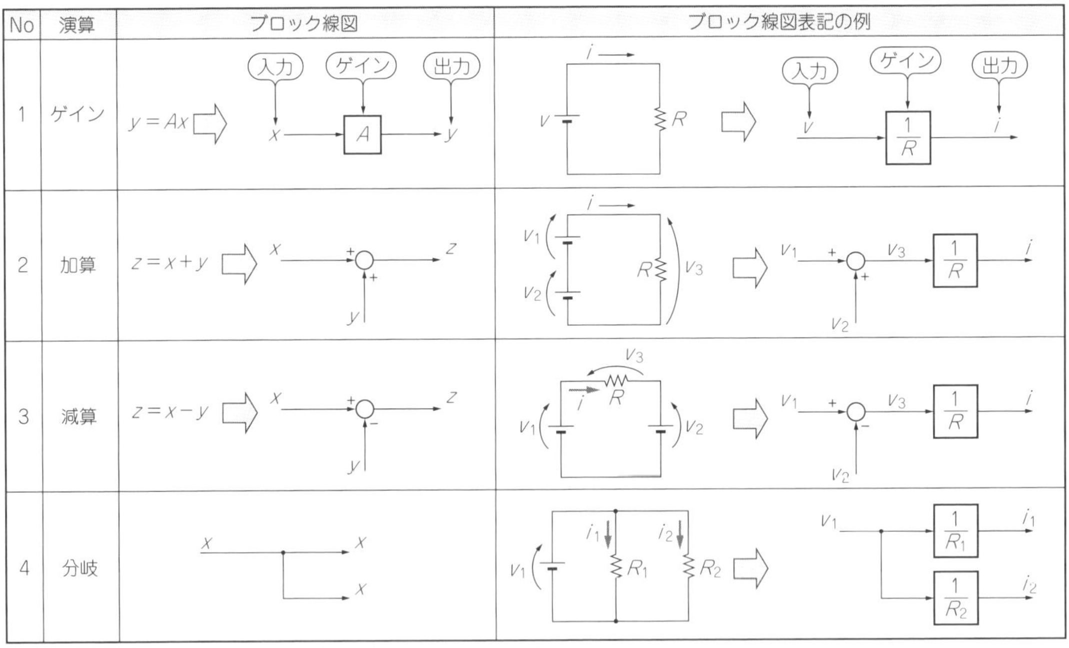

図1 ブロック線図表記の例…制御を構築していく上で，ブロック線図表記は必須になる

2　ブロック線図の等価変換

ブロック線図どうしは，乗算や加算を等価変換して表記できます．

図2の一番下にある「フィードバック」は，よく使う等価変換です．「出力をH倍して，入力から差し引く」という動作は，帰還制御(フィードバック制御)そのものです．この変換は覚えておくと便利です．

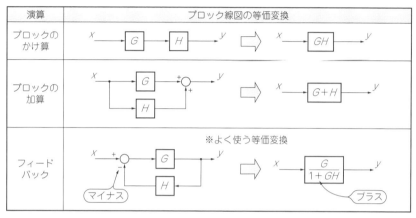

図2　ブロック線図表の等価変換
よく使う等価変換の例．フィードバックの等価変換は覚えておくと便利

3　微分器と積分器の動作

ブロック線図表記で，直感的にわかりにくいのは，微分器と積分器の動作です．微分演算子d/dtは，ラプラス演算子のsを用いて表します．積分は，その逆数で$1/s$です．これらはそのままブロック図で表現されます．

● 積分器

入力信号xの値を時間積分します．例えば，入力が直流の場合は，出力信号は単調増加し，矩形波信号は三角波になります．また，周波数の高い信号は出力に現れにくくなります．インダクタンスに流れる電流は，電圧の時間積分をインダクタンスLで割ると求まります．これは**図3**の「①積分器を使った例」に記載されています．

● 微分器

積分器の逆です．入力信号の時間変化率に比例した値を出力します．例えば，直流は時間変化しないので，出力はゼロです．矩形波の場合は，電圧が正負に変化するときだけ，ひげのような大きな信号が出力されます．三角波はその傾きに比例した値を出力します．

微分器は，信号処理上は差分としてしか扱えないため，フィルタと組み合わせた不完全微分などで表現されるのが一般的です．通常，微分器そのものを直接用いることはありません．

● 1次遅れ

とてもよく利用されます．ゲインと積分器と，フィードバックからなるブロックです．ゲインAの逆数が時定数です．このブロックは，直流については，そのまま信号が素通りし，周波数の高い成分は通りにくくなります．このような特性をローパス特性といい，ノイズのカットなどに用います．どの周波数までをカットするかは，時定数の設定値で決まります．ステップ入力に対する応答時間も，時定数の設定で変化します．電気回路では，RL回路やRC回路が，この1次遅れの特性を示します．制御ソフトウェアの中で，おまじないのように1次遅れ(ローパス・フィルタ)を使う人もいます．

回路・部品

シリアル通信

コネクタ関係

単位・値

電波・無線

あれこれ

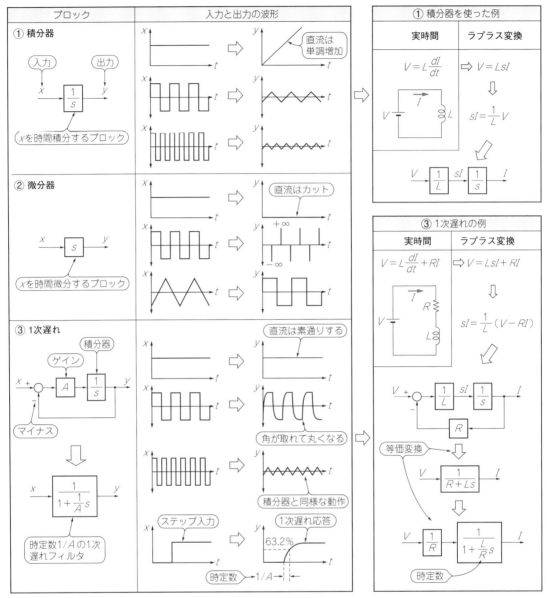

図3　ブロック線図における微分・積分器の入出力信号の動き
微積分を含むブロックの動作を理解すると，信号の流れが理解しやすくなる

第7章 自分の設計担当領域で使う記号は最低限覚えよう

回路図記号の便利帳

宮崎 仁 Hitoshi Miyazaki

● 国家規格は JIS 記号

JIS C 0617は電気用図記号に関する規格のシリーズであり，JIS C 0617-1「電気用図記号―第1部：概説」からJIS C 0617-13「電気用図記号―第13部：アナログ素子」まで13種類の規格が作られています．

この中の第4部であるJIS C 0617-4に，抵抗，コンデンサ，インダクタの図記号が含まれています．代表的な図記号の例を図1に示します．

国際規格であるIEC規格では，このような箱型抵抗などのヨーロッパ式の表記が採用されています．日本でも1997年に，国際規格に整合するためにJISが改正されました（JIS C 0617が制定された）．

●「旧JIS」記号が使われる場合も

それ以前はJIS C 0301（1952年制定）で規格化された図記号が使われており，抵抗はギザギザ状，インダクタはつるまき状の図記号でした（表1の「トランジスタ技術の図記号」を参照）．JIS C 0301は米国式の表記を採用したものです．

（a）抵抗器　（b）可変抵抗器　（c）コンデンサ（一般図記号）　（d）有極性コンデンサ　（e）コイル（一般図記号）　（f）磁心入インダクタ

図1 抵抗，コンデンサ，インダクタの代表的な図記号

電子機器やコンピュータの分野（いわゆる弱電）では，現在でも米国式（旧JIS）の表記が一般的に使われています．それに対して，電力の分野（いわゆる強電）では政府調達の比重が高く，JISが優先して使われています．

その実態を反映してか，強電寄りの国家試験である電気主任技術者試験ではJIS C 0617準拠の図記号を，弱電寄りの国家試験である情報処理技術者試験ではJIS C 0301準拠の図記号を採用しています．

表1 回路図記号[1]

名 称	トランジスタ技術の図記号				JIS C 0617およびIEC 60617の記号例				備 考
固定抵抗器		タップ付き	無誘導			タップ付き			—
可変抵抗器	2端子	3端子	連動（2連）	スイッチ付き	2端子	3端子	連動（2連）	スイッチ付き	（注1）
半固定抵抗器	2端子	3端子			2端子	3端子			
抵抗アレイ									
サーミスタ	直熱型(1)	直熱型(2)	傍熱型		直熱型		傍熱型		（注2）

（注1）破線は連動を表す．　（注2）$t°$または$θ$を付ける．JIS C 0617では$θ$を付ける．

（a）抵抗器

表1　回路図記号（つづき）

名　称	トランジスタ技術の図記号				JIS C 0617およびIEC 60617の記号例				備　考
固定コンデンサ（無極性）		外側電極表示							（注3）
電解コンデンサ（有極性）		（古い図記号）							（注4）
電解コンデンサ（無極性）	B.P.	N.P.	（古い図記号）B.P.	（古い図記号）N.P.					（注4）（注5）
バリコン	単連	2連	差動	平衡(バタフライ)	単連	2連	差動	平衡	（注6）
	可動電極表示	2連	差動	平衡(バタフライ)					
半固定コンデンサ（注7）									（注6）
貫通コンデンサ									—

（注3）円弧側の電極は外側または低圧側を表す．JIS C 0617には外側や低圧側表示はない．　（注4）JIS C 0617は斜線なし．
（注5）B.P.：bi-polar，N.P.：non-polar　（注6）JIS C 0617には可動電極表示はない．　（注7）トリマ・コンデンサとも呼ぶ．

（b）コンデンサ（キャパシタ）

名　称	トランジスタ技術の図記号				JIS C 0617およびIEC 60617の記号例				備　考
空心コイル	固定	タップ付き	可変(2端子)	可変(3端子)	固定	タップ付き	可変(2端子)	可変(3端子)	（注8）
コア入りコイル（注9）	固定	タップ付き	可変(2端子)	可変(3端子)	固定	タップ付き	可変(2端子)	ギャップ付き	（注11）
鉄心入りコイル（注10）	固定	タップ付き	可変	ギャップ付き					
可飽和コイル									（注12）
フェライト・ビーズ		F.B.							—

（注8）必要に応じて山の数を増減する．　（注9）高周波コイル．ダスト・コアやフェライト・コアをもつもの．　（注10）低周波用チョーク・コイルなど．　（注11）JIS C 0617ではコア材質を区別しない．　（注12）おもに低周波用．

（c）コイル（インダクタ）

名　称	トランジスタ技術の図記号				JIS C 0617およびIEC 60617の記号例				備　考
低周波トランス		シールド付き	可変インダクタンス	可変相互インダクタンス		シールド付き	可変インダクタンス		（注13）
高周波トランス（空心）		シールド・ケース付き	可変インダクタンス	可変相互インダクタンス		シールド・ケース付き	可変インダクタンス		（注13）
高周波トランス（コア入り）		シールド・ケース付き	可変インダクタンス	可変相互インダクタンス		シールド・ケース付き	可変インダクタンス		（注14）

（注13）●印は巻き線の極性を表す．　（注14）●印は巻き線の極性や巻き始めを表す必要があるときに付ける．JIS C 0617ではコアを実線で表す．

（d）トランス

回路・部品

名　称	トランジスタ技術の図記号				JIS C 0617およびIEC 60617の記号例				備　考
	交差	接続	無接続(1)	無接続(2)	交差	接続	無接続の導体または ケーブル端(1)	無接続の導体または ケーブル端(2)	
配線				N.C.					(注15)
信号線									
ケーブル		フレキシブル				フレキシブル			
シールド線や 同軸ケーブル									
端子（注16）		同軸端子	イヤホン・ジャック	イヤホン・ジャック （スイッチ付き）		同軸端子	同軸プラグ	イヤホン・ジャック （スイッチ付き）	
バス	$A_7 \sim A_0$	8			$A\langle 7:0\rangle$	8			(注17)

（注15）JIS C 0617の（2）は特別な絶縁処理をしたもの．　　（注16）ターミナルとも呼ぶ．　　（注17）/8は8線のバスという意味．

（e）配線

名　称	トランジスタ技術の図記号				JIS C 0617およびIEC 60617の記号例		備　考
	トランジスタ技術	JIS C 0301	ANSI-IEEE	古い図記号	JIS C 0617	IEC 60617	
信号グラウンド							JIS C 0617は正三角形
コモン・グラウンド							JIS C 0617は正三角形
大地アース							――
シャーシ・グラウンド							フレーム・グラウンドとも呼ぶ
保安グラウンド							保護グラウンドとも呼ぶ
ディジタル・グラウンド	D.G.						――
アナログ・グラウンド	A.G.						――
パワー・グラウンド	P.G.						――

（f）グラウンド（アース）

名　称	トランジスタ技術の図記号				JIS C 0617およびIEC 60617の記号例				備　考
電池	単セル	複セル							(注18)
定電圧源	直流	交流			理想 電圧源				――
定電流源	直流(1)	直流(2)			理想 電流源				――
信号源	パルス	ステップ	方形波	正弦波	パルス	ステップ	正弦波	高周波	

（注18）JIS C 0617では単セルと複セルの区別はない．

（g）電源

表1　回路図記号（つづき）

●スイッチ

名　称	トランジスタ技術の図記号				JIS C 0617およびIEC 60617の記号例				備　考
トグル・スイッチ	単極単投(SPST)	単極双投(SPDT)	双極単投(DPST)	双極双投(DPDT)	手動操作(一般)	単極双投(SPDT)	双極単投(DPST)	双極双投(DPDT)	(注19)
スライド・スイッチ	3P	6P			3P				(注20)
プッシュ・スイッチ	ノーマリ・オープン(N.O.)	ノーマリ・クローズ(N.C.)			自動復帰メーク接点(N.O.)		自動復帰ブレーク接点(N.C.)		—
プル・スイッチ	ノーマリ・オープン(N.O.)	ノーマリ・クローズ(N.C.)			自動復帰メーク接点(N.O.)		自動復帰ブレーク接点(N.C.)		—
ロータリ・スイッチ	4極	連動			4極	多極		連動	—
アナログ・スイッチ	信号・信号・制御				制御信号・信号				—

●リレー

名　称	トランジスタ技術の図記号				JIS C 0617およびIEC 60617の記号例				備　考
リレー	単極単投(SPST)	単極双投(SPST)	単極単投(SPST)	単極双投(SPST)	単極単投(SPST)	単極双投(SPDT)	ラッチング	有極	—

（注19）SPST：Single Pole Single Throw，SPDT：Single Pole Double Throws，DPST：Double Pole Single Throw，DPDT：Double Pole Double Throws　（注20）3P：three poles（3極），6P：six poles（6極）

（h）スイッチ，リレー

名　称	トランジスタ技術の図記号				JIS C 0617およびIEC 60617の記号例		備　考
電圧計	直流	交流	高周波				JIS C 0617では，直流，交流，高周波を表す記号を使わない
電流計	直流	交流	高周波				
インジケータ	VU計				VU	＊	＊印を測定量の単位や量を表す文字記号で置換する

（i）メータ

名　称	トランジスタ技術の図記号				JIS C 0617およびIEC 60617の記号例			備　考
マイク	ダイナミック	コンデンサ	クリスタル	汎用	一般	コンデンサ	プッシュプル	—
スピーカ	ダイナミック	マグネチック	クリスタル	汎用	一般	スピーカ・マイク		ダイナミック・スピーカは可動コイル型，マグネチックは可動磁石型
イヤホン	マグネチック	クリスタル	ヘッドホン		一般	ヘッドホン		JIS C 0617では動作原理による区別はない
サウンダ	圧電(ピエゾ)	マグネチック			一般			JIS C 0617では動作原理による区別はない

（j）マイク，スピーカ，イヤホン

●フィルタ

名 称	トランジスタ技術の図記号				JIS C 0617およびIEC 60617の記号例				備 考
フィルタ	ローパス	ハイパス	バンドパス	バンドエリミネート	ローパス	ハイパス	バンドパス	バンドエリミネート	(注21)
	ローパス	ハイパス	バンドパス	MCF					

●機能ブロック

名 称	トランジスタ技術の図記号				JIS C 0617およびIEC 60617の記号例				備 考
演算器	加算器	乗算器			加算増幅 ΣD10		乗算器 −2XY		──
機能ブロック	増幅器	特定機能			増幅器	変換器	周波数変換	特定機能	(注22)

●その他の受動素子など

名 称	トランジスタ技術の図記号				JIS C 0617およびIEC 60617の記号例				備 考
電球	白熱	ネオン			白熱	ネオン			──
発振子	水晶発振子	セラミック発振子			圧電結晶	3端子			(注23)
アンテナ					一般	ループ	ダイポール	ホーン	──
CdS光導電セル									──
太陽電池									──
熱電対	温度測定(1)	温度測定(2)	電流測定(直熱型)	電流測定(傍熱型)	温度測定(1)	温度測定(2)	直熱型	傍熱型	──
ヒューズ									──
ACプラグ/コンセント	プラグ	コンセント(レセプタクル)							(注24)
モータ	直流	交流	ステッピング	汎用	直流	交流	ステッピング	汎用	──
発電器	直流	交流	汎用		直流	交流	汎用		──
ディレイ・ライン	20ns				20ns				(注25)

(注21) MCF：モノリシック・クリスタル・フィルタ (注22) 四角形は正方形または長方形. (注23) 水晶もセラミックも同じ記号.
(注24) JIS C 0617には該当なし. (注25) 2本の縦線は入力側.

(k) フィルタ，機能ブロック，その他の受動素子

名 称	トランジスタ技術の図記号				JIS C 0617およびIEC 60617の記号例			
フォトカプラ	LED/フォトトランジスタ	LED/フォトダイオード	LED/フォトボルタック	LED/CdS	LED/フォトトランジスタ	LED/フォトダイオード	LED/フォトボルタック	LED/CdS

(o) オプトIC

回路・部品

シリアル通信

コネクタ関係

単位・値

電波・無線

あれこれ

表1　回路図記号（つづき）

名称	トランジスタ技術の図記号				JIS C 0617およびIEC 60617の記号例				備考
バイポーラ・ジャンクション・トランジスタ（BJT）	PNP	NPN	複合	バイアス抵抗内蔵	PNP	NPN	複合	バイアス抵抗内蔵	（注26）
	PNP（IC内）	NPN（IC内）	スーパーβ	ショットキー・クランプ					（注27）
ジャンクションFET（JFET）	Pチャネル	Nチャネル	Pチャネル・デュアル・ゲート	Nチャネル・デュアル・ゲート	Pチャネル	Nチャネル	Pチャネル・デュアル・ゲート	Nチャネル・デュアル・ゲート	（注28）
	Pチャネル	Nチャネル	Pチャネル	Nチャネル					（注29）
MOSFET（IGFET）	Pチャネル・モード	Nチャネル・モード	Pチャネル・エンハンスメント・モード	Nチャネル・エンハンスメント・モード	Pチャネル・モード	Nチャネル・モード	Pチャネル・エンハンスメント・モード	Nチャネル・エンハンスメント・モード	――
	Pチャネル・デュアル・ゲート・モード	Nチャネル・デュアル・ゲート・モード	Pチャネル・ゲート・エンハンスメント・モード	Nチャネル・デュアル・ゲート・エンハンスメント・モード	Pチャネル・デュアル・ゲート・モード	Nチャネル・デュアル・ゲート・モード	Pチャネル・ゲート・エンハンスメント・モード	Nチャネル・ゲート・エンハンスメント・モード	（注30）
	簡略表示	※1	※2						（注31）
IGBT		簡略表示			Pチャネル・モード	Nチャネル・モード	Pチャネル・エンハンスメント・モード	Nチャネル・エンハンスメント・モード	――
UJT（ユニジャンクション・トランジスタ）	P型ベース	N型ベース			P型ベース	N型ベース			（注32）
PUT（プログラマブル・ユニジャンクション・トランジスタ）									（注33）

（注26）丸印はパッケージを表す．個別トランジスタの参照名はTr$_n$．　（注27）IC内部のトランジスタの参照名はQ$_n$．　（注28）ゲートの引き出し位置は中央（ANSI-IEEE）．　（注29）ゲートの引き出し位置はソース側（JIS，IEC）．　（注30）ソース側がG$_1$（第1ゲート）電極．　（注31）※1，※2はゲート電極の引き出し線をゲート電極の中央から出した例（ANSI-IEEE）．　（注32）矢印が出入りしている側がB$_2$電極．等価UJT（EUJT）も同じ記号．　（注33）サイリスタと同じ記号．

（l）トランジスタ

名称	トランジスタ技術の図記号			JIS C 0617およびIEC 60617の記号例				備考
OPアンプ，コンパレータ	OPアンプ	ノートン・アンプ	コンパレータ	OPアンプ	オフセット調整付き	コンパレータ	オープン・コレクタ出力	OPアンプとコンパレータは同じ記号である．JIS C 0617では電圧を表す文字はUまたはV

（n）OPアンプ，コンパレータ

名 称	トランジスタ技術の図記号			JIS C 0617およびIEC 60617の記号例			備 考
ダイオード	A ▸|◂ K	A ▸|◂ K		A ▸|◂ K	A ▸|◂ K		丸印はパッケージを表す. 慣用的には丸印を省略することが多い
LED	A ▸|◂ K	複合カソード・コモン A₁ A₂ ▸|◂ K	複合アノード・コモン A ▸|◂ K₁ K₂	A ▸|◂ K	複合カソード・コモン A₁ A₂ ▸|◂ K	複合アノード・コモン A ▸|◂ K₁ K₂	JIS C 0617では, 照射対象がある場合は2つの平行する矢印を対象へ向ける
ショットキー・バリア・ダイオード	A ▸ʃ K	A ▸ʃ K		A ▸|◂ K			カソードがS字形
可変容量ダイオード	単素子 A ▸|‖ K	対向 A ▸|◂| K		A ▸|◂ K			バリキャップ(商品名), バラクタ
ツェナー・ダイオード (定電圧ダイオード)	A ▸| K			A ▸| K			カソードがZ字形, JIS C 0617ではカソードが逆L字形
定電流ダイオード	A ─○─ K						JIS C 0617には該当なし
トンネル・ダイオード	エサキ・ダイオード A ▸|◂ K	バックワード A ▸| K		エサキ・ダイオード A ▸|◂ K	バックワード A ▸| K		バックワード(単トンネル)
PINダイオード	A ▸|◂ K			A ▸|◂ K			──
フォトダイオード	A ▸|◂ K	アバランシェ A ▸|◂ K	PIN A ▸|◂ K	A ▸|◂ K	アバランシェ A ▸|◂ K	PIN A ▸|◂ K	
ガン・ダイオード	A ▸| K			A ▸|◂ K			JIS C 0617ではLEDと同じ記号
ステップ・リカバリ	A ─▸|─ K						JIS C 0617に該当なし
PNPNスイッチ	─|▸| ─			⫢|▸			
SBS	A₁ ─|‖|─ A₂ G₁						silion bi-lateral switch
レーザ・ダイオード	▸|			▸			──
サイリスタ	Pゲート逆阻止 G─▸| A K	Nゲート逆阻止 G─▸| A K		Pゲート逆阻止 G─▸| A K	Nゲート逆阻止 G─▸| A K		SCR(商品名); silicon controlled rectifier
	Pゲート逆導通 G─▸| A K	Nゲート逆導通 G─▸| A K		Pゲート逆導通 G─▸| A K	Nゲート逆導通 G─▸| A K		
GTO	Pゲート G─▸| A K	Nゲート G─▸| A K		Pゲート G─▸| A	Nゲート G─▸| A		3端子ターン・オフ・サイリスタ; gate turn-off thyristor
SCS	A G₂ G₁─▸| K			A G₂ G₁─▸| K			4端子逆阻止サイリスタ: silicon controlled switch
3端子双方向サイリスタ	T₂ G─◢◣ T₁			T₂ G─◢◣ T₁			トライアック(商品名); TRIACゲート側が T₁電極

(m) ダイオード, サイリスタ

表1　回路図記号（つづき）

名　称	トランジスタ技術の図記号				JIS C 0617およびIEC 60617の記号例				備　考
双方向ダイオード									ダイアック（商品名）；DIAC
バリスタ	金属酸化物	対向並列ダイオード							ZNR（商品名）
ダイオード・ブリッジ		簡略表示							──
シャント・レギュレータ									JIS C 0617に該当なし

（m）ダイオード，サイリスタ（つづき）

名　称	トランジスタ技術の図記号				JIS C 0617およびIEC 60617の記号例			
	基本	ド・モルガン等価	シュミット・トリガ	オープン・コレクタ	電気的ロジック	論理的ロジック	シュミット・トリガ	オープン・コレクタ
AND					&	&	&	&
OR					≧1	≧1	≧1	≧1
エクスクルーシブOR（XOR, ExOR, EOR）					=1	=1	=1	=1
NAND					&	&	&	&
NOR					≧1	≧1	≧1	≧1
インバータ					インバータ 1	ネゲータ 1	インバータ 1	インバータ 1
バッファ					1	1	1	1
AOIゲート（AND-OR-インバータ）								
ワイヤードOR								

（p）ロジック・ゲート

◆参考・引用＊文献◆

(1)＊ 3-5 回路図記号一覧，トランジスタ技術 2022年5月号 別冊付録，pp.74-87，CQ出版社．

第2部

3大シリアル通信の便利帳

第8章　複数の中から相手を選んでサッと通信

基本シリアル通信①
I2C 便利帳

後閑 哲也 Tetsuya Gokan

I2C(Inter-Integrated Circuit)は，フィリップス（現在はNXPセミコンダクターズ）が提唱したマイコンと周辺デバイスとのシリアル通信規格です．外付けのEEPROMやA-D変換ICなどとの間で高速通信を実現します．これ以外にも，表示制御デバイスやD-A変換ICなどで，I2Cインターフェースを内蔵した製品が各社から発売されています．

当初の目的から推測されるように，I2Cは同じ基板内などの近距離で直結されたデバイスと，100 kbps，400 kbps，1 Mbpsの速度でシリアル通信を行うために使われるもので，離れた装置間の通信などには向いていません．

① I2C通信のしくみ

● 接続形態

I2C通信のしくみは，図1の構成を基本としています．図のように，1台または複数のマスタと，複数のスレーブとの間を，SCLとSDAという2本の線でパーティ・ライン状に接続します．マスタが常に権限をもっており，マスタが送信するクロック信号SCLを基準にしてデータ信号がSDAライン上で転送されます．

マルチマスタのときは，常時どれか1つのマスタだけがアクティブになっていて，主導権をもって通信を制御します．その間，ほかのマスタは何もしません．

I2C通信では，個々のスレーブがアドレスをもっています．データの中にアドレスを含めて送信相手を指定し，受信側が1バイト受信するごとにACK信号を返送します．互いに確認を取りながらデータ転送を行っているので，信頼性の高い通信が可能です．

● 基本的な転送タイミング

I2C通信の基本的な転送タイミングは，図2のようになっています．マスタ側が，SCLが"H"のときにSDAを"L"にしたときをStart Conditionとします．その後続けて，マスタがクロックの供給を続けながらアドレスとリードまたはライト要求のデータを送信します．この後は，アドレスで指定された1台のスレーブが，マスタと1対1で指定された方向で通信を行います．

ライト要求の場合には，SCLのクロックに従ってマスタ側から8ビットのデータが出力され，続いてスレーブ側からアクノリッジ（ACK）信号が返送されます．

このとき，スレーブ側は，受信データの処理が完了するまでビジーとしてSCLを強制的に"L"にすれば，この間は見かけ上クロックがなくなるので，マスタ側は次のデータの出力を待つことになります（クロッ

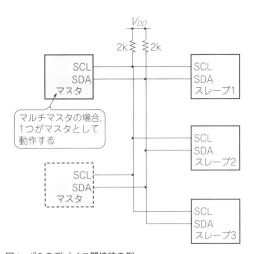

図1　I2Cのデバイス間接続の例
(注)NXPセミコンダクターズが2021年に改訂したI2C仕様書[1]では，マスタがコントローラ，スレーブがターゲットと表記された

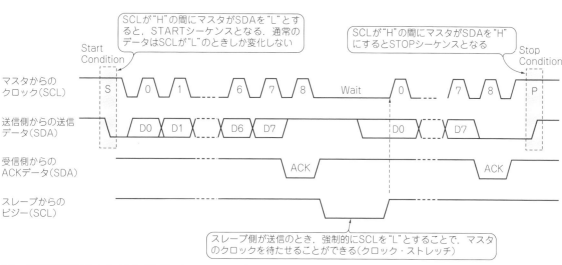

SCLが"H"の間にマスタがSDAを"L"とすると，STARTシーケンスとなる．通常のデータはSCLが"L"のときしか変化しない

SCLが"H"の間にマスタがSDAを"H"にするとSTOPシーケンスとなる

Start Condition

Stop Condition

スレーブ側が送信のとき，強制的にSCLを"L"とすることで，マスタのクロックを待たせることができる（クロック・ストレッチ）

図2 I²C通信の基本的なタイミングとデータ・フォーマット

ク・ストレッチ）．

最後のデータを送り終わり，ACKを確認したあとスレーブがSDAを解放します．マスタがSDAを"L"にしてクロックを停止して"H"にしてから，SDAを"H"にすることでStop Conditionとなり，通信は完了します．これが基本の転送手順です．

② I²C通信のアドレス検出手順

● アドレス検出手順

I²C通信の通信手順のなかでは，アドレスが重要な役割を果たします．アドレス・フォーマットを図3に示します．

アドレスには，7ビット・モードと10ビット・モードがあります．7ビット・アドレスのときには，1バイトでアドレスとリード／ライトが同時に送信できてしまうので簡単ですが，10ビット・アドレスのときには，2バイトに分けて送る必要があるため，やや複雑な手順になります．

7ビットか10ビットかの区別は，10ビット・アドレスの最初の固定パターンで区別するので，7ビット・アドレスでは，11110xxというアドレスは使用禁止です．これ以外に，予約されたアドレス0000xxx（同報アドレス）と1111xxxは，使用禁止となっています．

アドレスの検出手順は，7ビット・アドレスの場合と10ビット・アドレスの場合で大幅に異なるので，それぞれを次に説明します．

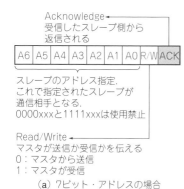

（a）7ビット・アドレスの場合

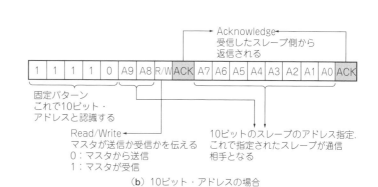

（b）10ビット・アドレスの場合

図3 I²C通信のアドレス・フォーマット

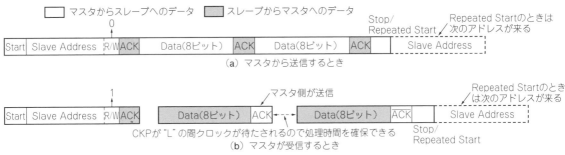

図4　7ビット・アドレスのときのアドレス検出手順

● 7ビット・アドレスの場合

7ビット・アドレスの場合はアドレスを1バイトで送信できるため，**図4**のような簡単な手順で通信が行われます．

最初に，マスタから7ビット・アドレスとリードかライトを指定するデータが送信され，あらかじめ設定されているアドレスと一致するかどうかでアドレスが検出されます．

その後は，リードかライトかによって手順が分かれますが，データを8ビット送受信した後，受信側がACKを返すという手順で進行します．そして，通信の最後はStop Conditionで終了します．

スレーブ側が送信する場合には，処理時間を確保するために，クロック・ストレッチによってマスタを待たせることができます．

さらに，マスタ側は，送信終了のStop Conditionを発行する代わりに，Repeated Start Conditionを発行することで，連続して別のスレーブとの通信を行うことができます．

● 10ビット・アドレスの場合

アドレスが10ビットの場合はアドレスを送信するのに2バイト必要になるため，通信の開始手順が複雑で，**図5**のようになります．

まず，マスタが送信する場合には，単純に送信したいデバイス（スレーブ）のアドレスの1バイト目を受信要求で送り，続いてアドレスの2バイト目を送ります．正常にACKが返ってくれば，そのまま続いてデータを送信します．スレーブ側では，アドレスが一致したスレーブだけが，以降のデータの受信動作を行います．

マスタが送信要求を出す場合には，複雑になります．まず，2バイトのアドレスを送信します．これで特定のスレーブだけが指定されます．続いて，Repeated Start Conditionとして再スタートし，上位アドレスを再送します．このとき，R/Wビットにリード要求を出力し，スレーブからの送信を要求します．アドレス指定されていたスレーブがこれに対応してデータを出力し，マスタがそれを受信して正常ならACKを返送します．

最後は，マスタがACKの返送をせずにStop Conditionを発行して終了となります．この場合にも，スレーブ側がクロック・ストレッチをすることで処理時間を確保できるのは同じです．

● 同報アドレスの場合

特殊なアドレスの場合，同報アドレスで，マスタ側から全スレーブに一斉に送信を行うことができます．これを「General Call Address」と呼んでいます．

このときのアドレスは，'0000 000' または '00 0000 0000' でR/W = 0とします．つまり，アドレスがすべて0のときは，一斉同報として扱います．

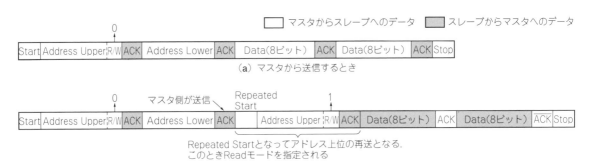

図5　10ビット・アドレスのときのアドレス検出手順

③ I²C機能をマイコンに組み込む方法

● スレーブの場合はハードウェア処理が必須

マイコンにI²C機能を組み込む場合，スレーブとマスタで方法が少し異なります．スレーブの場合には，マスタからのクロックに対して即時に応答して動作しなければなりませんから，ハードウェアで処理しないと間に合いません．このため，I²Cスレーブの機能モジュールを内蔵したマイコンを使う必要があります．

これに対してマスタの場合には，自分が出力するクロックで動作させればよいので，内蔵ハードウェアでなくソフトウェアで構成することも可能です．

● I²Cスレーブ・モジュールの動作

ここではPICマイコンを例にして，マイコンに内蔵されているI²Cスレーブ・モジュールの機能を説明します．

内蔵のI²Cスレーブ・モジュールの内部構成は，**図6**のようになっています．図に示すように，SCLとSDAの2本の信号線ですべてのデータの送受信を行います．

SCLピン，SDAピンともに複数のスレーブを接続するので，I²Cモードを選択すると両ピンともオープン・ドレイン構成となります．

そして，スレーブ側は，両ピンとも常時は入力モードにしてハイ・インピーダンス状態にし，アドレスで指定された出力デバイスだけを出力モードにする必要があります．

アクティブなマスタが，Start Conditionを出力し，続いてアドレスとリードかライト要求を出力します．全スレーブが，マスタが出力するSCLのクロックを元にSDAのデータを受信し，SSPSRレジスタに順次シフトしながら入力します．そして，このアドレスを受信したスレーブの中で，SSPADDレジスタにセッ

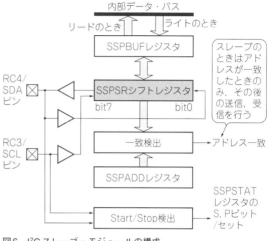

図6 I²Cスレーブ・モジュールの構成

トされたアドレスと一致したスレーブだけがその後の送受信を継続します．

マスタがライト要求を出力した場合には，アドレス指定された後，続くデータを受信したスレーブは，データを受信完了すると自動的にACKビットを返送し，同時にSSPSRレジスタのデータをSSPBUFレジスタにコピーします．ここで，割り込みを発生して受信が完了したことをプログラムに通知します．これをマスタがStop Conditionを出力するまで続けます．

マスタがリード要求を出力した場合には，アドレスの一致したスレーブは，送信データをSSPBUFにセットします．その後は，マスタからのクロックに従ってSSPSRレジスタから順次1ビットずつ送信されます．送信完了により，やはり割り込みが発生します．

4 I²Cの使い方ノウハウ

I²Cは，オンボード・シリアル通信として多くの用途で便利に使われています．特に，EEPROMやA-D変換のLSIなどマイコンの周辺を強化するLSI用のインターフェースとしてよく使われています．

このI²Cを使うときのノウハウを，いくつか紹介しておきます．

● プルアップ抵抗の値の決め方

I²C通信にはクロックとデータ2本の通信線を使いますが，それぞれを電源にプルアップする必要があります．このプルアップ抵抗の抵抗値はどのように決めればよいのでしょうか．

基本は，フィリップス（NXP）の策定した「I²CBus仕様書」に記述されている条件で決める必要があります．

これによるとプルアップ抵抗は，下記の3つの要素で決められます．

- 電源電圧
- バスの静電容量
- 接続デバイス数（入力電流＋リーク電流）

これらをパラメータとして，プルアップ抵抗R_pの値を求めた表がこの仕様書にあり，図7のようになっています．

この表から抵抗値を求めると，通常の場合には数kΩ程度の値にすることが必要であることがわかります．

● クロックのパルス幅の問題

I²C規格によると，I²C通信に使うSCLクロック信号のパルス幅は，特に400kbpsの高速モード（Fast-mode）のときには，図8のようなパルス幅を要求しています．

この規格を満足させるためには，400kHzのパルスを単純に50％デューティとしてしまうと，"H" / "L"とも1250nsとなりますから，"L"期間が不足してしまうことになります．したがって，単純に50％デューティのクロックとすることはできないので注意が必要です．

◆参考文献◆

(1) UM10204 I²C-bus specification and user manual, Rev.7.0, October 2021. NXP Semiconductors.

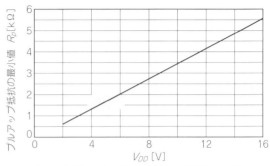

（a）プルアップ抵抗R_pの最小値と供給電圧との関係

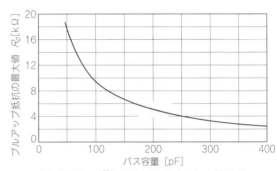

（b）標準モードI²Cバスにおけるプルアップ抵抗R_pの最大値とバス容量との関係

図7　プルアップ抵抗の決め方（保護抵抗がない場合）

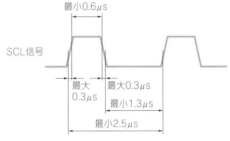

図8　I²Cのクロック・パルス

シリアル通信

回路・部品

コネクタ関係

単位・値

電波・無線

あれこれ

基本シリアル通信②
UART（RS-232）便利帳

① UARTシリアル通信のしくみ

井倉 将実

● 古くから通信機器とパソコンをつないできた

一昔前のデスクトップ・パソコンの背面には，D-Sub9ピン・オスのコネクタが用意されていました．これがシリアル通信ポートであり，RS-232(-C)と呼ばれる方式で，古くから通信機器とコンピュータをつなぐ方法として広く用いられています（図1）．アナログ電話回線でデータ通信を行うときに使用する，モデムとパソコンを接続する場面でよく使われました．現在ではネットワーク機器やラズベリーパイなどの小型Linux機器をサーバ用途で使うなど，ディスプレイやキーボードを持たない機器の設定変更などのために接続する用途で使われます．

データの送受信には，双方向で通信を行いたい場合でも2本の信号線があれば可能です（GNDを含めても3本）．そのため，ほかの通信方式と比較して低コストで通信システムを構築できる利点があります．

RS-232シリアル通信は，ホストとターゲットが共通の速度で通信を行う前提で，クロックを用いない調歩同期式通信を採用しています．クロックを用いない方式なので，非同期シリアル通信とも言われます．英語ではUniversal Asynchronous Receiver Transmitterで，UARTとも呼ばれます．

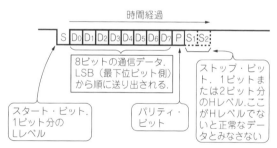

図2 UART通信のデータ構造

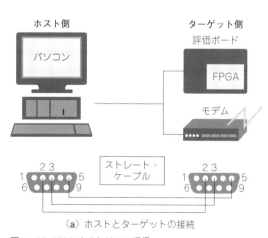

（a）ホストとターゲットの接続

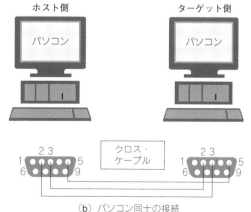

（b）パソコン同士の接続

図1 RS-232によるシリアル通信
D-Sub9ピンではなくD-Sub25ピン・コネクタを採用する場合もある

● UART通信のデータ構造

　UART通信の使用にあたっては，ホストとターゲットの間であらかじめ，データ通信速度を決めておく必要があります．また，データ送信時には，データの先頭を示すスタート・ビットとデータの終了を示すストップ・ビットを付加します(図2)．また，必要に応じてデータのエラー検出を行うためのパリティ・ビットを付加します．

② UARTの送受信方法

井倉　将実

● UARTの受信方法

　UARTによるデータ受信方法を図3に示します．

　受信側はいつホストからデータが送られてくるのかわかりません．そこで，データ通信速度の数倍(例では16倍)のクロックで受信データを取り込み(サンプリング)し続け，まずスタート・ビット(Lレベル)が始まったかどうかを検出します．

　スタート・ビットの先頭を検出したら，1ビットの半分の時間(例では約52 μsの半分で，取り込みクロックでいうと8クロック分)だけ待ちます．これでスタート・ビットの中心付近をサンプリングできたことになります．

　その後は本来のデータ通信速度で受信データをサンプリングします．このとき，一時的に受信データを格納するテンポラリ・レジスタ(8ビット)の内容を下位側に1ビット・シフトし，サンプリングした内容を最上位ビットに格納します．これを8回分繰り返せば，テンポラリ・レジスタに残った8ビット・データが確定した受信データとなります．

　実際のRS-232通信では，スタート・ビットを含むサンプリング個所を2回以上行ったり，フロー制御やエラー検出機構もあるので，やや複雑になります．

● UARTの送信方法

　送信の場合は，送信データが確定したら，まずはスタート・ビット(Lレベル)をデータ通信速度の1ビット分の時間だけ送信データとして出力します(図4)．

　その後，送信するデータの最下位ビットを取り出し，送信データとして1ビット分の時間だけ出力します．と同時に送信データを下位側に1ビット・シフトして

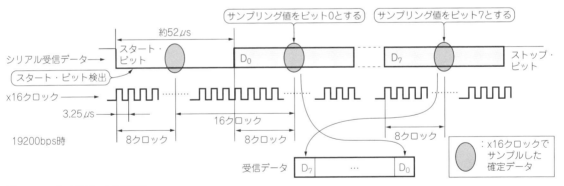

図3　UARTによるデータ受信方法

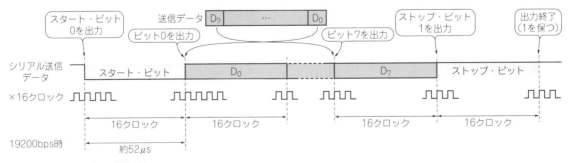

図4　UARTによるデータ送信方法

おきます．これを8ビット分繰り返し，最後にストップ・ビットとして1ビット分の時間だけHレベルを出

力すれば，UART通信の送信処理は完了です．

③ USBによる仮想シリアル・ポート

井倉 将実

昨今はレガシー・インターフェースが廃止され，パソコンにD-Sub9ピンのシリアル・コネクタがなくなっています．そのため現在では，RS-232によるシリアル通信をUSBに置き換えた設計が一般的です．

図5にUSBシリアル変換ICとして，FT232シリーズ（FTDI社）を使った回路例を示します．FT232Rの I/O信号レベルを決めるV_{CCIO}端子に3.3Vを供給しているので，ターゲット（ここではFPGA）側のI/O（3.3V）と直結可能です．ちなみにFT232RのV_{CCIO}は 1.8〜5Vまでと幅広い電圧に対応しているので，ターゲット側のI/O電圧が低くなり2.5Vや1.8Vになっても対応が可能です．

▶接続する端子に注意

USBシリアル変換ICの信号TxDはあくまで送信出力信号なので，それを接続するFPGA側は入力として設計します．逆に信号RxDは受信入力信号なので，FPGA側は出力として設計します．フロー制御用の RTS/CTSも同様なので，同じ信号名だからといって TxDとTxDをつなげてはいけません．

もっとも基板設計を間違ってTxDとTxDをつないでしまっても，FPGA側はTxDを割り当てたI/Oピンの方向を入力方向にすればよいだけなので，慌てなくても対処は可能です．

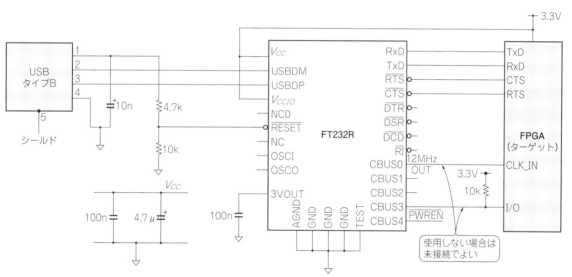

図5　USBシリアル変換ICを使った回路例(FT232R)

④ シリアル通信で使われる電圧レベル

井倉 将実

2本の信号線で双方向通信が可能なシリアル通信は，現在ではArduino，Mbedなどのマイコン・ボード間の通信や，温度/湿度/アナログ系センサなどの接続で広く使われています．さらにはシリアル通信-イーサネット通信変換ボードなどが市販されており，これらを使用してArduinoなどの低価格マイコン・ボード

にイーサネット機能を付加することも可能です．

このようにマイコンと外部機器を接続する場合に広い用途で用いられるシリアル通信ではありますが，動作電圧レベルに気にかけておかないと，物理的に機器の故障や通信不具合が発生することがあります．

写真1 Gravity社製の多機能環境センサ
UART/I²C兼用インターフェースを持つ. 動作電圧は3.3〜5V

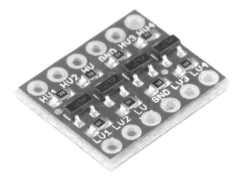

写真2 電圧変換モジュールの例
SparkFun社のロジック・レベル変換モジュール. NチャネルMOSFET（BSS138）を4個搭載している. なお, 多くのメーカから同様の変換モジュールが販売されている

● RS-232は±15Vの電圧レベルが必要

シリアル通信の代表格であるRS-232は, 10数メートルもの距離を伝送するために, ドライバICを用いて±15Vの電圧レベルで通信を行います. ずっと以前のコンピュータ・システムでは±12Vの電源があったため, 容易にRS-232通信を行えました.

しかし時代とともに, ＋12Vだけ, ＋5Vだけ, はたまた＋3.3Vだけという単一電源で駆動するシステムばかりになってきた結果, RS-232通信を行う場合にはRS-232Cドライバ IC を用いて, ドライバIC側のDC-DCコンバータが±12V系の内部電圧を作り, 電圧レベルの変換を行っている状況です.

● 今どきUARTシリアル通信は3.3Vまたは5Vで動く

現在のマイコン・ボード間の通信, またマイコン・ボードと各種センサ・ボードの通信では, 必ずしもRS-232の信号レベルは必要ではなく, むしろ0-5Vや0-3.3Vの電圧レベルで接続するものが多いです（写真1）.

▶供給電圧をそろえる必要がある

この場合, ホストとターゲットのI/Oインターフェースが5Vどうし, または3.3Vどうしの場合は問題なく動きますが, 例えば5Vのマイコン・ボードに3.3V系のセンサ・デバイスを接続するなどの場合には, 電圧変換モジュール（写真2）を用いるなどして電圧をそろえる必要があります.

5V-3.3V間電圧レベルの変換時には, MOSFETのドレイン側を5V側（高電圧側）に接続し, ソース側を3.3V側（低電圧側）に接続します.

⑤ RS-232の電圧レベル

森田 一

図6にRS-232の電圧レベルを示します. ケーブル長は, 規格上は約15m（50フィート）です. ケーブルの静電容量は2500pF以下です. ただし, これは20kbpsにおける規定です. 静電容量の低いケーブルを使用して伝送速度を落とすことで, さらに長い距離を伝送できる実力があります.

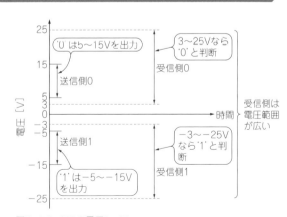

図6 RS-232の電圧レベル

⑥ RS-232コネクタのピン・アサイン

森田 一

● RS-232（昔から使われている超定番）

本来はコンピュータとモデムの接続が目的の規格ですが，信号の電圧レベルの規定だけを流用して，最低限データのやりとりに必要なTxD/RxD，最低限のフロー・コントロールのためのCTS/RTSをそれぞれクロスに接続してパソコン同士をつなぐような使用法がほとんどです．このため，CTS/RTSを加えた4信号だけを利用する場合がほとんどです．

▶正式名称

RS-232は，ANSI/TIA/EIA-232-F-1997が正式な規格名です．しかしこの規格に準拠しようとすると，実際には使わない2次チャネルなどもサポートする必要があります．

▶コネクタとピン・アサイン

RS-232用のコネクタには9ピン・タイプ［図7］と25ピン・タイプ［図8］があります．

ピン No.	記号名	入出力	内　容
1	DCD	IN	キャリア検出
2	RxD	IN	受信データ
3	TxD	OUT	送信データ
4	DTR	OUT	データ端末レディ
5	GND	－	グラウンド
6	DSR	IN	データ・セット・レディ
7	RTS	OUT	送信リクエスト
8	CTS	IN	送信可
9	RI	IN	被呼表示

図7　RS-232コネクタのピン・アサイン（9ピン・タイプ）

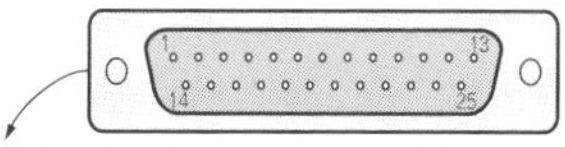

ピン No.	信号名	入出力	内容（本来の規格）	ピン No.	信号名	入出力	内容（本来の規格）
1	NC(FG)	－	未接続（筐体 GND）	15	NC(ST2)	(IN)	未接続（送信エレメント・タイミング）
2	TxD	OUT	送信データ	16	NC(BRD)	(IN)	未接続（2次チャネル受信データ）
3	RxD	IN	受信データ	17	NC(RT)	(IN)	未接続（受信エレメント・タイミング）
4	RTS	OUT	送信リクエスト	18	NC	－	未接続
5	CTS	IN	送信可	19	NC(BRS)	(OUT)	未接続（2次チャネル送信要求）
6	DSR	IN	データ・セット・レディ	20	DTR	OUT	データ・レディ
7	GND	－	グラウンド	21	NC(SQD)	(IN)	未接続（送信品質検出）
8	DCD	IN	キャリア検出	22	RI	IN	被呼表示
9～11	NC	－	未接続	23	NC(SRS)	(⇔)	未接続（データ通信速度選択）
12	NC(BDC)	(IN)	未接続（2次チャネル・キャリア検出）	24	NC(ST1)	(OUT)	未接続（送信信号エレメント・タイミング）
13	NC(BCS)	(IN)	未接続（2次チャネル送信可）	25	NC	－	未接続
14	NC(BSD)	(OUT)	未接続（2次チャネル送信データ）				

図8　RS-232コネクタのピン・アサイン（25ピン・タイプ）

回路・部品

シリアル通信

コネクタ関係

単位・値

電波・無線

あれこれ

基本シリアル通信③ SPI便利帳

後閑 哲也 Tetsuya Gokan

SPI(Serial Peripheral Interface)は，EEPROMやA-Dコンバータなどの周辺ICとマイコンなどとの間で，高速な同期式通信を可能にするシリアル・インターフェースです．

このシリアル通信はI²Cと同様に，オンボードのIC間通信がその基本用途となっていて，装置間のような距離のある通信には向いていません．そのためオンボード・シリアル通信とも呼ばれています．

1 SPI通信のしくみ

● 接続形態

SPI通信の接続形態を図1に示します．2つの8ビット・シフト・レジスタが互いに接続され，片方がマスタ，もう片方がスレーブとなります．

通信は，マスタが出力するクロック信号(SCK)を基準にして，互いに向かい合わせて接続したSDIとSDOで，8ビットごとのデータの送信と受信を同時に行います．常にマスタが主導権をもちながら，以下の通信が行われます．

① マスタから送信する

マスタからスレーブにデータを送信します．このときスレーブが受信すると同時に，スレーブからダミー・データが送られるので，マスタはダミー・データを受信します．

② マスタとスレーブが同時に送受信する

マスタが送ると同時に，スレーブ側も有効なデータを送信します．したがって，マスタとスレーブの両方にデータが受信されます．

③ マスタが受信する

ダミー・データをマスタが送信すると，同時にスレーブから有効なデータが送信されマスタに届きます．

● SPI通信の設定項目

SPI通信を行うには，下記のような項目を設定します．さらに転送速度も自由に設定できます．

① ビット数

一般的には8ビット転送となっていますが，16ビットのマイコンの場合には16ビット転送もできるようになっています．

両者はビット数が異なるだけで，手順はまったく同じです．いずれも出力は最上位ビットから送出され，0ビット目の出力で完了となります．

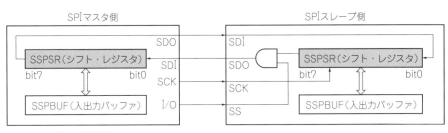

図1 SPI通信の接続形態

② マスタかスレーブか

マスタかスレーブかによって異なるのは，クロックを出力するか受信するかの違いと，スレーブ選択用のSSxピンを出力するか受信するかの違いです．

③ 転送モード（クロックの種類）

クロックのどのタイミングでビットを出力し，受信データをサンプリングするかによって，大きく4つのモードがあります．

② SPI通信の基本的な転送タイミング

● マスタ・モードの動作とタイミング

マスタ・モードとしたときの送受信のタイミングは，図2のようになります．ここでのポイントはCKEビットとCKPビットにより，SCKxのクロック信号が4通りに設定できることで，相手となるスレーブ・デバイスとタイミングを合わせる必要があります．

送信データがクロックの立ち上がりエッジか立ち下がりエッジのどちらで遷移するかをチェックして，スレーブ側の受信タイミングを逆のエッジとして，データ・パルスの中央で受信できるようにする必要があります．

つまり，受信サンプリング位置がSMPビットによって変わるので，マスタ側もスレーブ側も互いに合わ

せる必要があります．8ビット・モードと16ビット・モードでは，ビット数が異なるだけでタイミングは同じです．

● スレーブ・モードの場合の動作とタイミング

スレーブ・モードの場合は，SSxピンによるスレーブ選択を行うかどうかによってやや変わります．

SSxピンを使わない場合のタイミングを図3に示します．

この場合にも，CKEビットとCKPビットでクロックのタイミングが4通りになりますが，やはりマスタ側に合わせる必要があります．図ではCKE＝0の場合の2通りの例を示しています．スレーブ側が送信し

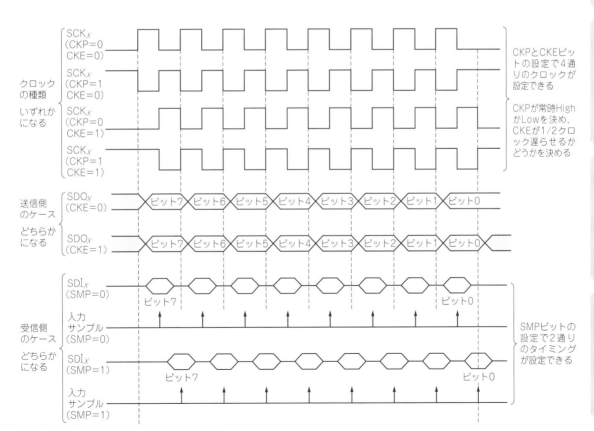

図2 マスタ・モードのときの送受信タイミング

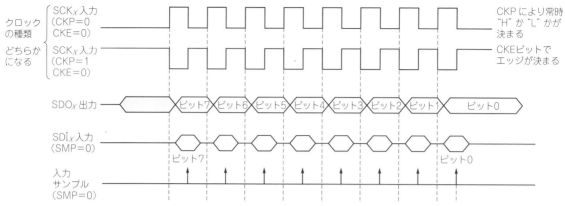

図3　スレーブ・モードのときの送受信タイミング(SSx ピンを使わない場合)

たい場合には，マスタ側からクロックが来る前に送信バッファ(SPIxBUF)に送信データをあらかじめセットしておく必要があります．これが間に合わないと空のデータが送信されることになります．

次に，SSx ピンを使う場合は，マスタ側から転送に先立ってSSx 信号が出力されるので，この信号が来たときだけ，マスタ側からのクロックを受け付けます．あとは，前例と同じように通信が行われます．

3 SPIをマイコンに組み込む方法

● スレーブの場合はハードウェア処理が必須

　SPI通信機能を組み込む場合，その多くは高速の転送を前提にするので，マイコンに内蔵されたSPIモジュールを使います．特にスレーブ側はクロックへの応答を即時に行う必要があるので，ハードウェア・モジュールが必須となります．

　しかし，マスタ側は，通信速度が遅くてもよい場合には，ソフトウェアだけで構成することも可能です．

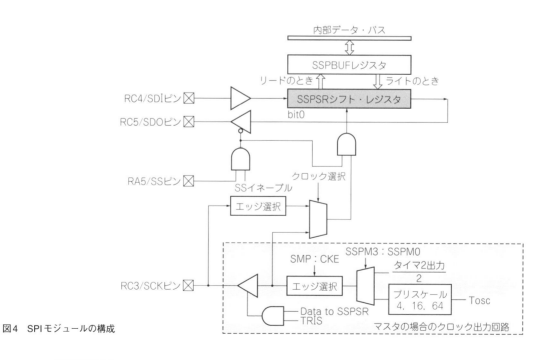

図4　SPIモジュールの構成

● SPIスレーブ・モジュールの動作

マイコンに内蔵されたSPIモジュールの例をPICマイコンの例で説明します．このSPIモジュールの構成は図4のようになっていて，マスタとスレーブいずれにも対応できます．

これを使う場合には，相手どうしのSDIとSDOを互いに接続することで，同時にデータの送受信が行われることになります．そして，マスタ側が転送クロックをSCKピンに出力しますが，そのときのクロックの周波数はレジスタにより指定されたものとなります．

スレーブ側は，SCKピンから入力された信号を転送クロックとして使用し，内部クロック回路は使いません．この転送クロック信号に従って，SDOピンに順次データを出力し，同時にSDIピンのデータを入力します．

このとき，マスタはスレーブ側のSSピンを制御することで，スレーブ側からの送信を制御できます．マスタがスレーブ側のSSピンを制御すると，余計なデータを出させないようにしたり，複数のスレーブを接続して選択した特定のスレーブからだけ，データを送信させるようにしたりすることもできます．

4 SPIの使い方ノウハウ

SPI通信をマイコンに組み込む場合には，次のような注意が必要です．

● 配線距離はできる限り短くすること

多くの場合，SPI通信は高速な通信として使うことが多いので，配線はできる限り短くして信号の遅れが影響しないようにする必要があります．図5のように，SCK，SDI，SDOピンには直列に数百Ωの抵抗を挿入すると安定に動作します．

● 通信途中で停止した後の再開を確実にする

何らかの原因により通信途中で停止した場合，このあとの通信をすぐ再開しようとすると，スレーブ側は停止した途中から再開することになります．

これを確実に最初から再開したい場合には，SSxピンを使ってスレーブを選択するようにして，データ・フレームの同期を取るようにするのが確実な方法です．

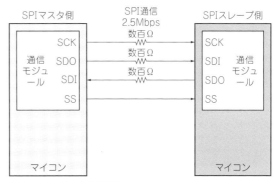

図5　SPI通信の安定化対策例

第3部

USB/イーサ/電線
の便利帳

USB 便利帳

山田 祥之 Yoshiyuki Yamada

1 USB コネクタの種類とピン配置

● **USB規格ができたときから使われている標準タイプのUSBコネクタ**(1996年〜　)

初代USBレセプタクル(メス)とプラグ(オス)は,**写真1**および**図1**に示す形状です. 通称, USB 2.0 コネクタ, あるいはUSB 2.0プラグ(ケーブル)と言われています.

ケーブルには, ホスト(Downstream)側の挿抜に使うAプラグと, デバイス(Upstream)側の挿抜に使うBプラグがあります.

これに対してプラグ(ケーブル)を受けるレセプタクル側がそれぞれ, Aレセプタクル(Downstreamポート)とBレセプタクル(Upstreamポート)になります.

コネクタの接点は, 電源であるV_{BUS}と GND, データ通信を行う差動信号D+, D − の4ピンで構成されています. V_{BUS}は +5 V で, USBホストからUSBデバイスへの最大供給電流は500 mA です.

● **Mini と Micro タイプのUSBコネクタ**(2000年〜　)

2代目は**写真2**, **図2**に示す Mini - A, Mini - B, Mini - AB および, Micro - A, Micro - B, Micro - AB と呼ばれるコネクタです. どちらも初代に比べサイズが小さくなっており, モバイル製品に使われています.

Mini - AB レセプタクルと Micro - AB レセプタクル, Micro - B レセプタクルは, デバイスがホストになれる On - The - Go(OTG)をサポートします. そのため

端　子	ピン名称	説　明	ケーブル
1	V_{BUS}	電源	赤
2	D −	データ(−)	白
3	D +	データ(+)	緑
4	GND	グラウンド	黒
Shell	Shield	メタルシェル	ドレイン・ワイヤ

(a) 信号線の名称と機能

1 2

4 3 2 1　　　　　4 3

(b) 標準Aプラグのピン配置　　(c) 標準Bプラグのピン配置

図1　最初のUSBコネクタは4ピンだった

V_{BUS}とGNDは先に繋がる

(a) Type−Aプラグ(ケーブルのホスト側)　(b) Type−Aレセプタクル(ホスト側機器)　(c) Type−Bプラグ(ケーブルのデバイス側)　(d) Type−Bレセプタクル(デバイス側機器)

写真1　USB規格ができたときから使われている標準タイプのコネクタ

端子	ピン名称	説明	ケーブル
1	V_{BUS}	電源	赤
2	D −	データ（−）	白
3	D +	データ（+）	緑
4	ID	プラグの区別	—
5	GND	グラウンド	黒
Shell	Shield	メタルシェル	ドレイン・ワイヤ

（a）信号線の名称と機能

（b）Mini-Aプラグのピン配置

（c）Mini-Bプラグのピン配置

（d）Micro-Aプラグのピン配置　（e）Micro-Bプラグのピン配置

図2　MiniおよびMicroタイプのUSBコネクタは5ピンになった

（a）Mini-Aプラグ（ケーブルのホスト側）

（b）Mini-Bレセプタクル（デバイス側機器）

（c）Micro-Aプラグ（ケーブルのホスト側）

（d）Micro-Bレセプタクル（デバイス側機器）

写真2　MiniおよびMicroタイプのUSBコネクタ
AプラグはBレセプタクルに入らない，BプラグはAレセプタクルに入らない，ABのレセプタクルならAプラグもBプラグも入るように作られていた

にホスト用ケーブルを認識するIDピンが追加されており，接点は5ピンです．

　なお，Mini-AとMini-Bは，規格上は2006年に廃止されています．

● USB 3.0/3.1/3.2のコネクタ（2008年〜　）
　3代目となるのは，USB 3.0がリリースされたときです．写真3，図3のように，Type-A，Type-B，Micro-A，Micro-Bの4種類があります．高速伝送用に差動信号

端子	ピン名称	説明
1	V_{BUS}	電源
2	D −	USB 2.0用差動ペア［データ（−）］
3	D +	USB 2.0用差動ペア［データ（+）］
4	GND	グラウンド
5	SSRX −	SuperSpeed用受信差動ペア
6	SSRX +	
7	GND_DRAIN	信号用グラウンド
8	SSTX −	SuperSpeed用送信差動ペア
9	SSTX +	
Shell	Shield	メタルシェル

（a）信号線の名称と機能

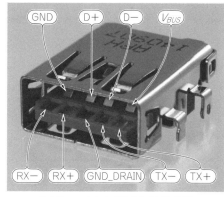

（b）Type-Aレセプタクルのピン配置

図3　USB 3.0 / USB 3.1 / USB 3.2のUSBコネクタは9ピン（標準タイプ）または10ピン（Microタイプ）になった

（a）Type-Aプラグ

（b）Type-Bプラグ

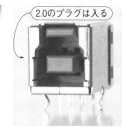

2.0のプラグは入る

（c）Type-Bレセプタクル

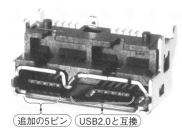

追加の5ピン　USB2.0と互換

（d）micro-Bレセプタクル

写真3　USB 3.0/USB 3.1/USB 3.2のコネクタ

回路・部品

シリアル通信

コネクタ関係

単位・値

電波・無線

あれこれ

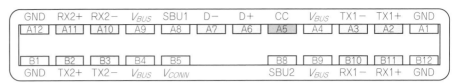

（a）プラグ（オス，ケーブル側）

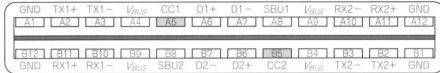

図4　USB Type-Cコネクタのピン配置

（b）レセプタクル（メス，機器側）

線が2ペアとGNDの合計5接点が追加され標準タイプは9ピン，Microタイプは10ピンになっています．

そのあとUSB 3.1 Gen 1（5Gbps）とGen 2（10Gbps），さらにUSB 3.2と変わりましたが，コネクタ形状は変更されていません．

● **USB Type-Cのコネクタ**（2014年〜　）

USB Type-Cコネクタ（**写真4**）は，これまでのUSBコネクタ，ケーブルを小さなフォーム・ファクタに統一しました．**図4**に，USB Type-Cコネクタ（レセプタクル部）とType-Cケーブル（プラグ部）のピン配置を，各信号の役割を**表1**に示します．

Type-Cコネクタの特徴として，プラグを反転して接続しても使用できることがあります．

ピン配置の図から，プラグが反転して接続されても，

（a）プラグ

（b）レセプタクル

写真4　USB Type-Cコネクタ

一部の信号を除けば不整合なく接続できることがわかります．

表1　USB Type-Cコネクタのピン機能
大電流の流れるV_{BUS}とGNDは本数が増やされ，裏表対応のために点対称に近い配置になった

プラグ		レセプタクル		役　割
信号名	番号	番号	信号名	
GND	A1	A1	GND	GND
TX1+	A2	A2	TX1+	CH1：TX+ 差動信号
TX1−	A3	A3	TX1−	CH1：TX− 差動信号
V_{BUS}	A4	A4	V_{BUS}	バス電源
CC	A5	A5	CC1	コンフィグレーション・チャネル，USB-PDのプロトコル信号．プラグとの接続向きによりCCまたはV_{CONN}にアサインされる．V_{CONN}はケーブルに内蔵されたeMarkerの電源
D+	A6	A6	D1+	USB 2.0 D+信号
D−	A7	A7	D1−	USB 2.0 D−信号
SBU1	A8	A8	SBU1	サイド・バンド・ユース信号1 Alternate Mode時の制御信号としても使用される
V_{BUS}	A9	A9	V_{BUS}	バス電源
RX2−	A10	A10	RX2−	CH2：RX− 差動信号
RX2+	A11	A11	RX2+	CH2：RX+ 差動信号
GND	A12	A12	GND	GND

プラグ		レセプタクル		役　割
信号名	番号	番号	信号名	
GND	B1	B1	GND	GND
TX2+	B2	B2	TX2+	CH2：TX+ 差動信号
TX2−	B3	B3	TX2−	CH2：TX− 差動信号
V_{BUS}	B4	B4	V_{BUS}	バス電源
V_{CONN}	B5	B5	CC2	コンフィグレーション・チャネル，CC1同様に，CCまたはV_{CONN}にアサインされる
−	B6	B6	D2+	USB 2.0 D+信号（レセプタクルのみ）
−	B7	B7	D2−	USB 2.0 D−信号（レセプタクルのみ）
SBU2	B8	B8	SBU2	サイド・バンド・ユース信号2 Alternate Mode時の制御信号としても使用される
V_{BUS}	B9	B9	V_{BUS}	バス電源
RX1−	B10	B10	RX1−	CH1：RX− 差動信号
RX1+	B11	B11	RX1+	CH1：RX+ 差動信号
GND	B12	B12	GND	GND

② **USB Type-C ケーブルの見分け方**

● **USB以外のプロトコル通信や最大100Wまでの電力伝送が可能**

USB Type-Cでは，後述するAlternate Mode（オルタネート・モード）を使って，DisplayPort，Thuderbolt，HDMIなどUSB以外のプロトコルも同じコネクタとケーブルで通信できるようになりました（**図5**）．

V_{BUS}経由の電力受け渡しについても，最大100Wまでを扱えるようになった上に，これまでホスト→デバイスと決まっていた（注）受け渡し方向を双方向にしました．さらに，電力のソースとシンクは，動作途中に入れ替えることも可能です．

● **3A以上の電力伝送，5Gbps以上の高速通信，Alternateモードには eMarker内蔵ケーブルを使う**

USB Type-Cを通してデータと電力をやりとりする際には，USB Type-CケーブルにeMarkerと呼ばれるICを組み込む必要のある場合があります．eMarkerはケーブルの素性を現すタグのような存在で，例えばUSB 3.1 Gen 2（10 Gbps）やDisplayPortのような高速通信をサポートしているか，V_{BUS}を流れる電流値が3Aを超えてもよいかなどが記録されています．

eMarkerが組み込まれていないケーブルを使用している限り，接続されているソース・デバイスやシンク・デバイスがやり取りするパワー（電流）は3Aまでであり，USB通信においてもUSB 2.0の信号しか扱えない場合があります．Alternate Modeの動作も保証されません．

▶**外観でケーブルの機能を区別するには**

USB認証を得たType-Cケーブルはロゴを表示することが許されます（**写真5**）．ケーブルの見た目はほとんど同じなので，認証を得てロゴ表示のあるケーブルを選ぶと，製品のパッケージや説明書でサポート規格を確認できます．

注：従来のUSBケーブルとコネクタでも，デバイスからホストへ電源を供給する場合がある．USB Battery Charging 1.2規格には，Accessory Charge Adapter（ACA）が定義されていて，Micro-Bコネクタを使用し，USBホスト（ダウンストリーム・ポート）へV_{BUS}で電力を供給するACA-Dockなどの仕様が記載されている．

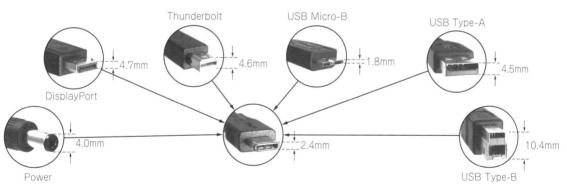

図5 Type-Cコネクタは電源供給や他の通信規格にも使えてモバイル機器にも向く薄さ

（**a**）USB 2.0のみ（3.x非対応）

（**b**）USB 3.0および3.1 Gen 1（5 Gbps）対応

（**c**）USB 3.1 Gen 2および3.2 Gen 2（10 Gbps）対応

（**d**）Thunderbolt3（40 Gbps）対応

写真5 Type-Cケーブルは認証取得品を選ぶとロゴから対応規格を判断できる
USB 3.2 Gen 2対応のケーブルはUSB 3.2 Gen 2x2にも対応する

回路・部品

シリアル通信

コネクタ関係

単位・値

電波・無線

あれこれ

③ USB転送スピードの選び方

● アプリケーションが求める転送スピード

USBにはさまざまなスペックが関わっています。その中でも代表的なものはベース・スペックと呼ばれているものです。USB 1.1, USB 2.0, USB 3.2(USB 3.0とUSB 3.1はこちらに統合された)などです。これらは、USBを搭載したシステムに求められるUSB通信のプロトコル、電気的特性について述べています。

図6に、どのアプリケーションがどのUSBスペック(スピード)に該当するかを示します。開発するシステムやアプリケーションに合わせ、スペックに則ってUSBを実装する必要があります。そのためには、該当するUSBのスペックを理解することが重要です。

● 転送スピードはこうして決まる

USBには、Low Speed(LS：ロー・スピード。1.5 Mbps), Full Speed(FS：フル・スピード。12 Mbps), High Speed(HS：ハイ・スピード。480 Mbps), Super Speed(SS：スーパー・スピード。5 Gbps～)という4つのタイプのスピードがあります。

SuperSpeedのアーキテクチャは、さらにSuper Speed(SS)とSuperSpeed Plus(SS＋)のカテゴリが存在します。SSにはGen 1x1(5 Gbps), SS＋はGen 2x1(10 Gbps)とGen 2x2(20 Gbps)が存在します。

図7は各USBタイプのスピードに相応するバンド幅で、実際にどのような品質の動画をロー・データとして転送可能であるかを示したものです。

実際の使用環境では、使っているシステムのCPUの負荷や使用可能なメモリ・サイズなどが影響することを考えると、この数字は理想に近い値とも言えます。要求される仕様としてのスピードを決めるときには、こうした環境変数も考慮すべきです。

一方で、必要な実効速度からではなく、市場の需要からスピードを決めるケースもあると思います。競合が多い市場においては、付加価値というよりもむしろ、カタログ・スペックに掲載する仕様として、SSをうたえないと見劣りしてしまう場合もあるでしょう。

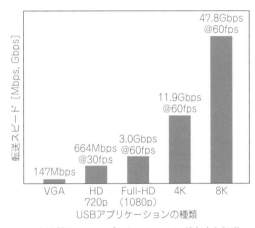

図7　高画質なUSBアプリケーションほど高速な転送スピードが必要になる
24ビット・カラー、8 b/10 b変換による帯域ロスは含まない

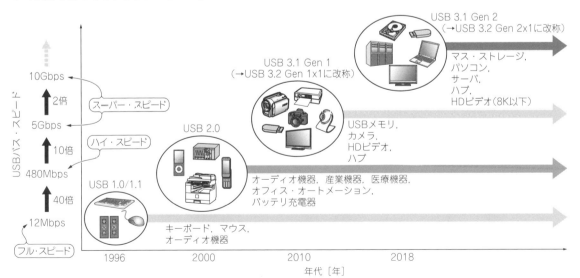

図6　年代が経つにつれUSBバス・スピードの高速化が要求されてきた
USBアプリケーションが求める転送スピード

④ 各USB規格のV_{BUS}電源としての最大パワー仕様

V_{BUS}から供給される電力もUSB規格で決められています.

図8に示すのは, USB規格ごとに決められたV_{BUS}電源としての最大パワー仕様です. USB製品を作る上で電力の供給も重要な機能の1つです.

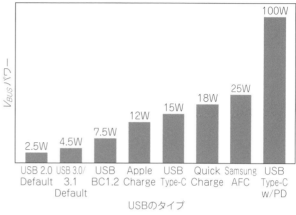

図8 USB製品を作る上でパワーも重要な機能の1つである
各USB規格のV_{BUS}パワー

⑤ デバイス接続から使用可能になるまでの流れ

● デバイスを認識する一連のプロセス

USB機器を接続したとき, ホスト・システムがデバイスを認識します. USBデバイスがホスト・システムにケーブルで物理的に接続され, OSがデバイスを認識する一連のプロセスをエニュメレーションといいます. デバイスを検出し特定して, 必要なUSBドライバをロードするシーケンスです. このエニュメレーションに成功しない限りUSB通信はできません.

● USB 2.0の場合(LS, FS, HS)

図9に示すのは, USBデバイスがUSBホスト・システムに接続したときのエニュメレーションのステート遷移図です.

V_{BUS}がONになったらPoweredステートに遷移します. このステートでUSBのスピードLS, FS, HSが決まり, ホストはバス・リセットをアサートします.

USBホスト(またはハブのダウン・ストリーム・ポート)は, デバイスが接続されていない状態ではUSBデータ信号D+, D−がそれぞれ15 kΩでGNDにプルダウンされています(SE0:Single-ended 0).

▶LS/FSデバイスはデータ信号(D−/D+)に接続されたプルアップ抵抗で認識する

LSデバイスはUSBのD−信号に1.5 kΩのプルアップ抵抗が実装されているので, LSデバイスが接続さ

図9 デバイスを検出し特定して使用可能になるまでのシーケンス
USBデバイス・エニュメレーションの状態遷移図

れるとD−はHレベルになります.

一方, FSデバイスは, USBのD+信号に1.5 kΩのプルアップ抵抗が実装されているので, FSデバイスが接続されるとD+がHレベルになります. この違いによって, USBホスト・システムは, LSまたはFSどちらのデバイスが接続されたかを判別します.

▶HSデバイスはチャープ・ハンドシェイクで認識する

接続直後はFSデバイスとして認識されます. その後バス・リセットが約10 ms(最小)でアサートされ, USBデータはSE0状態となります. このバス・リセット期間中にまずHSデバイスがUSBバスにKチャープを発します(図10). 接続されているUSBホスト(またはHUBのダウン・ストリーム・ポート)がHSをサポートしていれば, これに対してK-Jチャープで応答します. このK-Jチャープ(ハブ・チャープ)のシーケンスは100 μs(最小)から500 μs(最大)継続されます. その後USBホスト(またはハブのダウン・ストリーム・ポート)はリセットの最後までSE0をアサートします.

そしてこれ以降接続されたUSBデバイスはHSデバイスとして認識されます.

最初のデバイスがアサートしたKチャープにホスト(またはハブ)が応答しなければ, デバイスはFSのプルアップ抵抗を維持したまま, これ以降もFSデバイスとして認識されます.

● USB 3.2の場合(SS)

SuperSpeedまたはSuperSpeed Plusのエニュメレーションは, USB 2.0通信(LS/FS/SS)とは少し異なります.

USB 3.2通信には専用の差動データ信号RxとTxを使用します. 最初に対向デバイスのRxのターミネーションを検出し, そのあとリンク・トレーニングを経てダウン・ストリーム・ポートの初期化を実施します. このリンク・トレーニング・シーケンス(LTSSM)の中で, スピードを5 Gbps(Gen 1), 10 Gbps(Gen 2 1レーン)さらには20 Gbps(Gen 2 2レーン)のいずれかに決定します.

その後は, USB 2.0のところで説明したシーケンスに沿ってエニュメレーションを実施します. データ通信には専用の信号が用意されているので, LS/FS/HSのようなスピードを決定するプロセスは不要です. デバイスがコンフィグレーションされた後のバス・リセットもされません.

◆参考文献◆

(1) Jan Axelson；USB Complete The Developer's Guide, Fifth Edition, Lakeview Research, 2015.
(2) Universal Serial Bus Specification Rev2.0, April 27, 2000.
(3) Universal Serial Bus 3.2 Specification Rev1.0, September 22, 2017.

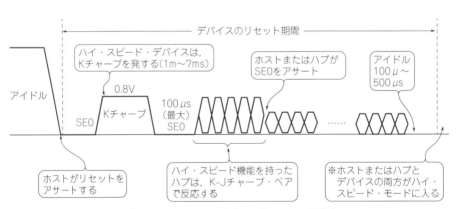

図10　HSデバイスはチャープ・ハンドシェイクと呼ばれるプロトコルで認識する

イーサネット便利帳

① イーサネットのコネクタとピン配置

編集部

表1にイーサネット・ケーブル(ツイスト・ペア線)のピン番号と信号名を示します.

写真1にコネクタの外観を,図1にピン配置を示します.プラグとレセプタクルではピン配置が逆になることに注意してください.

図2にクロス・ケーブルの結線図を示します.イーサネットのケーブルにはストレート・ケーブルとクロ

ス・ケーブルの2種類があります.一般的な接続の場合はストレート・ケーブルを使いますが,パソコンどうしを直接つなぐ場合には,かつてはクロス・ケーブルを使う必要がありました.今では機器側が自動判別機能を搭載していることがほとんどで,ケーブルの種類を気にする必要はほぼなくなっています.

(a)RJ-45レセプタクル

(b)RJ-45プラグ

写真1 イーサネット・コネクタの外観

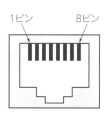

図1 RJ-45レセプタクルのピン配置

表1 イーサネット・ケーブル(ツイスト・ペア線)のピン番号と信号名

ピン番号	信号名			結線規格			
	10BASE-T/100BASE-T2/100BASE-TX	100BASE-T4	1000BASE-T	T-568-A		T-568-B	
				色	ペア番号	色	ペア番号
1	TX+	TX_D1+	BI_DA+	白/緑	3	白/橙	2
2	TX−	TX_D1−	BI_DA−	緑	3	橙	2
3	RX+	RX_D2+	BI_DB+	白/橙	2	白/緑	3
4	N.C.	BI_D3+	BI_DC+	青	1	青	1
5	N.C.	BI_D3−	BI_DC−	青/白	1	青/白	1
6	RX−	RX_D2−	BI_DB−	橙	2	緑	3
7	N.C.	BI_D4+	BI_DD+	白/茶	4	白/茶	4
8	N.C.	BI_D4−	BI_DD−	茶	4	茶	4

注▶ ANSI/TIA/EIA-568-BではT568Aの配列が標準で,T568Bの接続はオプション

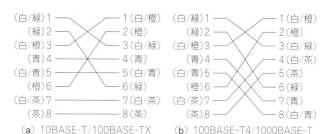

(a) 10BASE-T/100BASE-TX　　(b) 100BASE-T4/1000BASE-T

図2 クロス・ケーブルの結線図

② イーサネット規格の種類と接続方式

宮崎 仁

イーサネットは，最長500 mの同軸ケーブルを用いて，最大10 Mbps（ビット／秒）の伝送が可能なバス型LANとして1979年に発表されました．リピータで中継すれば最大2.5 kmまで伝送できます．

1984年には，IEEE 802.3，10BASE5として標準化されました．その後，ハブを使用してツイスト・ペア線で接続するスター型が登場して普及し，高速化やスイッチング・ハブの登場によって大きく発展してきました．**表2**にイーサネット規格やケーブル，接続方式を示します．

この他に，通信インフラ（バックボーン）向けとして，高速かつ長距離の伝送が可能な光ファイバ接続の規格も作られています．

● 10BASE5と10BASE2の接続方式：衝突したら再送するバス型

10BASE5は，**図3**(a)のように1本の同軸ケーブル（共用伝送路）に複数の局（ホスト・コンピュータ）をぶら下げるバス型LANで接続します．各局が時間を区切って伝送路を交互に使用するため，信号の衝突（コリ

ジョン）を検出したらやり直す，というCSMA/CD方式のアクセス制御を用いています．

CSMA/CDは，①他局が送信していないことを確認する（CS：キャリア検出），②他局が送信していなければどの局も送信できる（MA：マルチプル・アクセス），③送信局は衝突を検出したらすべての通信を無効にしてやり直す（CD：衝突検出），という3つの動作を各局が責任をもって実行することにより，LAN全体の制御用コントローラなしで自律的に効率良くアクセス制御できる方式です．

10BASE5の太径同軸ケーブルは高価で扱いにくいため，細径化した10BASE2（シン・イーサネット）が登場しましたが，基本的な方式は共通です．

● 10BASE-T：スター型はバス型と論理的に同じ

10BASE-Tは，**図3**(b)のように1台のハブ（集線装置）とそれぞれの局を放射状にしたスター型のLANで接続します．ハブは，1つの局からの信号を他のすべての局に中継するので，スター型全体を1つの共用伝送路としてCSMA/CDを行います．物理層が異なる

表2　主なイーサネット規格のケーブル長やトポロジ（電気ケーブルを用いるもの）

通　称	規格	標準化された年	データ・レート	ケーブル長	ケーブル種類	物理トポロジ	論理トポロジ[*]
10GBASE-T	802.3an	2006	10 Gbps	100 m	ツイスト・ペア線	スター型	P2P
1000BASE-T	802.3ab	1999	1 Gbps	100 m	ツイスト・ペア線	スター型	共有またはP2P
100BASE-TX	802.3u	1995	100 Mbps	100 m	ツイスト・ペア線	スター型	共有またはP2P
10BASE-T	802.3i	1990	10 Mbps	100 m	ツイスト・ペア線	スター型	共有またはP2P
10BASE2	802.3a	1988	10 Mbps	185 m	同軸ケーブル	バス型	共有
10BASE5	802.3	1984	10 Mbps	500 m	同軸ケーブル	バス型	共有

（＊）同軸またはハブ使用時は共有，スイッチ使用時はポイント・ツー・ポイント（P2P）

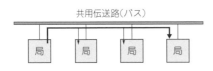

送信データはバス全体に送出され，指定された局が受信する．1つの伝送がバス全体を占有するため，複数の局が同時に送信開始すると，データが衝突する

（a）同軸ケーブルによる共有バス型

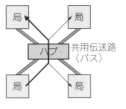

ハブは同じデータを全ポートに中継し，指定された局が受信する．論理的には共有バス型と同じ

（b）ハブによる共有スター型

スイッチは送信局と受信局を1対1で接続する．衝突が発生せず，同時に複数の伝送も可能

（c）スイッチによるP2P接続

図3　イーサネットの接続方式

だけで，MAC層以上の論理プロトコルは10BASE5/2と共通です．

● **スイッチによるP2P接続は実質衝突が発生しない**

10BASE-Tの最大ケーブル長は100 m，ハブ4台まで中継でき，最大500 mまで伝送可能でした．CSMA/CDでは，衝突検出のために信号がLANの末端まで伝播して戻ってくるのを待つ必要があり，ハブの遅延時間や中継段数が制限されています．

現在では，物理的にはハブと全く同じように見えますが，論理的には伝送を行うポート間だけをP2P(ポイント・ツー・ポイント)で接続する装置(レイヤ2スイッチまたはスイッチング・ハブと呼ぶ)が普及しています［図3(c)］．

スイッチング・ハブでは実質的に衝突が発生せず，CSMA/CDの欠点だった衝突の増加によるスループットの低下や，衝突検出のための中継段数の制限などが解消されました．なお，後から登場したレイヤ2スイッチをスイッチング・ハブと呼ぶことが多いので，それとの区別のために，この10BASE-Tの本来のハブをリピータ・ハブなどと呼ぶことがあります．

● **最もよく使われる100BASE-TXと1000BASE-T**

100BASE-TXと1000BASE-Tは，データ・レートが100 M/1 Gbpsに高速化され，現在最も広く用いられています．10BASE-Tへの下位互換性をもち，自動判別機能によって混在使用も容易です．10BASE-T/100BASE-TX両対応や，10BASE-T/100BASE-TX/1000BASE-Tの3種対応の機器が多く作られています．

リピータ・ハブの場合，CSMA/CDの衝突検出のため100BASE-TXでは2段，1000BASE-Tでは1段に中継段数が制限されます．スイッチング・ハブではこの制限はありません．

● **10GBASE-T：スイッチング・ハブしか使えない**

データ・レートが10 Gbpsに高速化されましたが，まだ通信インフラ(バックボーン)用だけで，一般にはあまり普及していません．10BASE-T/100BASE-TX/1000BASE-Tへの下位互換性はある程度維持されています．リピータ・ハブやCSMA/CDは廃止され，スイッチング・ハブを用いた1対1(P2P)接続のみです．

---

③ **イーサネット・ケーブルのカテゴリ**

宮崎 仁

● **データ・レートは10倍ずつ高速化してきた**

10BASE-T以後のイーサネットは，
① 100 Mbps：100BASE-TX(ファスト・イーサネット)
② 1 Gbps：1000BASE-T(ギガビット・イーサネット)
③ 10 Gbps：10GBASE-T(10ギガビット・イーサネット)
と，10倍ずつ高速化が進んできました(表3)．データ・レートと最大周波数を図4に示します．

● **なるべく低い周波数で多くのデータを送る工夫**

ツイスト・ペア線で100 mの距離を伝送するには，ケーブル上での信号周波数は数百MHzが限界です．さまざまな技術を駆使して，なるべく低い周波数でより高速な信号伝送を実現しています．特に高速な

1000BASE-Tと10GBASE-Tでは，4対のツイスト・ペア線で同時に信号を送ることにより，1対あたりのデータ・レートを4分の1に抑えています．

また，100BASE-TXは3値，1000BASE-Tは5値，10GBASE-Tは16値の多値符号を採用するなどの方法で，転送レートや最大周波数を低く抑えています．

それでも，最大周波数が高くなるとともに周波数特性の優れたケーブルが必要になり，表4に示すように，さまざまなケーブル規格も作られています．

● **各規格の符号化方式とケーブルのカテゴリ**

▶ 10BASE5/2/-T(最大周波数10 MHz)

1クロックで1ビットを表すマンチェスタ符号を採

表3 イーサネット規格の伝送レートや符号化(電気ケーブルを用いるもの)

名　称	データ・レート	ケーブル種類	転送レート	最大周波数	符号化など
10GBASE-T	10 Gbps	STP/CAT7/4 対[*]	312.5 MT/s	400 MHz	64B65B/LDPC/PAM16
1000BASE-T	1 Gbps	UTP/CAT5 以上 /4 対[**]	125 MT/s	62.5 MHz	8B1Q4/PAM5
100BASE-TX	100 Mbps	UTP/CAT5 以上	125 MT/s	31.25 MHz	4B5B/MLT3
10BASE-T	10 Mbps	UTP/CAT3 以上	10 MT/s	10 MHz	マンチェスタ
10BASE2	10 Mbps	同軸 / 細径	10 MT/s	10 MHz	マンチェスタ
10BASE5	10 Mbps	同軸 / 太径	10 MT/s	10 MHz	マンチェスタ

(＊)近距離なら UTP/CAT6 以上 /4 対で伝送可能
(＊＊)CAT5e 以上を推奨

回路・部品

シリアル通信

コネクタ関係

単位・値

電波・無線

あれこれ

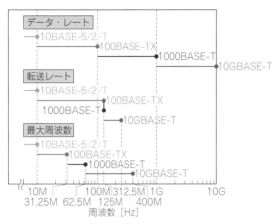

図4　イーサネット伝送レートの比較
データ・レートは10倍ずつ高速化しているが，ケーブル上の信号の最大周波数は低く抑えられている

表4　ケーブルのカテゴリ

カテゴリ	種類[*]	周波数帯域	規格	用途
1	UTP	–	EIA/TIA568	アナログ電話など
2	UTP	–	EIA/TIA568	ISDN など
3	UTP	16 MHz	EIA/TIA568	10BASE - T など
4	UTP	20 MHz	EIA/TIA568	ATM など
5	UTP	100 MHz	EIA/TIA568	100BASE - TX など
5e[**]	UTP	100 MHz	EIA/TIA568	1000BASE - T など
6	UTP	250 MHz	EIA/TIA568	10GBASE - T など
6e[**]	UTP	500 MHz	–	10GBASE - T など
6A[**]	UTP/STP	500 MHz	EIA/TIA568	10GBASE - T など
7	STP	600 MHz	ISO/IEC11801	10GBASE - T など

（＊）UTP：シールドなしツイスト・ペア（ただし STP も可）
　　　STP：シールド付きツイスト・ペア
（＊＊）e はエンハンスト，A はオーグメンテッド

用しており，信号の最大周波数は10 MHzです．カテゴリ3(16 MHz対応)以上のケーブルを使用します．

▶100BASE - TX（最大周波数31.25 MHz）

　信頼性向上のため，4ビット($2^4 = 16$通り)のデータを5ビット($2^5 = 32$通り)に冗長化する4B5B変換を採用し，エラー訂正を行います．1秒あたり125 M回の転送レートで，実効データ・レート100 Mbpsを実現しています．

　一方，＋/0/－の3値信号(MLT3)を採用して＋→0→－→0と交互にパルスを発生することで，信号の最大周波数を125 MT/sの4分の1に相当する31.25 MHzに抑えています．カテゴリ5(100 MHz対応)以上のケーブルを使用します．

▶1000BASE - T（最大周波数62.5 MHz）

　8ビット($2^8 = 256$通り)のデータを4個の5値データ($5^4 = 625$通り)に冗長化する8B1Q4変換を採用し，エラー訂正を行います．周波数を抑えるため4対(8芯)のツイスト・ペア線を用いて，この4個の5値信号

(PAM5)を同時に転送します．1秒あたり125 M回の転送レートで，最大周波数は62.5 MHz，実効データ・レート1 Gbpsを実現しています．

　この周波数はカテゴリ5でも伝送可能ですが，4対同時転送で生じるケーブル間の干渉を避けるため，ノイズ耐性を強化したカテゴリ5e(エンハンスト・カテゴリ5)が規格化されました．

▶10GBASE - T（最大周波数400 MHz）

　32ビットのデータ100個分(3200ビット)を，7ビット×128個×4チャネル(3584ビット)のデータに冗長化して，それぞれを2個の16値信号(PAM16)として転送します．最大周波数は400 MHz，実効データ・レート10 Gbpsを実現しています．100 mの伝送には，ノイズ耐性を強化したシールド付きのカテゴリ7(600 MHz対応)が必要です．ノイズ環境が良好ならカテゴリ6A(500 MHz対応)や，さらに近距離であればカテゴリ6(250 MHz対応)も使用可能です．

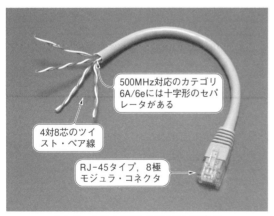

（a）もっともよく使われているカテゴリ5e

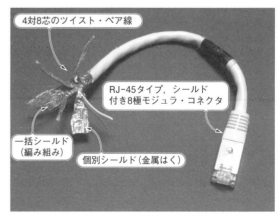

（b）シールド付きのカテゴリ7

写真2　LANケーブルのいろいろ

回路・部品

シリアル通信

コネクタ関係

単位・値

電波・無線

あれこれ

第13章 機器内部で基板と電線，基板と基板をつなぐ

電線・基板コネクタの便利帳

米倉 玄 Gen Yonekura

本章では，基板上に実装するタイプのコネクタとして電線と基板を接続するコネクタ，基板と基板を接続するコネクタ，フレキシブル・プリント基板を接続するコネクタの3つを紹介します． 〈編集部〉

1 電線対基板コネクタの種類

● ここでは機器内部の引き回し用コネクタを扱う

電線対基板コネクタは，機器の内部配線に使用される機器内用と，機器間を接続する外部接続用に分けられます（図1）．通常，基板側のコネクタと電線側のコネクタが分かれている2ピース・タイプが使われますが，中には1ピース・タイプもあります．外部接続用は，ほとんどが2ピース・タイプです．さらに電線とコネクタの接続方法や基板への取り付け方法などで分類されます．

外部接続用のコネクタは，HDMIやUSBなどのように規格化されているものが多くあります．ここでは，機器内用のコネクタを中心にまとめます．

● 電線とコンタクトの接続方法によって分類できる

電線とコンタクト（接触部を含む金属部分）の主な接続方法には圧着，圧接，はんだ付けがあります（図2）．圧着と圧接の加工方法は，はんだ付けのような熱ストレスが加わらないため信頼性が高く，また，加工性が良いため多く使われています．

圧着と圧接との根本的な違いは，電線の導体の変形のさせ方です．

▶圧着

事前に電線の被覆を取り除いた導体と端子の金属どうしを高圧力下で変形させるため，表面の酸化物を破り金属接触にします．このことはコンタクトとそれに

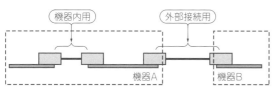

図1 ここでは機器内部接続用コネクタを紹介する
基板に電線をつなぐコネクタには機器内部接続用と外部接続用がある

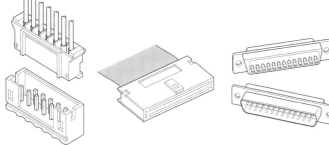

（a）圧着コネクタ
（PHシリーズ，
日本圧着端子製造）

（b）圧接コネクタ
（HIF6Hシリーズ，
ヒロセ電機）

（c）はんだ付けコネクタ
（DHシリーズ，
ヒロセ電機）

図2 電線とコンタクトの主な接続方法には圧着，圧接，はんだ付けの3つがある

（a）オープン・クリンプ・バレル

（b）クローズド・クリンプ・バレル

図3 圧着コンタクトの形状
圧着する部分の形状によって2種類に分けられる

接触している電線の導体の塑性変形を起こします．圧着工具によって圧着端子が変形し，その許容範囲はメーカにより決められています．通常，圧着高さでその管理が行われています．圧着高さが許容範囲より高いと，十分な接続が得られず，最悪，導体が抜ける場合があります．反対に圧着高さが低いと過応力になり，電線の導体部やコンタクトのバレルが塑性変形を起こし，クラックが発生するので注意が必要です．

▶圧接

圧着よりも，はるかに低い力で変形させます．まず，電線の絶縁被覆と電線の導体表面にある酸化物をコンタクトのスロットで除去します．そしてコンタクトと導体の間にガスタイトの状態を作ります．

スロット部分のコンタクトは，ばねとして機能するように設計されています．そのため，コンタクトのスロット幅と挿入深さは，重要なパラメータになります．スロット幅寸法は，加工前に十分簡単に検査できますし，加工後の電線挿入後は，挿入深さを目視などで容易に検査できます．

接続方法①…圧着タイプ

● 気密性の高い状態が保たれる

コネクタ用語 JEITA　RC-5200[1] によると圧着とは，「良好な接続をするため，導体の周りのバレルを成形することによって導体にターミネーションを永久的に取り付ける方法」とあります．この表現では少しわかりにくいので別の言い方をすると，圧着とは，圧着端子のコンダクタ・バレル部分に被覆をストリップした電線の端を挿入し，その部分を機械的に変形させ，その電線の周りにしっかりとクリンプ（圧縮）してガスタイト（気密性が高い）状態にすることです．通常，圧着は専用工具または，専用装置で加工が行われます．

なお，電線とコンタクトの接続部分はガスタイト状で気密性があり，空気やほかの気体が接続部に入り込まない状態のため，高い接続信頼性が保たれます．

● 圧着コンタクトの種類

▶形状

圧着コンタクトは，圧着する部分の形状によってオープン・クリンプ・バレルとクローズド・クリンプ・バレルに分けられます（図3）．

オープン・クリンプ・バレルは，圧着する部分が開いた形状（通常U字形）で，電線が挿入しやすいようになっています．多くは自動および半自動圧着機に使われます．

クローズド・クリンプ・バレルは，圧着する部分が閉じた形状で，バラ状コンタクトなので手動工具で使われます．

▶工具

使用する圧着工具による分類では，手動工具で圧着するバラ状コンタクトと，自動圧着機で圧着する連鎖コンタクトがあります（図4）．

バラ状コンタクトは，1個ずつ独立し，バラ状になっています．

連鎖コンタクトは，自動圧着機や半自動圧着機で圧着できるようにリールに巻かれた連鎖状のコンタクトです．多くはコンタクトの全長の端をキャリアでつないでおり，その方式をサイド・フィード・コンタクトと呼びます．その中でも，片端をつなぐ場合はシングルキャリア，両端をつなぐ場合はダブルキャリアと呼んでいます．

● 圧着加工

図5が一般的な圧着端子の加工図です．圧着部は①の芯線圧着部と，②の絶縁被覆圧着部に分けられます．

芯線圧着部は，電線の被覆をストリップし，コンタクトのバレルをカシメる部分です．コンタクトと電線の導体を接触させ導通させます．なお，電線の導体部の一部は，塑性変形されています．

図6に芯線圧着部の断面の例を示します．圧着バレルの両端を中央に配置し，対称にしたものがBクリン

（a）バラ状コンタクト

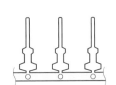

（b）連鎖コンタクト1…
シングル・キャリア

（c）連鎖コンタクト2…
ダブル・キャリア

図4　バラ状コンタクトと連鎖コンタクト
手動工具または自動圧着機を使うかによってコンタクトの形状が異なる

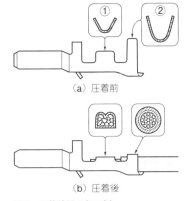

（a）圧着前

（b）圧着後

図5　圧着端子の加工例

プと呼ばれ，多く使われています．圧着バレルの端を右または左に配置するものがOクリンプと呼ばれています．

絶縁被覆圧着部は，ワイヤの絶縁被覆をカシメる部分です．コンタクトと電線の結合強度を高めています．芯線圧着部へ電線を引っ張った場合などに芯線圧着部へ機械的ストレスをかけずにワイヤを保持するため重要になります．

図7に絶縁被覆圧着部の断面を示します．芯線圧着部と同じようにBクリンプとOクリンプがあり，圧着バレルの端を重ねたUクリンプもあります．Bクリンプは高い安定性がありますが，絶縁被覆にある程度の損傷を与える可能性があります．その点を改善するためOクリンプやUクリンプは絶縁被覆に損傷を与えにくくしています．

▶工具

圧着加工は機械精度が重要な加工方法であり，汎用品の工具ではしっかり圧着できない場合もあります．そのためメーカの専用治具の使用を推奨します．

圧着ダイは，圧着工具の圧着を形成する重要な部分です．コンタクトと被覆をストリップした電線を2つのダイの間に入れ，お互いに向き合った方向に動かし，圧着を行います．オープン・クリンプ・バレルとクローズド・クリンプ・バレルのコンタクトで，このダイの名称が若干異なっています（図8）．

オープン・クリンプ・バレルのコンタクトを圧着するダイは，クリンパとアンビルと呼ばれます．

クローズド・クリンプ・バレルのコンタクトを圧着するダイはネストとインデンタと呼ばれます．そのほか可動ダイと静止ダイまたはオス側ダイとメス側ダイなど，各種の名称で呼ばれています．

また，芯線圧着部の圧着高さ（クリンプ・ハイト：圧着されたバレルの底辺から頂点までの高さ）と圧着幅は，加工の重要なパラメータとなり，メーカの仕様の範囲内でなければなりません．引っ張り試験は接続が確実に行われているかを判断する目的で行われます．

▶加工方法

圧着端子コネクタの例を図9に示します．ケーブルをコンタクトへ圧着し，レセプタクルのハウジングに挿入します．コンタクトにはランスが付いており，この部分を使ってハウジングにコンタクトを止めることができます．この際，確実にランスが入っていることを確認します．

接続方法②…圧接タイプ

参考文献(1)によると圧接とは，「絶縁被覆をむいていない1本の電線をターミネーション精度に仕上がられたスロットに挿入したとき，スロットの両側が絶縁体を押しのけ，単線の導体（または撚線の素線）を変形させてガスタイトが得られる無はんだ接続」とあります．

圧接とは，被覆電線を刃状の金属端子（コンタクト）に押しつけて被覆を破り，電線の導体と金属端子をガスタイト状態にし，安定的な電気的接続を得ることです．

（a）Bクリンプ 　　（b）Oクリンプ
図6　芯線圧着部の断面の例

（a）Bクリンプ 　（b）Oクリンプ 　（c）Uクリンプ
図7　絶縁被覆圧着部の断面の例

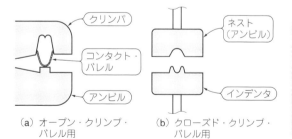

（a）オープン・クリンプ・バレル用　　（b）クローズド・クリンプ・バレル用
図8　圧着工具の圧着部を形成するダイにはさまざまな名称がある
クリンパ，アンビル，ネスト，インデンタ…すべてダイを指す用語

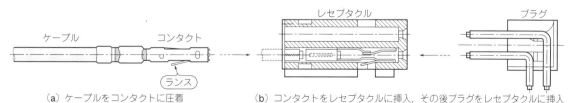

（a）ケーブルをコンタクトに圧着　　（b）コンタクトをレセプタクルに挿入，その後プラグをレセプタクルに挿入
図9　圧着端子にプラグが挿入されるまでの流れ

回路・部品
シリアル通信
コネクタ関係
単位・値
電波・無線
あれこれ

図10　圧接端子はスロットに被覆電線を入れるだけで接続できる

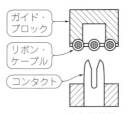

（a）圧接前　（b）ケーブルと接触　（c）圧接後

図11　圧接の加工工程

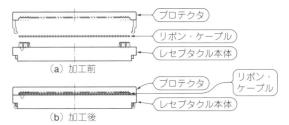

（a）加工前

（b）加工後

図12　圧接コネクタにリボン・ケーブルを取り付けた例
ヒロセ電機のA3Eシリーズ

● 端子の構造

図10に圧接端子の構造図を示します．単線の場合，圧接端子のスロットに被覆電線を入れるだけで接続できます．また，リボン・ケーブルの場合も圧接端子のスロットにリボン・ケーブルを入れるだけで接続できます．

● 加工工程

図11に圧接コネクタの加工工程を示します．リボン・ケーブルをガイド・ブロックでコンタクトのスロット内に誘導します．その後，ケーブルの被覆を破りコンタクトと電線とを接続させます．この加工法は同時に多くの線を接続できるようになっているため，短時間に処理が可能です．なお，圧接の加工は手動の専用工具か専用の自動機で行われます．

圧接コネクタは，図12のようにレセプタクル本体とプロテクタの間にリボン・ケーブルを挟み，専用治具で圧力を加えてます．プロテクタの浮きや変形などが無いことを確認します．なお，バラ状コンタクトに電線を圧接しハウジングに組み込むタイプのものもあります．

電線のコンタクトへの接続方法は，上記3つの方法が多く用いられていますが，ほかにもワイヤ・ラッピングやねじ止めなどがあります．

圧着/圧接コネクタにおける電線の太さと定格電流

あるコネクタ・メーカの圧着コネクタと圧接コネクタの定格電流を調査したところ，表1のようになりました．

AWG（American wire gauge）は電線の規格で，導体の太さを示します．圧着端子を使用すると大電流から小電流まで使用できることがわかります．注意することは，同じシリーズのコネクタでも，極数（電線数）によって定格電流が変わることです．

接続方法③…はんだ付けタイプ

コンタクトと電線のはんだ付けは古くから行われています．コンタクト端子には，いくつか種類があります（図13）．

ソルダ・アイレットは，電線を穴に差し込んでからげたあと，はんだ付けするタイプのコンタクトです．

ソルダ・タブは，電線をはんだ付けするためにスペース（タブ）を設けたコンタクトです．

ソルダ・カップは，電線をコンタクトの軸方向に沿って設けた穴に差し込みはんだ付けするためのコンタクトです．

表1　圧着コネクタと圧接コネクタに用いる導体の太さと定格電流の関係

AWG	圧着 [A]	圧接 [A]
10	22 ～ 30	－
12	18 ～ 25	－
14	15 ～ 20	－
16	7.0 ～ 13	－
18	5.0 ～ 7.0(8.0)	－
20	3.0 ～ 5.0(6.0)	－
22	1.0 ～ 3.0	
24	1.0 ～ 3.0	3.0
26	1.0 ～ 3.0	1.0 ～ 2.0
28	0.5 ～ 3.0	0.5 ～ 1.0
30	0.5 ～ 1.5	0.5
32	0.3 ～ 0.8	－
36	0.3 ～ 0.5	－

（a）ソルダ・アイレット　（b）ソルダ・タブ　（c）ソルダ・カップ

図13　はんだ付け端子あれこれ

電線数が多くなると温度上昇が高くなるため定格電流を下げる場合があります．定格を規定する際，温度上昇を30℃以下と規定しているメーカが多いようです．

圧接コネクタでは，リボン・ケーブルとしてAWG28やAWG30が多く使用されています．1つのコネクタで圧着と圧接コンタクトをシリーズ化している製品もありました．なお，バラ状コンタクトにケーブルを圧接し，単体で組み立てるものもあります．

電線単体の電流容量は，電線メーカのカタログなどに示されています．

◆参考文献◆
(1) RC-5200 コネクタ用語，電子情報技術産業協会，1993年12月．
(2) コネクタDF4シリーズ，A3Eシリーズ，DHシリーズ，HIF6Hシリーズ，ヒロセ電機．
(3) コネクタUFシリーズ，山一電機．
(4) コネクタPHシリーズ，日本圧着端子製造．

column ▶01　電線の規格：AWGとsqの関係

編集部

AWG（エーダブルジー）（American Wire Gauge）は，電線の導体の太さを表す規格です（UL規格）．具体的には，導体の断面（円形）の直径の長さによって規格を定めています．AWGは直径や断面積などと同様に広く用いられており，数値が小さくなるほど導体の直径は太くなります．

sq（スケまたはスケアと呼ぶ）も，電線の導体の太さを表す規格です（JIS規格）．sqは導体の断面積［mm²］を表し，数値が大きくなるほど導体の直径は太くなります．なお，sqの数値は「公称断面積」であり，厳密な断面積の数値とは多少異なります．

表Aに，AWGとsqの換算表を示します．

なお実際に電線を使用する際には，導体の外径だけでなく，導体をくるむ絶縁体の外径（仕上がり外径）についても気にする必要があるでしょう．

◆参考文献◆
(1) 平林 浩一；電子機器用ワイヤ・ケーブル概論，エムアイティー．http://www.mogami.com/paper/wire.html

表A　AWGとsqの換算表（主に使用する範囲を抜粋）
AWGは直径を，sqは断面積を定めた規格である．AWGの面積とsqの直径（*印を付けた）は参考値．

AWG	直径		面積(*)	相当する
---	[inch]	[mm]	[mm²]	sq
8	0.1285	3.264	8.37	8
9	0.1144	2.906	6.63	-
10	0.1019	2.588	5.26	5
11	0.0907	2.305	4.17	-
12	0.0808	2.053	3.31	3
13	0.0720	1.828	2.62	-
14	0.0641	1.628	2.08	2
15	0.0571	1.450	1.65	-
16	0.0508	1.291	1.31	1.25
17	0.0453	1.150	1.04	-
18	0.0403	1.024	0.823	0.75
19	0.0359	0.912	0.653	-
20	0.0320	0.812	0.518	0.5
21	0.0285	0.723	0.410	-
22	0.0253	0.644	0.326	0.3
23	0.0226	0.573	0.258	-
24	0.0201	0.511	0.205	0.2
25	0.0179	0.455	0.162	-
26	0.0159	0.405	0.129	0.12
27	0.0142	0.361	0.102	-
28	0.0126	0.321	0.0810	0.08
29	0.0113	0.286	0.0642	-
30	0.0100	0.255	0.0509	0.05

(a) AWG→sq

sq [mm²]	直径(*) [mm]	相当する AWG
8	3.192	8
5	2.523	10
3	1.954	12
2	1.596	14
1.25	1.273	16
0.75	0.986	18
0.5	0.805	20
0.3	0.624	22
0.2	0.480	24
0.12	0.391	26
0.08	0.318	28
0.05	0.252	30

(b) sq→AWG

② 基板対基板コネクタの種類

概　要

● 用途，種類はさまざま

基板対基板コネクタは，プリント基板どうしを接続できるため，多くの機器で使われています．用途は小型～大型機器まであり，また，小電力～大電力，信号用，高速伝送，高周波用など広範囲にわたっています．

電力用では定格電流が30 A以上のコネクタもあり，また，バックプレーンなどの場合，高周波/高速伝送信号を伝送するため同軸コネクタを多極にしたものなどもあります．

● 1枚の基板に回路が収まらないときに利用する

スペースが限られたきょう体の中に，ある程度の規模の回路を搭載しなければならない製品の場合，1枚のプリント基板で回路が収まらず，複数の基板に分けて部品を配置することがあります．このような場合，基板どうしの接続に基板対基板コネクタを使用します．ただし基板間の距離が20 mm以上離れていたり，基板どうしを平行または直角に配置したりできないときはフレキ・ケーブルを使います．

基板対基板コネクタは，メイン基板を共通にして，異なった機能をサブ基板（モジュールなど）に搭載し，機器のバリエーションを広げるときにも使います．

● 紹介するのは小信号用コネクタ

ここではメイン・ボードや電力用などに規格化されたコネクタではなく，一般的に広く使用されている基板対基板コネクタを紹介します．その中でも小信号用の比較的小電力の製品についてまとめます．小信号用については，各社の違いは端子接続部くらいで，大差はありません．

小信号用の基板対基板コネクタの種類と用途例を**表2**に示します．代表的な用途について示しており，限定しているわけではありません．ピン間0.4～2.54 mm，高さ1～25 mmを中心に製品化されています．

スマートフォンなどの小型機器向けには，ピン間0.35 mmの製品や高さ0.3 mmのような製品があります．高速対応ではPCI Express 2.0相当の5 Gbps以上に対応している製品があります．

基板対基板コネクタの基礎知識

● コンタクト部の構造も異なる

基板対基板コネクタの外観と，かん合状態，プラグ断面図，レセプタクル断面図を**図14**に示します．通常，プラグ，レセプタクルともにハウジング（樹脂）にコンタクトを圧入した構造になっています．**図14**のプラグのコンタクト構造はリーフ型と呼ばれています．

そのほか小型になるとベローズ型［**図15(a)**］，フ

表2　小信号向け基板対基板コネクタの種類と用途例

用途例	特　徴	ピン間 [mm]	極　数	電流[A]	かん合高さ [mm]	接続方法
スマートフォン	小型化，薄型化対応，耐振動性あり	0.4～0.5	10～(100)	0.2～0.4	～1以下	表面実装
ノート・パソコン	小型化，薄型化対応，耐振動性あり	0.4～0.8	10～100(160)	0.2～0.5	～5以下	表面実装
ビデオカメラ	小型化，平行/垂直対応	0.4～0.8	10～160	0.2～0.5	～5以下	表面実装
ネットワーク機器	平行/垂直対応	0.4～0.8	10～160	0.3～0.5	～15以下	表面実装/DIP
産業機器	平行/垂直対応	0.5～1.27(2.54)	10～200	～1	～25以下	表面実装/DIP

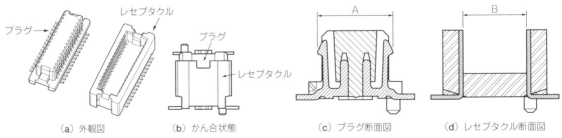

（a）外観図　　　（b）かん合状態　　　（c）プラグ断面図　　　（d）レセプタクル断面図

図14　小信号向け基板対基板コネクタの外観と構造の例
ヒロセ電機DF15シリーズの例

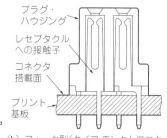

（a）ベローズ型
（パナソニックP8）

（b）フォーク型（タイコ エレクトロニクス，アンプリマイト050シリーズ）

図15 小信号向け基板対基板コネクタのコンタクト形状の例

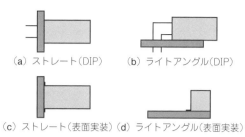

（a）ストレート（DIP）　（b）ライトアングル（DIP）

（c）ストレート（表面実装）（d）ライトアングル（表面実装）

図16 コネクタを基板に搭載する際の置き方

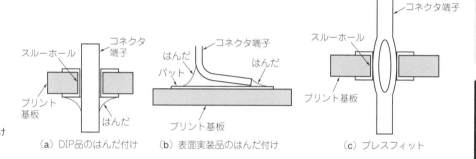

図17 基板への取り付け方法あれこれ

（a）DIP品のはんだ付け　（b）表面実装品のはんだ付け　（c）プレスフィット

ォーク型［図15（b）］が利用されています．ベローズは蛇腹を意味しており，コンタクトの形状から名付けられました．

● ストレートやライトアングルの組み合わせで基板を自在にレイアウトする

DIP品の場合，ストレート・タイプは，端子がコネクタ本体からストレートに出ており，基板に実装されています．また，ライトアングル・タイプは，端子がL型に曲がった形になっており，基板に実装されています．

表面実装品の場合は，それぞれの端子が表面実装に適合するように曲げられた形になっています．図16にその概念を示します．

基板への取り付け方法は，はんだ付けと無はんだ（プレスフィット）に分けられます（図17）．

図18にコネクタ・タイプと基板取り付け方法の組み合わせを示します．実装の形態は問いません．組み合わせは各社がシリーズごとに，合う/合わないを管理しています．

ライトアングルかつ表面実装のタイプは，実装ピッチがコンタクトのピッチの半分になるため（コンタクトのピッチが1mmの場合，実装ピッチは0.5mmとなる），ファイン・ピッチになるとシリーズ化されていない場合があります．

実際のかん合例を図19に示します．スタック高さ

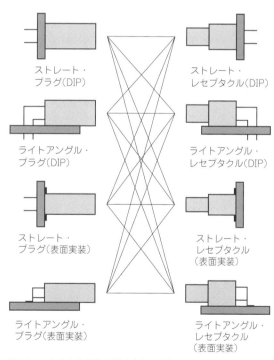

ストレート・プラグ（DIP）　ストレート・レセプタクル（DIP）

ライトアングル・プラグ（DIP）　ライトアングル・レセプタクル（DIP）

ストレート・プラグ（表面実装）　ストレート・レセプタクル（表面実装）

ライトアングル・プラグ（表面実装）　ライトアングル・レセプタクル（表面実装）

図18 コネクタの挿抜の組み合わせあれこれ

（基板間の高さ，スタッキング高さとも言う）は，基板対基板コネクタを選択する場合，重要な項目です．

● 製品例

DIP品と表面実装品の製品例を**表3**に示します．FX2シリーズ（ヒロセ電機）は，1.27ピッチでストレート/ライトアングルの製品があります．ピン数は20～120です．

▶より小型&薄型の製品例

スマートフォンやタブレット型のパソコンなど，小型化された機器の普及に伴って，基板対基板コネクタの小型，薄型化の要求が高まっています．0.4mmピッチ品はコネクタ・メーカ各社からリリースされています．また，数社で0.35mm品をリリースしています．以下，狭ピッチを中心に，各社の小型の基板対基板コネクタを紹介します．

パナソニック インダストリーのA35Sは，幅2.5mm，ピッチ0.35mm，スタック高さ0.8mmです．シリーズの芯数は，24/30/34/50/60/64/100/120まで用意されています．接触部はベローズ型コンタクトを使用し，1つの端子あたり2カ所の接触点をもっています．

ヒロセ電機では，0.4mmピッチ基板対基板コネクタとしてBM10，BM14，DF40シリーズをラインアップしています．

京セラ（旧：京セラエルコ）では，0.4mmピッチ基板対基板コネクタとして5804シリーズや5846シリーズをラインアップしています．

日本モレックスでは，SlimStack 0.40mmとしてシリーズ化しており，スタック高さ0.7mm，奥行き

（a）ストレート・プラグ（DIP）-
　　ストレート・レセプタクル（DIP）

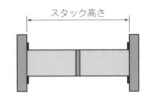

（b）ストレート・プラグ（表面実装）-
　　ストレート・レセプタクル（表面実装）

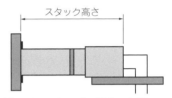

（c）ストレート・プラグ（表面実装）-
　　ライトアングル・レセプタクル（DIP）

図19　コネクタのかん合例

2.6mmと省スペースの製品もあります．

小型の基板対基板コネクタは，抜き挿し回数が10回程度と少ない製品もあるため，用途や使用方法を考えて選択します．

表3　小信号向け基板対基板コネクタの製品例
ヒロセ電機FX2シリーズの例

ピッチ [mm]	ピン数	プラグ/ レセプタクル	ストレート/ ライトアングル	DIP/ 表面実装	洗浄/ 無洗浄	ハウジング高さ [mm]
1.27	20，32，40，44，52，60，64，68，80，100，120	レセプタクル	ストレート	DIP	無洗浄	9.5
1.27	20，32，40，44，52，60，64，68，80，100，120	レセプタクル	ストレート	DIP	洗浄	9.5
1.27	20，32，40，44，52，60，64，68，80，100，120	レセプタクル	ストレート	DIP	無洗浄	11.5
1.27	20，32，40，44，52，60，64，68，80，100，120	レセプタクル	ストレート	DIP	洗浄	11.5
1.27	20，32，40，44，52，60，64，68，80，100，120	プラグ	ライトアングル	DIP		16
1.27	20，32，40，44，52，60，64，68，80，100，120	プラグ	ライトアングル	DIP		15
1.27	20，32，40，44，52，60，64，68，80，100，120	プラグ	ストレート	DIP	無洗浄	8.5
1.27	20，32，40，44，52，60，64，68，80，100，120	プラグ	ストレート	DIP	洗浄	8.5
1.27	20，32，40，44，52，60，64，68，80，100，120	プラグ	ストレート	DIP	無洗浄	9.5
1.27	20，32，40，44，52，60，64，68，80，100，120	プラグ	ストレート	DIP	洗浄	9.5
1.27	20，32，40，44，52，60，64，68，80，100，120	プラグ	ストレート	DIP	無洗浄	10.5
1.27	20，32，40，44，52，60，64，68，80，100，120	プラグ	ストレート	DIP	洗浄	10.5
1.27	20，32，40，44，52，60，64，68，80，100，120	レセプタクル	ストレート	表面実装		9.7
1.27	20，32，40，44，52，60，64，68，80，100，120	プラグ	ストレート	表面実装		8.6
1.27	20，40，52，60，80	プラグ	ライトアングル	表面実装		11.2

③ コネクタの取り扱い方の基本

コネクタは金属の接触部や端子部をもつ非常に繊細な部品です．ここでは基板対基板コネクタを例に，取り扱いの際に心得ておきたい項目を示します．

❶ 安易に端子に触れない

DIP品や表面実装品では端子が露出していて変形しやすくなっています．無理に力を加えると適正にはんだ付けができません．また，素手で触れてしまうと端子の変形や接触不良の原因になります．もし，接触部などに触れてしまった場合は，アルコールなどを付けた綿棒でふき取る必要があります．基板に実装されている場合，安易に端子に触れると，静電気によって回路素子を破壊してしまう場合があります．

❷ コネクタでは基板の位置を固定できない

AとBという基板があり，Aを筐体に固定し，Bを基板対基板コネクタだけで支えることはできません．B基板もねじ止めするなどコネクタ以外での固定を検討する必要があります．

表面実装品の場合，端子にかかる力を分散するために補強金具を設けてある場合があります．特に狭ピッチ・コネクタの場合，基板の脱落防止と端子のはんだ付け部に負荷が加わるのを避けるため，固定方法が重要です．ねじ止めが必要な場合，指定された締め付けトルクでねじを締めます．

❸ はんだ付けの際には樹脂を溶かさないように配慮する

▶ 手はんだ

はんだこての温度と時間は，指定された範囲に収めましょう．また，端子に力が加わらないようにします．

フラックスの塗布量はメーカの指定に従います．通常，フラックスが多いとフラックスが接触部まで上がり，接触不良などの原因となります．製品によってはフラックスを使用しないように指定しているものもあります．

ホットエアー装置でもはんだ付けができますが，その場合，エアーの圧力でコネクタが動かないようにすることと，加熱しすぎて樹脂部分を溶かさないようにする必要があります．

▶ DIPはんだ

はんだ槽の温度，時間の設定は，コネクタ・メーカに指定された範囲に収めます．

▶ リフロはんだ

リフロ槽の温度プロファイル，クリームはんだの種類，基板材料，メタルマスクの厚さ，パッド寸法や穴寸法など，コネクタ・メーカから指定された値を守ります．

▶ 洗浄

はんだ付け後のコネクタには，フラックスなどが残っている場合があるため，必要に応じて洗浄します．

洗浄液には有機溶剤系と水溶性があり，指定のものを使用します．水溶性の場合，洗浄が確実に行われないとフラックスや洗浄剤が残り，接触不良の原因となります．

▶ リワーク

リワークの際に過熱し過ぎると，樹脂部分が溶けたり，フラックスが接触部まで上がったりすることがあります．また，必要に応じて洗浄を行います．

表面実装部品の場合，はんだ付け後，パッドと端子の間にはんだが入り込み，その厚さぶん高くなります．また，何度もリワークするとコネクタや基板パターンに損傷を与えます．大抵，1回のリワークしか推奨していません．

❹ 抜き挿しは誘い込みを利用しつつ平行に

挿入の場合，プラグとレセプタクルを，誘い込みを利用して無理なく平行に挿入します．抜去の場合も同じように平行に抜き去ります（図20）．

コネクタを斜めにして抜き挿しすると，樹脂部の割れや削れが起きたり，端子抜け，端子の変形などで接触不良になる場合があります．

挿抜しにくい場合はコネクタを平行に，無理な力を加えずに少しずつ動かします．コネクタをはんだ付けなどで固定していない場合の抜き挿しは避けましょう．また，ひねりやこじりなどの力を加えないようにします．

❺ 外部からの固定が必要な場合もある

コネクタを製品に搭載したあと，落下や衝撃を加えると，コネクタが外れる場合があります．必要に応じてきょう体やクッション材などでかん合方向への押さえをする必要があります．また，コネクタ単体での落下は，端子曲がりや端子脱落が発生する可能性があります．

❻ 樹脂の色調は問題にならない

絶縁体に使用する樹脂は，製造ロットにより色調が微妙に異なる場合があります．ほとんどの場合，性能に影響しません．

❼ 梱包の向きを確認する

コネクタの梱包形態には，エンボス・テープ，トレイ，スティック（マガジン）などがあります．実装時は，どの方向でコネクタが梱包されているのか，確認する必要があります．特にエンボス・テープでは，テープ幅や巻き方向についても確認する必要があります．

❽ 湿気や日光を避けて保管

指定された温度，湿度および環境下で保管する必要があります．高温，多湿の環境下では，接触端子が腐食する場合があります．特にはんだやすずなどのめっきで顕著です．

直射日光や粉塵，アンモニア・ガス，硫化ガスなどの影響も考慮します．

❾ RoHS指令への対応

日本で販売されているコネクタの多くはRoHS対応品を指定できます．

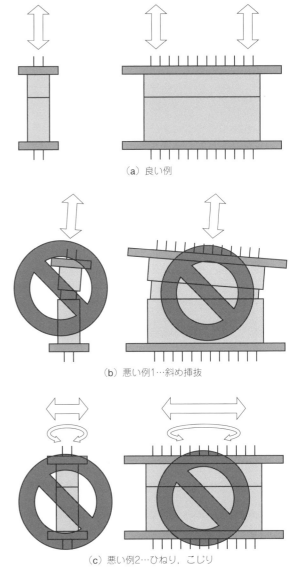

（a）良い例

（b）悪い例1…斜め挿抜

（c）悪い例2…ひねり，こじり

図20　コネクタの挿抜は真っ直ぐに

④ FPC（フレキシブル・プリント基板）コネクタの種類

基礎知識

基板と基板をつなぐのは，ケーブルだけとは限りません．小型化を目指した最近の携帯機器では，より薄く柔軟で，部品も実装できるフレキシブル・プリント基板（Flexible Printed Circuits，以降FPC）を使うことが増えています（**写真1**）．

● 小型化に欠かせない

FPCは，薄く柔軟性があるため，狭い場所の引き回しに適しており，スマートフォン，ディジタル・スチル・カメラ，ビデオ・カメラ，ノート・パソコン，液晶ディスプレイなどにおいて，メイン基板とカメラ，メイン基板とディスプレイ，メイン基板とスイッチなどの接続に使われています．

フレキシブル基板を普通のプリント基板に接続するコネクタの特徴は，単に小型化，薄型化されているだけでなく，ロック機構や操作性も工夫されていることです．高速伝送対応やシールド対策が施されているものもあります．

図21にカメラ・モジュールに使用されたFPCと

FPCコネクタを示します．現在使用されているFPCコネクタの基板への搭載方法は，ほとんど表面実装によるものです．

● さまざまな構造のものが用意されている

FPCコネクタを選択する際には，以下の点を考慮する必要があります．
- 挿入方向（水平，垂直）
- ピッチ（FPCと端子のピッチが異なる場合がある）
- 極数，電気的条件（電圧，電流）
- コンタクト方向（上，下）

小型の機器内に実装する際には，実装高さがシビアに効いてきます．FPCとコネクタを接続する際，コネクタにロックが付いている場合が多く，その構造や方式がいくつかあり，それらも選択のポイントです．

● 基本構造はどれも同じ

FPCの構造を**図22**に示します．通常，ポリイミド・フィルムがベース基材になっており，その上にフォトリソグラフィ技術で銅はくのパターンが形成され，最上面にポリイミド・フィルムのカバーがあります．

コネクタに挿入される端末部分は，ベース基材の下側に補強板が配置されています．接触端子の部分は，ニッケル下地の金めっきが施されています．

一般のプリント基板はフェノール樹脂やガラス繊維にエポキシ樹脂を含浸してあり，硬く，柔軟性はありません．それに対してFPCは，ポリイミド・フィルムと銅はくでできているので，薄く柔軟です．

高速伝送に使用する場合は，FPC上の信号配置を考慮します．

▶フレキシブル・フラット・ケーブル（FFC）との違い

FPCとよく似たものにFFC（Flexible Flat Cable）があります（**写真2**）．FFCの導体は通常，全体に錫めっ

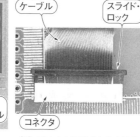

（a）液晶ディスプレイと
　　FPCケーブル

（b）コネクタに挿入したところ

写真1　FPCの外観

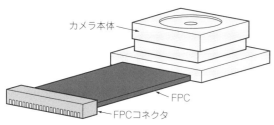

図21　カメラ・モジュールとFPC
FPCは薄く柔軟性があるため，狭い場所の引き回しに適している．携帯機器でよく使われている

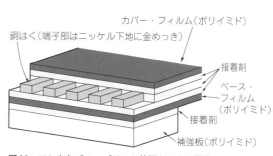

図22　フレキシブル・プリント基板（FPC）の構造

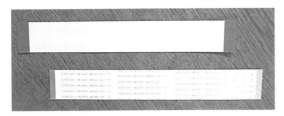

写真2　FFCの外観

きされた平型の銅はくで，複数の導体を並べ，両側を
PET（ポリエチレン・テレフタレート）フィルムで挟
んだ構造をしています．

　FPCではフォトリソグラフィ技術でパターンを形
成しますが，FFCでは同じ導体を並べるだけなので，
任意の形状や端子配列はできません．しかし生産効率
が高いため，FPCより安価に作れます．

　コネクタは，FPCとFFCの両方に対応しているも
のも多く市販されています．

製品に合ったFPCの選び方

　FPCコネクタは，スマートフォンなど小型携帯機器
の高密度実装化に伴い，小型化が進んでいます．最近
では端子ピッチが0.2 mmの狭ピッチ製品が市販され
ています．機器の構造や実装面積，部品配置，回路配
線などによって適切に選択する必要があります．

● 基板の位置関係に合わせて水平/垂直と接点方向を選ぶ

　FPC挿入方向が，FPCコネクタの取り付け基板に
対して水平と垂直のタイプがあります（**図23**）．大部
分の製品は，水平タイプです．

　また，FPCの端末にある接続端子は，片面に配置
されている品種が多くあります．そのため**図24**のよ
うに，水平タイプの中で接点方向が下の場合と上の場

合があります．ピッチが広いものや高速伝送用などに
一部，両接点の製品もあります．

　図25にFPCコネクタと実装基板の形態を示します．
実装基板が同一方向にあるときは，1層（片面）のFPC
で接続できます．実装基板が逆方向にあるときは，FPC
コネクタの接点の組み合わせを逆方向を選択すれば，
1層のFPCで接続できます（下接点と上接点）．

　配線などの都合により，同一接点方向のコネクタを
使用する際は，2層以上のFPCを選びます．この場合
は，層間をスルー・ホールで接続します．

　コスト面から考えると多層のFPCは高価なため，
なるべく層数が少なくなるように設計します．

● ロック機構の違いでも何種かある

　FPCは機器に加わる衝撃や振動などによってコネ
クタから外れやすいため，固定用ロックが付いている
ものがほとんどです．ロックの方式で，フリップ・ロ
ック（回転）とスライド・ロックの2つのタイプに分け
られます（**図26**）．

　フリップ・タイプのFPC挿入方法は，コネクタの
ロック（アクチュエータ）を指などでもち上げ，回転さ
せて開けます．そこへFPCを規定位置まで挿入し，
ロックを押し下げて閉じます．FPCを抜去するときは，
ロックを解除し，FPCを抜きます．

　普通，ロック機構は，ロックの両端に付いているた
め，ピン数が多い場合には，部分的な負荷が掛かりや
すいため，取り扱い説明書などに指示されているとお
りに操作する必要があります．ロックを確実にするた
めクリック感をもたせたり，音が出る製品もあります．

　スライド・タイプは，スライダを動かしロックを解
除し，FPCを挿入してから，スライダでロックしFPC
を止めます．ロックの位置は，FPCの挿入側にある
フロント・タイプと，挿入方向の反対側にあるバッ
ク・タイプがあります（**図27**）．バック・ロック・タ

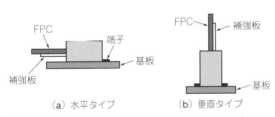

（a）水平タイプ　　　　　（b）垂直タイプ

図23　FPCコネクタには水平挿入タイプと垂直挿入タイプがある

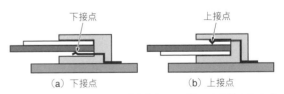

（a）下接点　　　　　　　（b）上接点

図24　FPCコネクタには上方向接点タイプと下方向接点タイプがある

（a）実装基板が同一方向

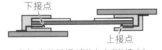

（b）実装基板が逆方向（逆接点）

（c）実装基板が逆方向（同一接点）

図25　FPCとFPCコネクタの実装形態
基板の位置関係によって使い分ける

イプは，FPCがズレにくく，FPCのあおりの影響が少なく，また，ロックを開ける作業が必要ありません．

ロック付きタイプの多くは，ZIF(Zero Insertion Force)になっています．ロックを外したときFPCの挿入力および引抜力を少なくできる機構で，なめらかに挿入できます．FPCは薄いため，補強板で端末部を補強しても変形し，コネクタに挿入し難い場合があるため，ZIFが採用されています．挿入力がZIFより高いLIF(Low Insertion Force)と呼ばれているコネクタもあります．

● 組み立て時に外れないように抜け止め機構を付けた品もある

FPCは，実装時や組み立て時に外れる場合があるため，ロックによる固定だけでなく，もっと強固な抜け止め機構を付けたものがあります．

多くはFPCの端末付近の形状を変え，タブや切り欠き，穴などを配置しています(図28)．抜け止め機構があるためストレート品に比べ，不具合などがかなり改善されています．

● 電極を千鳥配置にすることで狭ピッチ化した品もある

FPCコネクタのコンタクト・ピッチが0.3mm以下といった狭ピッチの品種では，接点が千鳥配置(交差して配置)されていることがあります[図29(a)]．それに適合するようにFPCの電極配置も千鳥配置になっています[図29(b)]．実装基板側のコネクタ配置の例を図29(c)に示します．

従来，多くのFPC電極配置は，ストレート配置[図29(d)]でしたが，千鳥配置にすることで高密度化をはかっています．狭ピッチ品はピッチずれを起こすため，FPCの寸法精度には注意が必要です．

◆参考文献◆
(1) JIS C 5017 フレキシブルプリント配線板-片面・両面．1994年，日本産業規格．
(2) 沼倉 研史；高密度フレキシブル基板入門，1998年，日刊工業新聞社．

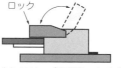
(a) フリップ(回転)・タイプ

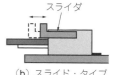
(b) スライド・タイプ

図26 FPCコネクタには回転式ロック機構とスライド式ロック機構がある

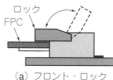
(a) フロント・ロック

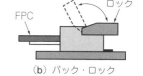
(b) バック・ロック

図27 フリップ・タイプのロック機構にはフロント式とバック式がある

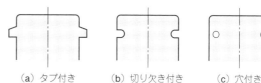
(a) タブ付き　　　(b) 切り欠き付き　　　(c) 穴付き

図28 FPCがコネクタから抜けないためのくふう

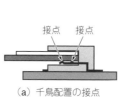
(a) 千鳥配置の接点

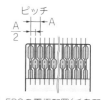
(b) FPCの電極配置(千鳥配置)

(c) コネクタの端子配置

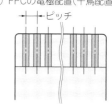
(d) FPCの電極配置(ストレート配置)

図29 コネクタおよびFPCの電極配置
コネクタのコンタクト・ピッチが0.3mm以下などの狭ピッチの場合，接点が千鳥配置されている場合がある

回路・部品

シリアル通信

コネクタ関係

単位・値

電波・無線

あれこれ

同軸コネクタ・ケーブル便利帳

1 同軸コネクタの種類

森田 一

高周波で用いられるコネクタにはいろいろな種類があります．代表的なものを**図1**に示します．

● **M型**

M型コネクタはアマチュア無線でよく使われます．コネクタとしてインピーダンスが管理できていないため200MHz程度までしか使えません．

● **N型**

堅ろうで帯域も18GHzまであるため測定器などによく用いられます．

● **BNC型**

オシロスコープなどでよく用いられているので一番なじみがあるコネクタかもしれません．比較的高い帯

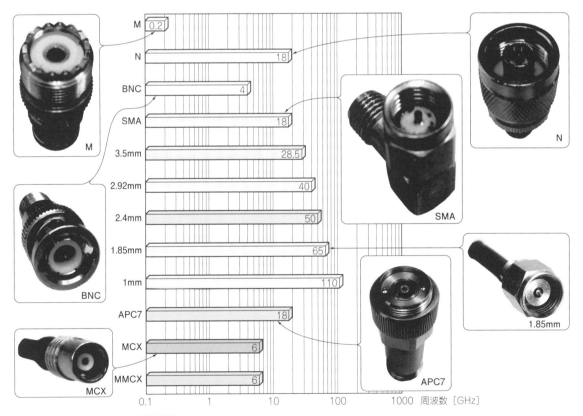

図1　同軸コネクタが使える周波数帯域
1.85mmコネクタはワカ製作所製

域まで使用できることと, バヨネット構造によって挿抜が簡単なことがメリットです.

● **SMA/3.5 mm/2.92 mm**

この3種のコネクタは互いに互換性があります. ただし一番性能が低いコネクタで使用できる帯域は制限されます. SMAはインシュレータとしてテフロンが用いられています. ところがコネクタの勘合面でテフロンがない部分ができてしまうためインピーダンス不整合が生じます. このため3.5 mmではインシュレータをなくしています. さらに, 高域を延ばすため3.5 mmの中心導体と外部導体の径を一回り小さくしたものが2.92 mmコネクタです.

● **2.4 mm/1.85 mm/1 mm**

SMAとの互換性を捨て, さらに高い帯域まで性能

を伸ばすために小型化していったコネクタです.

● **APC7**

このコネクタはちょっと特殊でオス-メスの区別がありません. 高い平面度の接触面を突き当てることで接続します. この構造によって, オス-メスの構造上生じる段差を排除しています.

◆参考文献◆
(1) マイクロ波ミリ波同軸コネクタ, Agilent Technologies, 2009.
(2) RF同軸コネクタカタログ, 東光電子.
(3) 高周波同軸コネクタカタログ, ワカ製作所, 2009/04.
(4) 森田 一 編:トランジスタ技術SPECIAL No.107, CQ出版社, 2009年6月.

② 同軸ケーブルの種類

広畑 敦

主な同軸ケーブルの仕様を**表1**～**表4**に示します. **表1**と**表2**は一般的に使用されている同軸ケーブル, **表3**ははんだ付け耐熱性のある機器内の配線などで使用される同軸ケーブル, **表4**は銅パイプのシールド構造にして内導体と誘電体の損失を減らしたマイクロ波帯で使用されているセミリジッド・ケーブルです. 高

表1　JIS規格同軸ケーブル

項目 型名	減衰量 [dB/km]				特性インピーダンス [Ω]	仕上がり外径 [mm]
	1 MHz	10 MHz	30 MHz	200 MHz		
1.5D-2V	24	85	145	415	50	2.9
2.5D-2V	13	45	80	226	50	4.3
3D-2V	14	46	80	215	50 ± 2	5.7
5D-2V	9	31	54	145	50 ± 2	7.5
5D-2W	9	31	54	145	50 ± 2	8.2
8D-2V	6	20	35	95	50 ± 2	11.6
10D-2V	4	14	24	70	50 ± 2	13.7

(a) 50 Ωタイプ

項目 型名	減衰量 [dB/km]				特性インピーダンス [Ω]	仕上がり外径 [mm]
	1 MHz	10 MHz	30 MHz	200 MHz		
1.5C-2V	73	96	145	393	75	2.9
3C-2V	13	42	73	194	75 ± 3	5.8
3C-2Z	13	42	73	194	75 ± 3	3.8
5C-2V	8	27	47	126	75 ± 3	7.6
5C-2W	8	27	47	126	75 ± 3	8.3
7C-2V	7	22	38	105	75 ± 3	10.2
10C-2V	5	18	31	86	75 ± 3	13.2

(b) 75 Ωタイプ

●品名記号の意味

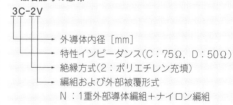

3C-2V

外導体内径 [mm]

特性インピーダンス(C:75Ω, D:50Ω)

絶縁方式(2:ポリエチレン充填)

編組および外部被覆形式
N:1重外部導体編組＋ナイロン編組
V:1重外部導体編組＋PVC被覆
W:2重外部導体編組＋PVC被覆
Z:1重外部導体編組だけ

●ケーブルの色
50Ωタイプ:灰色
75Ωタイプ:黒色

●静電容量
50Ωタイプ:100pF/m
75Ωタイプ:67pF/m

表2　米国MIL規格の同軸ケーブル

項目\n型名	減衰量 [dB/km]					特性インピーダンス [Ω]	静電容量 [pF]	仕上がり外径 [mm]
	4 MHz	10 MHz	30 MHz	100 MHz	300 MHz			
RG-5/U	16	—	—	85.3	154	52.5	93.5	8.4 ± 0.2
RG-8/U	13	—	—	68.9	138	52.0	96.8	10.3 ± 0.3
RG-9/U	13	—	—	65.6	131	51.0	98.4	10.7 ± 0.3
RG-10/U	13	—	—	68.9	138	52.0	95.8	12.1
RG-12/U	13	—	—	68.9	125	75.0	67.3	11.7
RG-55/U	26	32.8	65.6	138	259	53.5	93.5	5.25以下
RG-58/U	26	32.8	65.6	138	259	53.5	93.5	4.95 ± 0.15
RG-58-A/U	37	42.7	82.0	174	315	50.0	93.5	4.95 ± 0.15
RG-59/U	21	32.8	65.6	125	230	73.0	68.9	6.15 ± 0.2

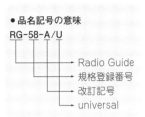

● 品名記号の意味

RG-58-A/U

Radio Guide
規格登録番号
改訂記号
universal

い周波数になるほど損失が増えるために，より太いケーブルが必要になるのがわかります．

表3　機器内の配線などで使用される同軸ケーブル

型名	内部導体構成または外径 [mm]	絶縁体外径 [mm]	外部導体	仕上がり外径 [mm]
1.5C-QEV	0.26	1.6	軟銅線編組	3.0
2.5C-QEV	0.4	2.4		4.0
3C-QEV	0.5	3.1		5.8
1.5D-QEV	7/0.18	1.6		3.0
2.5D-QEV	0.8	2.7		4.3
3D-QEV	7/0.32	3.0		5.7

表4　マイクロ波帯で使用されているセミリジッド・ケーブル

項目\n型名	特性インピーダンス [Ω]	外径 [mm]	中心導体直径 [mm]	最小曲げ半径 [mm]	静電容量 [pF/m]	減衰量30mあたり [dB]			
						0.5 GHz	1 GHz	5 GHz	10 GHz
UT-8	50.0 ± 5.0	0.20	0.05	0.8	97	154.0	222.0	550.0	810.0
UT-10	10.0	1.09	0.72	6.4	483	62.0	86.0	195.0	375.0
UT-20	50.0 ± 3.0	0.58	0.13	1.6	97	50.0	76.0	225.0	370.0
UT-25	25.0	0.86	0.32	3.2	193	48.0	68.0	145.0	200.0
UT-34	50.0 ± 3.0	0.86	0.20	3.2	97	32.0	44.0	100.0	150.0
UT-47	50.0 ± 2.5	1.19	0.29	3.2	97	26.0	36.0	87.0	130.0
UT-70	70.0	2.16	0.29	3.2	68	13.0	19.0	42.0	63.0
UT-85	50.0 ± 1.5	2.20	0.51	3.2	97	12.0	17.0	42.0	62.0
UT-93	93.0	3.30	0.29	6.4	52	9.6	14.0	34.0	50.0
UT-141-A	50.0 ± 1.0	3.58	0.91	6.4	97	7.5	10.7	26.0	39.5
UT-250-A	50.0 ± 0.5	6.35	1.63	9.5	97	3.7	5.8	16.5	25.0
UT-390	50.0 ± 0.5	9.91	2.59	19.1	97	3.0	4.2	12.0	19.5
UT-852	75.0	2.16	0.29	3.2	64	14.0	20.0	46.5	68.0

HDMI 便利帳

米倉 玄 Gen Yonekura

HDMI(High Definition Multimedia Interface)は，ディジタル家電やパソコン向けの映像,音声の接続規格です．

2002年12月，日立製作所，パナソニック，フィリップス，シリコンイメージ，ソニー，テクニカラー(旧トムソン)，東芝の7社によって共同で規格化されました．

HDMIは，主要な映画制作会社だけでなく，衛星テレビやケーブル・テレビ会社もサポートしています．最近では，テレビ，ビデオのようなディジタル家電ばかりではなく，パソコンに搭載されることもあります．

規格の策定，ライセンスの管理などは，HDMI Licensing, LLC(http://www.hdmi.org/)という組織で行っています．

技術的には，DVI(映像信号のみ)をベースにしています．信号方式にはTMDS(Transition Minimized Differential Signaling)を採用し，使用例が多いシングル・リンクでは，データ伝送用3チャネルとクロック・チャネルの合わせて4チャネル(差動信号)を使用しています．より大容量のデータを転送できるデュアル・リンクでは，データ伝送用5チャネルとクロック・チャネルの合わせて6チャネルを使います．

① HDMIコネクタの種類とピン配置

写真1 タイプAコネクタ
写真は全てホシデン提供

(a) プラグ

13.9mm

14mm

(b) レセプタクル

● 概要

タイプA(標準)とタイプB(高解像度バージョン)は，HDMI 1.0(2002年12月)で規定されました．HDMI 1.0の最大ピクセル・クロック・レートは165 MHzで，表示画面のリフレッシュ・レート60 Hzでは，1080pとWUXGA(1920×1200)に対応しています．

タイプC(ミニHDMIコネクタ)は，HDMI 1.3a(2006年11月)で規定され，主にビデオカメラ用途に対応するものです．HDMI 1.3は，340 MHzに周波数を上げ，

図1 タイプAプラグの形状
いちばん左(上側)がピン1で，その次(下側)がピン2，その次(上側)がピン3…となる．レセプタクル側は左右が逆になる

13.9
9
0.5
(ピッチ)
ピン1
ピン19
4.45
1.3
ピン2
ピン18
[単位：mm]

表1 タイプA/タイプEのピン配置

ピン	信号名	ピン	信号名
1	TMDS Data2 +	11	TMDS Clock Shield
2	TMDS Data2 Shield	12	TMDS Clock −
3	TMDS Data2 −	13	CEC
4	TMDS Data1 +	14	Utility
5	TMDS Data1 Shield	15	SCL
6	TMDS Data1 −	16	SDA
7	TMDS Data0 +	17	DDC/CEC Ground
8	TMDS Data0 Shield	18	+ 5 V Power
9	TMDS Data0 −	19	Hot Plug Detect
10	TMDS Clock +	—	—

回路・部品
シリアル通信
コネクタ関係
単位・値
電波・無線
あれこれ

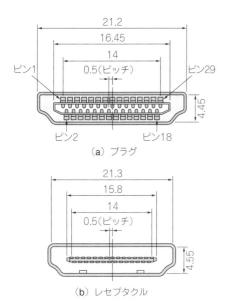

（a）プラグ

（b）レセプタクル

図2　タイプBの形状

表2　タイプBのピン配置

ピン	信号名	ピン	信号名
1	TMDS Data2 +	16	TMDS Data4 +
2	TMDS Data2 Shield	17	TMDS Data4 Shield
3	TMDS Data2 −	18	TMDS Data4 −
4	TMDS Data1 +	19	TMDS Data3 +
5	TMDS Data1 Shield	20	TMDS Data3 Shield
6	TMDS Data1 −	21	TMDS Data3 −
7	TMDS Data0 +	22	CEC
8	TMDS Data0 Shield	23	Reserved（N.C. on device）
9	TMDS Data0 −	24	Reserved（N.C. on device）
10	TMDS Clock +	25	SCL
11	TMDS Clock Shield	26	SDA
12	TMDS Clock −	27	DDC/CEC Ground
13	TMDS Data5 +	28	+ 5 V Power
14	TMDS Data5 Shield	29	Hot Plug Detect
15	TMDS Data5 −	—	—

シングル・リンクで高解像度のWQXGA（2560×1600）などに対応できるようになりました．

　タイプD（マイクロHDMIコネクタ，携帯電話，携帯機器用）とタイプE（車載用）は，HDMI 1.4（2009年5月）に規定されました．HDMI 1.4では新たに3840×2160ピクセル，4096×2160ピクセルの解像度に対応し，イーサネットへの規定などがなされました．

● **標準タイプ**（タイプAとタイプB）

　タイプAは，19ピンの端子があり標準画質からハイビジョン（HDTV）までの画像信号に対応しています．

　コネクタの外観を**写真1**に示します．プラグの形状が**図1**，信号配置が**表1**です．

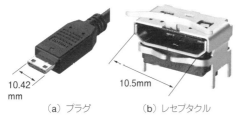

（a）プラグ　　（b）レセプタクル

写真2　タイプCコネクタ

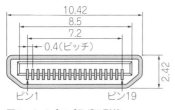

図3　タイプCプラグの形状

電気的にはシングル・リンクDVI-D（DVI規格のディジタル専用タイプ）と互換性があります．

　タイプBは，29ピンの端子があり，タイプAの2倍のビデオ帯域があり，WQUXGA（3840×2400ピクセル）までの高解像に対応しています．コネクタの形状を**図2**に，信号配置を**表2**に示します．

　電気的にはデュアル・リンクDVI-Dと互換性があります．しかし，2006年に規格化されたHDMI 1.3で，シングル・リンクの帯域（1080pまで）が拡大したため，タイプBは市場に出回りませんでした．

● **ミニ**（タイプC）

　ミニHDMIコネクタは，ディジタル・ビデオ機器などを対象として小型化したコネクタです．タイプAと同じ19ピンの端子がありますが，ピン配置は，すべての差動信号の（+）がそれに対応するシールドと入れ替わっていたり，CECとDDC/CECグラウンドが異なっているなど完全に同じになっていません．

　コネクタの外観を**写真2**に示します．プラグの形状を**図3**に，信号配置を**表3**に示します．

表3　タイプCのピン配置

ピン	信号名	ピン	信号名
1	TMDS Data2 Shield	11	TMDS Clock +
2	TMDS Data2 +	12	TMDS Clock −
3	TMDS Data2 −	13	DDC/CEC Ground
4	TMDS Data1 Shield	14	CEC
5	TMDS Data1 +	15	SCL
6	TMDS Data1 −	16	SDA
7	TMDS Data0 Shield	17	Utility
8	TMDS Data0 +	18	+ 5 V Power
9	TMDS Data0 −	19	Hot Plug Detect
10	TMDS Clock Shield	—	—

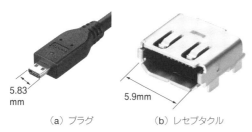

5.83
mm

5.9mm

（a）プラグ　　　　　（b）レセプタクル

写真3　タイプDコネクタ

● **マイクロ（タイプD）**

　マイクロHDMIコネクタは，タイプA，タイプCの信号と互換性を保ち，さらに小型化したコネクタで，モバイル機器を対象としています．信号配置はタイプA，B，Cとも異なっています．コネクタの外観を**写真3**に示します．信号配置を**表4**に示します．

● **車載用（タイプE）**

　タイプEは，車載用に規格されたため，接触部を保護するために二重構造になっていて，振動，衝撃に強くなっています．EMI低減のため，レセプタクル内部にシェルを設け，プラグにバネ性を持ったシェルと接触する構造になっています．誤勘合防止用キーの設定もあります．信号配置はタイプAと同じです．コネクタの外観を**写真4**に示します．

表4　タイプDのピン配置

ピン	信号名	ピン	信号名
1	Hot Plug Detect	11	TMDS Data0 −
2	Utility	12	TMDS Clock +
3	TMDS Data2 +	13	TMDS Clock Shield
4	TMDS Data2 Shield	14	TMDS Clock −
5	TMDS Data2 −	15	CEC
6	TMDS Data1 +	16	DDC/CEC Ground
7	TMDS Data1 Shield	17	SCL
8	TMDS Data1 −	18	SDA
9	TMDS Data0 +	19	+ 5 V Power
10	TMDS Data0 Shield	—	—

15.3mm
21.9mm
15.6mm
22.1mm

（a）プラグ　　　　　（b）レセプタクル

写真4　タイプEコネクタ

---

② HDMIケーブルの種類

● **ケーブルの種類**

　HDMIケーブルはインピーダンス100 Ω（±15 %）程度の4対のシールド付きツイスト・ペアと，7本の独立した導体で構成されています．

　ケーブルの種類を**表5**に示します．最大帯域幅によってカテゴリおよびタイプが分けられています．利用する機器に応じて，必要なデータ・レートを得られるものを選びます．ケーブルの結線は共通で，新しい規格に対応したケーブルは，それ以前の規格の機器にも接続できます．

　カテゴリによる分類とは別に，イーサネット対応のケーブルや，車載用のケーブルもあります．イーサネット対応のケーブルについては，HDMI 1.4でHEC（HDMI Ethernet Channel；HDMIケーブルにイーサネットの信号を通す規格）として導入されました．

▶標準ケーブル

　最大クロック周波数は74.25 MHzで，1080 pと720 pまでのビデオ信号に対応しています．

　イーサネット対応標準ケーブルは，標準ケーブルにイーサネット（100 Mbps）のチャネルがあります．

　車載用ケーブルの帯域は標準ケーブルと同じですが，信号品質の仕様を加えたものになります．

▶ハイ・スピード・ケーブル

　HDMI 1.3以降で規格化されました．最大クロック周波数は340 MHzで，1080 p以上のビデオ信号に対応しています．フルHD映像の伝送が可能です．

　イーサネット対応ハイ・スピード・ケーブルは，ハイ・スピード・ケーブルにイーサネット（100 Mbps）のチャネルを加えたものになります．車載用のハイ・スピード・ケーブルは規格化されていません．

▶プレミアム・ハイ・スピード・ケーブル

　HDMI 2.0仕様の最大帯域幅18 Gbpsで動作します．電磁干渉を抑えるEMIテストを導入しました．4 K映像の伝送が可能です．

▶ウルトラ・ハイ・スピード・ケーブル

　HDMI 2.1仕様の最大帯域幅48 Gbpsで動作します．8 K映像の伝送が可能です．また，デフォルトでイーサネットに対応しています．

表5　HDMIケーブルの種類
ケーブルの結線は共通で，新しい規格に対応したケーブルはそれ以前の規格の機器にも接続できる

カテゴリ	ケーブル・タイプ	規格	最大仕様帯域幅（最大有効帯域幅）	呼称	解像度	リフレッシュ・レート[Hz]／データ・レート[bps]
1	標準（スタンダード）	HDMI 1.1 HDMI 1.2	4.95 Gbps（3.96 Gbps）	720 p（HD）	1280×720	30/720 M, 60/1.45 G, 120/2.99 G（HDMI 1.2 対応のみ）
				1080 p（フルHD）	1920×1080	30/1.58 G, 60/3.2 G
				1440 p（QHD）	2560×1440	30/2.78 G（HDMI 1.2 対応のみ）
2	ハイ・スピード	HDMI 1.3 HDMI 1.4	10.2 Gbps（8.16 bps）	720 p（HD）	1280×720	30/720 M, 60/1.45 G, 120/2.99 G
				1080 p（フルHD）	1920×1080	30/1.58 G, 60/3.2 G, 120/6.59 G, 144/8 G
				1440 p（QHD）	2560×1440	30/2.78 G, 60/5.63 G, 75/7.09 G
				4 K	3840×2160	30/6.18 G
	プレミアム・ハイ・スピード	HDMI 2.0	18.0 Gbps（14.4 Gbps）	720 p（HD）	1280×720	30/720 M, 60/1.45 G, 120/2.99 G
				1080 p（フルHD）	1920×1080	30/1.58 G, 60/3.2 G, 120/6.59 G, 144/8 G, 240/14 G
				1440 p（QHD）	2560×1440	30/2.78 G, 60/5.63 G, 75/7.09 G, 120/11.59 G, 144/14.08 G
				4 K	3840×2160	30/6.18 G, 60/12.54 G
3	ウルトラ・ハイ・スピード	HDMI 2.1	48 Gbps（42.67 Gbps）	720 p（HD）	1280×720	30/720 M, 60/1.45 G, 120/2.99 G
				1080 p（フルHD）	1920×1080	30/1.58 G, 60/3.2 G, 120/6.59 G, 144/8 G, 240/14 G
				1440 p（QHD）	2560×1440	30/2.78 G, 60/5.63 G, 75/7.09 G, 120/11.59 G, 144/14.08 G, 240/24.62 G
				4 K	3840×2160	30/6.18 G, 60/12.54 G, 75/15.79 G, 120/25.82 G, 144/31.35 G
				8 K	7680×4320	30/24.48G

▶アクティブ・タイプのケーブル

コネクタ部分にイコライザ（波形改善回路）を内蔵しており，10 m以上の伝送が可能です［HDMI規格ではケーブル長の規定はないが，通常のケーブル（パッシブ・タイプ）は5 m以内のものが多い］．光ファイバを使用した30 m以上のケーブルもあります．

アクティブ・タイプのケーブルは長距離接続には向きますが，外部（またはHDMI機器本体）から電源を供給する必要がある，信号の流れる方向が決まっている，などの注意点があります．

● ケーブル両端のプラグの組み合わせ

HDMIケーブルの両端のプラグの組み合わせを表6に示します．

● HDMIケーブルの見分け方

HDMIケーブルは，HDMI Licensing Administrator Inc.が提供する認証ラベル（Cable Name Logosラベル．「HDMI STANDARD with ETHERNET」，「HDMI HIGH SPEED」など，認証されたケーブル・タイプを示す）を貼ることが義務付けられており，このラベルで見分けます．なお，HDMIケーブルに「HDMI 1.4」などのバージョンを記載することは禁止されています．

表6　カテゴリ別HDMIケーブル両端のプラグの組み合わせ

カテゴリ(注1)	呼称	最大クロック周波数	ケーブル両端のプラグの組み合わせ
カテゴリ1	標準	74.25 MHz	Type A - Type A, Type A - Type C, Type A - Type D, Type C - Type C
カテゴリ1 HEAC(注2)	イーサネット対応標準		Type A - Type A, Type A - Type C, Type A - Type D, Type C - Type C
カテゴリ1 車載	車載		Type E - Type E, Type E - Type A レセプタクル（ケーブル接続用），Type A - Type A
カテゴリ2	ハイ・スピード	340 MHz	Type A - Type A, Type A - Type C, Type A - Type D, Type C - Type C
カテゴリ2 HEAC(注2)	イーサネット対応ハイ・スピード		Type A - Type A, Type A - Type C, Type A - Type D, Type C - Type C

(注1)カテゴリ3については，HDMI Licensing, LLCの承認を受けた対応コネクタを使う必要がある．対応コネクタの一覧はHDMI Licensing Administrator, IncのWebサイト（https://www.hdmi.org/resource/cat3connectors）に掲載されており，2023年3月現在，タイプA，タイプC，タイプDのコネクタが承認されている．
(注2)HEAC（HDMI Ethernet and Audio Return Channel）とは，HEC（HDMI Ethernet Channel）とARC（Audio Return Channel）を合わせた呼び方である．

第4部

電気の値・単位
の便利帳

第16章　基本中の基本！正確に使い分けよう

電気の単位・物理定数

1 単位の使い方 3つの基本

藤田 昇

普段よく使う単位と言えば，時間（時，分，秒），長さ（m, km），重さ（g, kg），体積（L, cc），温度（℃）あたりでしょうか．車に乗る人は時速（km/h）もよく使いますね．

電子回路を作るときにもいろいろな単位を使います．時間，長さ，重さといった一般的な量の単位に加えて，電気業界特有の単位もたくさん使われています．

まずは，どのような単位があり，どのように使うかを理解していないと，電子回路設計に困ったり，ほかの技術者と話が通じなかったり，誤って受け取られたりします．会社で図面を作ったり，報告書を書いたりするときにも単位は欠かせません．

まずは電気・電子の基本単位をマスタして正確に使い分けましょう．

基本① 国際基準「SI（エスアイ）」

物理量の単位は，国際的に統一されたSI［Le Systeme International d'Unites：国際単位系（フランス語）］で定められています．

SIはメートル法を発展・後継した基準であり，秒，メートル，キログラム，アンペア，ケルビン，モル，カンデラという，7つの基本単位（**表1**）と，それらから導かれる組立単位で構成されています．

組立単位のうち，電気関係でよく使われるものを**表2**に示します．あまりなじみのない単位もあると思いますが，**表2**を見ると，どのような意味をもつかを類推できます．

表1 SI基本単位（2019年5月20日改訂）

量	記号	名称	定義
時間	s	秒	単位 s^{-1}（Hzに等しい）による表現で，基底状態で温度が0ケルビンのセシウム133原子の超微細構造の周波数 ΔvCs の数値を9192631770と定めることによって設定される．実質的には現行と同じ
長さ	m	メートル	単位 $m \cdot s^{-1}$ による表現で，真空中の光速度 c の数値を299792458と定めることによって設定される．実質的には現行と同じ
質量	kg	キログラム	単位 $s^{-1} \cdot m^2 \cdot kg$（$J \cdot s$ に等しい）による表現で，プランク定数 h の数値を $6.62607015 \times 10^{-34}$ と定めることによって設定される．この変更により，キログラムの定義は秒とメートルの定義に依存することになった
電流	A	アンペア	電気素量 e の数値を $1.602176634 \times 10^{-19}$ と定めることによって設定される．単位はCであり，これはまたA・sに等しい
熱力学温度	K	ケルビン	単位 $s^{-2} \cdot m^2 \cdot kgK^{-1}$（$J \cdot K^{-1}$ に等しい）による表現で，ボルツマン定数 k の数値を 1.380649×10^{-23} と定めることによって設定される
物質量	mol	モル	1モルは正確に $6.02214076 \times 10^{23}$ の要素粒子を含む．この数値は単位 mol^{-1} による表現でアボガドロ定数 N_A の固定された数値であり，アボガドロ数と呼ばれる
光度	cd	カンデラ	単位 $s^3 \cdot m^{-2} \cdot kg^{-1} \cdot cd \cdot sr$ または $cd \cdot sr \cdot W^{-1}$（$lm \cdot W^{-1}$ に等しい）による表現で，周波数 540×10^{12} Hzの単色光の発光効率の数値を683と定めることによって設定される．実質的には現行と同じ

基本② 単位を書くときは
大文字と小文字を正しく使い分ける

大きな量・小さな量を表記するために，**表3**に示す接頭語も定められています．

接頭語のm（ミリ）は10^{-3}，M（メガ）は10^6なので，9桁の違いがあります．これは単位の混同にも言えることで，間違いやすいのはk（キロ）とK（ケルビン）やs（秒）とS（ジーメンス）です．これらは全く異なる意味をもちます．

人名を元にした単位は大文字で表記するのが原則です．例えば，A（アンペア，Andre-Marie Ampere，フランス）やV（ボルト，Alessandro Volta，イタリア）がそうですし，さきのS（ジーメンス，Ernst Werner von Siemens，ドイツ）も人名が元になっています．

基本③ SIの接頭語は重ねて使わない

接頭語を重ねて使うことは禁じられています．かつては$\mu\mu$F（マイクロマイクロファラッド）と書くことがありましたが，今はpF（ピコファラッド）と書かなければなりません．

電気関係の物理量は数値の範囲が広いので，接頭語をよく使います．h（ヘクト），da（デカ），d（デシ），c（センチ）は慣習的に使いません．唯一の例外としてdB（デシベル）があります．

*

● いつでも，誰にでも同じ基準を提供することを目指して進化中

SIの基本単位は技術の進展によって定義に変更が加えられてきました．

当初の長さの基準は人工物のメートル原器でしたが，現在は真空中の光速が基準になっています．原則的には，いつでも，どこでも，誰にでも同じ基準が得られることを目標に，より精度の高いものを目指して改定してきました．

2018年に，国際度量衡総会（CGPM）によってSI基本単位の定義が改訂され，2019年5月20日に施行されました（**表1**）．大きな変更点は，質量の基準がプランク定数をもとにして定義されたことです．これにより，唯一残っていた工作物（国際キログラム原器）に基づく定義がなくなりました．また，ほかの基本単位も不確かさが減るような定義に書き換えられました．

定義変更による数値と現行数値の差は極めて小さい（有効数字の最終けたの不確かさが減るくらい）ので，日常生活や回路設計に影響することはありません．

表2 電気・電子関係で使われる主な組立単位

名　称	記号	次元（基本単位での表示）	物理量
ラジアン	rad	（無次元）	平面角
ステラジアン	sr	（無次元）	立体角
ヘルツ	Hz	s^{-1}	周波数，振動数
クーロン	C	$A \cdot s$	電荷・電気量
ボルト	V	$J/C = kg \cdot m^2 \cdot s^{-3} \cdot A^{-1}$	電圧・電位
ボルト毎メートル	V/m	$kg \cdot m \cdot s^{-3} \cdot A^{-1}$	電界強度
オーム	Ω	$V/A = kg \cdot m^2 \cdot s^{-3} \cdot A^{-2}$	電気抵抗・インピーダンス・リアクタンス
オーム・メートル	$Ω \cdot m$	$kg \cdot m^3 \cdot s^{-3} \cdot A^{-2}$	電気抵抗率
ワット	W	$J/s = V \cdot A = kg \cdot m^2 \cdot s^{-3}$	電力・放射束
ジュール	J	$N \cdot m = kg \cdot m^2 \cdot s^{-2} = W \cdot s$	エネルギ，仕事量
ファラド	F	$C/V = kg^{-1} \cdot m^{-2} \cdot A^2 \cdot s^4$	静電容量
ファラド毎メートル	F/m	$kg^{-1} \cdot m^{-3} \cdot A^2 \cdot s^4$	誘電率
ジーメンス	S	$Ω^{-1} = kg^{-1} \cdot m^{-2} \cdot s^3 \cdot A^2$	コンダクタンス・アドミタンス・サセプタンス
ジーメンス毎メートル	S/m	$kg^{-1} \cdot m^{-3} \cdot s^3 \cdot A^2$	電気伝導度
ウェーバ	Wb	$V \cdot s = kg \cdot m^2 \cdot s^{-2} \cdot A^{-1}$	磁束
テスラ	T	$Wb/m^2 = kg \cdot s^{-2} \cdot A^{-1}$	磁束密度
アンペア毎メートル	A/m	$m^{-1} \cdot A$	磁界強度，磁場（磁場の強さ）
アンペア毎ウェーバ	A/Wb	$kg^{-1} \cdot m^{-2} \cdot s^2 \cdot A^2$	リラクタンス
ヘンリー	H	$Wb/A = Vs/A = kg \cdot m^2 \cdot s^{-2} \cdot A^{-2}$	インダクタンス
ヘンリー毎メートル	H/m	$kg \cdot m \cdot s^{-2} \cdot A^{-2}$	透磁率
セルシウス度	℃	K	熱力学温度（0℃ = 273.15 K）

表3 SIの接頭語
2022年11月に10^{30}, 10^{27}, 10^{-27}, 10^{-30}が追加された．電気・電子関係でよく使われるのは，a（アト，10^{-18}）からE（エクサ，10^{18}）くらいまで

倍数	記号	読み方	
10^{30}	Q	quetta	クエタ
10^{27}	R	ronna	ロナ
10^{24}	Y	yotta	ヨタ
10^{21}	Z	zetta	ゼタ
10^{18}	E	exa	エクサ
10^{15}	P	peta	ペタ
10^{12}	T	tera	テラ
10^9	G	giga	ギガ
10^6	M	mega	メガ
10^3	k	kilo	キロ
10^2	h	hecto	ヘクト
10^1	da	deca	デカ
1	−	−	−
10^{-1}	d	deci	デシ
10^{-2}	c	centi	センチ
10^{-3}	m	milli	ミリ
10^{-6}	μ	micro	マイクロ
10^{-9}	n	nano	ナノ
10^{-12}	p	pico	ピコ
10^{-15}	f	femto	フェムト
10^{-18}	a	atto	アト
10^{-21}	z	zepto	ゼプト
10^{-24}	y	yocto	ヨクト
10^{-27}	r	ronto	ロント
10^{-30}	q	quecto	クエクト

回路・部品

シリアル通信

コネクタ関係

単位・値

電波・無線

あれこれ

② SI基本単位の依存関係

藤原 孝将／池田 直

● SI基本単位 再定義の背景

19世紀末に文明の基礎基準として1mの定義が必要になり，そのとき初めてメートル原器が作られました．このとき，地球の子午線の長さが40000kmになるように定義しました．

メートル原器は，熱安定性や耐腐食を考慮し，イリジウムと白金で作られた合金で，1mという長さを具体的に示していた金属棒です．これは長さの国際標準として1960年まで用いられていました．

現代では科学技術が進歩し，さまざまに精密な物理量の計測ができるようになりました．その過程で具体的な「物体」で標準量を表すことが難しいことがわかってきました．そこで，人が工作するものより，自然がもつ定数（物理定数）を基準とするほうが（おそらく）安定で信頼できると考え，標準量の定義は人工物から物理定数へ変更されていきました．

● 最も普遍性を持つ自然定数は「光の速さ」

現在のSIの定義では，標準量を決める作業の人的要素をできるだけ少なくし，自然そのものがもつ安定した数値を，文明の尺度に用いる，という考え方に移しています．国際標準という考えが始まったころは，地球サイズの事象から標準値を定義しました．当時，最も安定な世界をそこに見たのかもしれません．現代は，宇宙や量子のスケールに安定の基準を求めているとも言えます．

この考え方からまず，最も信頼できて普遍性をもつ自然定数として光の速さが選ばれました．光速度は相対性原理により速さが固定されています．次に時間が選ばれました．セシウム原子時計の誤差は10^{-11}以下であり，さらに正確な時間計測技術も進化しつつあるからです．この時間を用い，光の進む時間から長さを

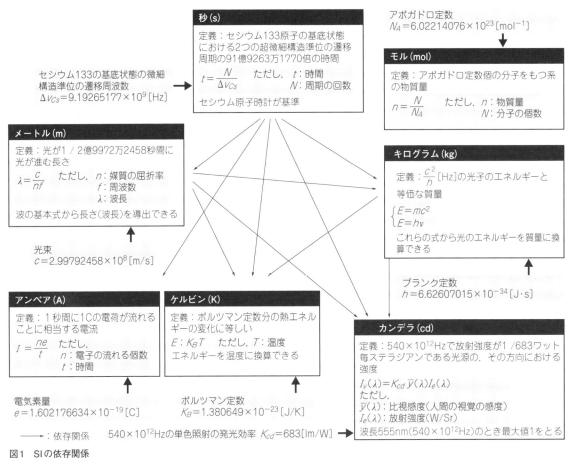

図1　SIの依存関係
単位の多くは，お互いの関係によって定義される

定義できます．この計算をするために，光が1秒に進む距離と，セシウム原子核時計の振動周波数に数値を与えます．

次に，いくつかの自然定数の値を一定の数値に決めてしまいます．例えば，電流を定義するためには，1秒間に流れる電子の数と，電子の電荷数が必要ですが，ここで電子の電荷数（電気素量）を，「1.602176634 × 10^{-19}C」と宣言します．電子の数は，後述するアボガドロ数から定まります．このような一定の数値に宣言することが，電気素量e，プランク定数h，ボルツマン定数k，アボガドロ数N_Aに対して行われました．

これらの値がいったん定まれば，図1に示したような各定義どうしの物理的な関係から，基準値を定めることができます．例えば質量は，キログラム原器を使うのではなく，プランク定数と量子の振動数からエネルギーを決め，その値を光速度c^2で割ることで決められます．おそらくこの方法が今のところ，長さ，重さ，時間，電流，を最も疑いなく求める方法であろうとして，合意されたわけです．

● 相対誤差の新定義

基本単位の定義に基づいて測定される基礎物理定数には，不確かさ（相対誤差）が存在します．

2019年に改定された物理量とその不確かさを表4に示します．定義が変わったと言っても10^{-6}～10^{-9}の精度の違いです．市販の高精度の測定器の多くは，そこまで精度良く測定できないので，通常の測定では特に気にする必要はないでしょう．

表4 2019年に改定された物理量とその不確かさ

単位	参照される定数	記号	旧定義の相対誤差	現定義の相対誤差
kg	国際キログラム原器の質量	$m(k)$	0（定義値）	5.0×10^{-8}
	プランク定数	h	1.2×10^{-8}	0（定義値）
A	真空の透磁率	μ_0	0（定義値）	6.1×10^{-9}
	電気素量	e	6.1×10^{-9}	0（定義値）
K	水の三重点	T_{TPW}	0（定義値）	1.1×10^{-6}
	ボルツマン定数	k_B	5.7×10^{-7}	0（定義値）
mol	^{12}Cのモル質量	$m(^{12}C)$	0（定義値）	1.2×10^{-8}
	アボガドロ定数	N_A	1.2×10^{-8}	0（定義値）

---

column▶01 究極の基準を求めて！単位は日々進化している

浦野 千春

● 時間

普遍的で安定な単位の定義として代表的なのは，時間の単位である「秒」です．

秒はもともと地球の自転で定義されていましたが，地球の公転周期による定義を経て，1967年に自然界に存在するセシウムの同位体であるセシウム133を用いた原子時計による定義に変更され，現在に至っています．この定義により，地球上における測定位置による影響が劇的に小さくなり，また時間変動の影響もなくなり，精度が向上しました．

● 長さ

長さの単位であるメートルは，1889年に開催された第1回CGPMにおいて国際メートル原器によって定義されました．メートル原器は金属でできた棒状の器物で，温度変化に伴い長さが変化します．この問題を解消するために，1983年にメートルは，基礎物理定数の1つである真空中の光速と，秒の定義によって定義し直されました．

● 質量

質量の単位は，1889年以来，国際キログラム原器が定義として用いられてきました．

国際キログラム原器も金属製の器物であり，表面状態の化学的な変化や接触などによる物理的変化によって，質量が時間とともに変化する可能性がありました．実際，100年以上に及ぶ継続的な比較測定の結果，国際キログラム原器の質量が1kgに対して約50μg程度変化しているように見えることがわかっていました．この変化は質量標準の不確かさと比較して有意に大きく，実際に質量が変化していることが強く疑われていました．このような経緯から，キログラムの定義改定の機運が高まりました．

キログラムの新しい定義の方法については，プランク定数に基づく定義が以前から提案されていました．これまで真空中の光速を除く多くの基礎物理定数は定義値ではなく，基本単位の定義に基づいて実験的に測定されて求められる値だったため，不確かさを伴っていました．プランク定数もこれまではそのような不確かさを伴う基礎物理定数の1つで，その不確かさは長い間，質量標準の不確かさよりも大きかったため，プランク定数に基づくキログラムの定義改定に踏み切れませんでした．しかし，2017年にプランク定数の不確かさがこれまでの質量標準の不確かさより小さくなり，ついにキログラムの再定義に踏み切ることになったわけです．

回路・部品 シリアル通信 コネクタ関係 単位・値 電波・無線 あれこれ

③ 測定値の信頼性を確保する「校正」の基本

なのぴこ でばいす

「測れないものは，作れない」と言われています．そのくらい計測・計量は産業の基盤であり，国家の重要事項です．

さまざまな種類の測定器が使われていますが，測定器で一番大切なことは何でしょうか．仕様，性能，価格，メーカ，ブランド，操作性…といろいろな要素があげられますが，測定器で最も大切なことは，信頼性（確からしさ）です．では，測定値の信頼性は，どうやって確保するのでしょうか．

基本① 校正されていないものは計測器ではない

電子機器は，設計，製造，検査の工程を経て出荷されます．機器が計測器の場合，さらにもう1つの工程「校正」が加わります．

製造された機器は，校正を経てはじめて計測器になります（図2）．製造された機器は校正により，「測定器としての生命」を吹き込まれます．社内検査に合格したものであっても，校正を行う以前は計測器とは呼べません．単なる電子機器に過ぎません．

校正を経て計測器と呼べるようになるのは，電子電気計測器に限りません．ノギスやマイクロメータといった機械系計測器も同様です．

● 校正とトレーサビリティ

測定器の校正では，何を行うのでしょうか．

校正では，より上位の基準（標準器）と比較して，測定器の確からしさ（基準との差異）を明確にします．

ではより上位の基準（標準器）とは何でしょうか．

最上位の標準器は，国家標準です．国家標準を最上位として，標準の階層があります（図3）．一般の企業，研究機関にある測定器の校正において，より上位の基準（標準器）は，企業内の標準器になります．

企業内の標準器は，より上位の基準（標準器）として校正事業者（JCSS登録／認定事業者）の特定2次標準器，常用参照標準で校正してもらいます．

より上位，より上位とさかのぼり，国家標準までたどり着けることを「トレーサビリティがある」と言います．または，「国家標準にトレーサブル（追跡可能）である」と言います．

JCSS登録／認定事業者については，以下のWebページを参照ください．

http://www.nite.go.jp/iajapan/jcss/outline/index.html

● 校正の国際対応（国際MRA）

校正は，その国の最上位標準（国家標準）にトレーサブルであることが求められます．国家標準へのトレーサビリティは，その国内（ローカル）に限られます．国内だけの取引であれば問題はありません．

ところが，外国との貿易となると，困ったことになります．外国には外国の国家標準があります．日本での校正データは，外国の国家標準にはトレーサビリティがありません．このため，持ち込んだ国で再校正す

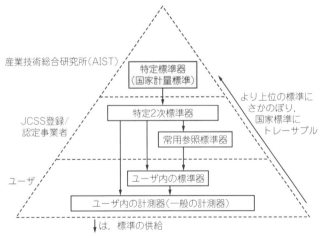

図3 より上位にさかのぼり，国家標準までたどり着けることを「トレーサビリティがある」という
標準の階層とトレーサビリティ

図2 校正を行うことにより電子機器から計測器になる

る必要がありました.

この状況は,国際的な貿易には,大きな障害となります.なぜなら,国際取引ではトレーサビリティ要求と証明は必須だからです.

この問題を解消するために,国家間で相互に校正を認め合うしくみ(国際MRA:相互承認協定)が整備されました.MRA署名国間では,自国で校正したものと同等に扱われます.

国際MRAを利用するためには,校正を国際MRA対応可能なJCSS校正事業者に依頼し,「ILAC MRA付きJCSS認定シンボルの入った校正証明書」を発行してもらいます.ILAC MRAマークについては,下記Webページを参照してください.

https://www.nite.go.jp/iajapan/jcss/outline/index.html

かつて,航空業界では,FAA(米国連邦航空局)の要求により,使用する測定器の校正は,NIST(米国国立標準技術研究所)トレーサブルが要求されていました.現在は,MRA対応JCSS校正証明書は,FAAで問題なく受け入れられています.

● 校正証明書類

校正証明書類には2種類あります.

▶従来からの3点セット

国内のみで通用する,校正証明書+成績書+トレーサビリティ・チャートの3点セットです.トレーサビリティ・チャートは,計測器がどのような経路を経て国家標準標準にトレースされているかを示す体系図です.標準器データなどを要求されることがあります.

▶ISO/IEC 17025に基づいた書類

ISO/IEC 17025校正の証明書類は,測定値の信頼性を「ISO/IEC 17025不確かさ」で表記します.これは「不確かさ付き校正証明書」と呼ばれることもあります.書類は,校正証明書+成績書の2点セットです.校正証明書に認定機関の認定シンボル(ロゴマーク)がついていれば,トレーサビリティは認定機関によって確認済みであることを意味します.したがって,トレーサビリティ・チャートは不要です.

ISO/IEC 17025校正の証明書類は,認定シンボルが国際MRA付きであれば協定加盟国で国際的に通用します.

表5 ISO/IEC 17025不確かさ表記の例
包含係数k=2は信頼区間95%を意味する.包含係数の"k"は小文字の斜体で表記するのが正式

校正点	校正値 [mV]	不確かさ [μV/V]	包含係数
DC100 mV	100.0002	± 24	$k = 2$

● 不確かさ

ISO/IEC 17025で,「不確かさ」は,測定値の信頼性の表現に統計的な概念が加味されたものです.校正結果は,(校正値)+(不確かさ)+(包含係数)で示します(表5).

基本② 測定器は定期的に校正して信頼性をキープする

測定器は,校正された状態で出荷されますが,何もせずにそのまま使い続けるわけにはいきません.

測定値の信頼性を維持するためには,定期的な校正が必要です.品質管理面から,校正の有効期限が切れた測定器の使用は厳禁です.

では,どのくらいの頻度,期間で校正を行えばよいのでしょうか.

校正周期は,測定器のユーザが決めます.ユーザの責任です.ユーザは,リスクとコストなどを考慮して校正周期を決めます.リスクは,不具合発生時の影響の大きさ,コストです.このコストとは校正にかかる費用です.さらに,使用頻度,使用環境(温湿度環境など)による影響や,関連する法令・規格の要請も考慮します.

校正周期の決め方に迷う場合は,計測器メーカが推奨する校正周期を採用して運用を始め,運用状況を見て適切な周期に変更するとよいでしょう.

◆参考文献◆
(1) 計量標準総合センター(NMIJ);計量標準・JCSS. https://unit.aist.go.jp/nmij/library/
(2) 製品評価技術基盤機構;JCSSの概要|適合性認定. http://www.nite.go.jp/iajapan/jcss/outline/index.html
(3) JEMIMA 一般社団法人日本電気計測器工業会;JCSSコーナー. https://www.jemima.or.jp/jcss/index.html
(4) 製品評価技術基盤機構;IAJapanの概要|適合性認定. https://www.nite.go.jp/iajapan/aboutus/gyoumu/index.html
(5) METI/経済産業省;計量標準. https://www.meti.go.jp/policy/economy/hyojun/techno_infra/k-portal-index.html

④ ギリシャ文字の主な用途

柴田　肇

表6　ギリシャ文字の主な用途

大文字の主な用途	大文字	読み方	小文字	小文字の主な用途
——	A	アルファ	α	角度，係数，温度係数，減衰率
——	B	ベータ	β	角度，係数，位相定数，帰還率
電圧反射係数	Γ	ガンマ	γ	角度，係数
微小変化	Δ	デルタ	δ	微小変化，密度，損失角
——	E	イプシロン	ε	誘電率
——	Z	ゼータ(ツェータ)	ζ	減衰定数
——	H	イータ	η	効率
——	Θ	シータ	θ	角度，位相，熱抵抗
——	I	イオタ	ι	——
——	K	カッパ	κ	磁化率
透磁率	Λ	ラムダ	λ	波長
——	M	ミュー	μ	透磁率
——	N	ニュー	ν	周波数
——	Ξ	クサイ	ξ	変数
——	O	オミクロン	o	——
——	Π	パイ	π	円周率
——	P	ロー	ρ	抵抗率，体積電荷密度
——	Σ	シグマ	σ	導電率，表面電荷密度
——	T	タウ	τ	時定数，時間，トルク
——	Y	ウプシロン	υ	——
電位	Φ	ファイ	ϕ	磁束，位相，角度
——	X	カイ	χ	
——	Ψ	プサイ	ψ	位相，角度，電束
電気抵抗，立体角	Ω	オメガ	ω	角速度，角周波数

⑤ 数を表す接頭語

馬場　清太郎

表7にラテン語とギリシャ語の数を表す接頭語を示します．英語の文献にはよく出てきます．

ギリシャ文字に限らず記号は，技術書や技術資料を見てできるだけ多く使われている記号を採用すると，他の文献を見たときに違和感なく読めて思考の生産性が向上します．独自記号が多いと，いちいち確認する必要があり，思考が途切れて理解に時間がかかることが多いです．

表7　数を表す接頭語

数	ギリシャ語	ラテン語
1	mono	uni
2	di	bi
3	tri	ter
4	tri	quadri
5	penta	quinque
6	hexa	sexa
7	hepta	septa
8	octo	octa
9	ennea	novem
10	deca	decem

[6] 電気と磁気の単位

柴田 肇

表8　電気と磁気の単位

量	量記号	単位記号	単位記号の名称	定義
電流	I	A	アンペア	$\Delta Q/\Delta t$
電気量・電荷	Q	C	クーロン	—
電圧・電位差	V	V	ボルト	—
起電力	E	V	ボルト	—
電気抵抗	R	Ω	オーム	$R=V/I$
インピーダンス	Z	Ω	オーム	—
リアクタンス	X	Ω	オーム	—
コンダクタンス	G	S	ジーメンス	$G=1/R$
抵抗率	ρ	$\Omega \cdot m$	オーム・メートル	$\rho=RA/1$
導電率	σ	S/m	シーメンス毎メートル	$\sigma=1/\rho$
磁極	m	Wb	ウェーバ	—
磁界	H	A/m	アンペア毎メートル	$H=F/m$
磁束	Φ	Wb	ウェーバ	—
磁束密度	B	T	テスラ	$B=\Phi/A$
起磁力	F	AT	アンペアターン	$F=NI$
インダクタンス	L	H	ヘンリー	$L=\Phi/I$
透磁率	μ	H/m	ヘンリー毎メートル	$\mu=B/H$
電界	E	V/m	ボルト毎メートル	$E=F/Q$
電束密度	D	C/㎡	クーロン毎平方メートル	—
電束	Ψ	C	クーロン	$\Psi=DA$
静電容量	C	F	ファラド	$C=V/Q$
誘電率	ε	F/m	ファラド毎メートル	$\varepsilon=D/E$
電力	P	W	ワット	—
電力量	W_p	JまたはW・s	ジュールまたはワット秒	—

[7] 電気・磁気量の対応関係

馬場 清太郎

表9に，電気量と磁気量の対応関係を示します．どちらかというとわかりやすい電気学からわかりにくい磁気学を類推できます．ただし，抵抗には損失がありますが，磁気抵抗には損失がありません．

表9　電気量と磁気量の対応

対応する電気量					対応する磁気量				
名称	記号	単位	単位の分解	定義式	名称	記号	単位	単位の分解	定義式
電荷	Q	C	A・s	$\int I dt$	磁荷	M	Wb	–	（磁極の強さ）
電束	Ψ	C	–	$\int SDdS$, Sは面積	磁束	Φ	Wb	V・s	$U=-d\Phi/dt$
電圧	V	V			電流	I	A	–	$\int JdS$
電位	V	V	W/A	$E=-\nabla \cdot V$, $\int Edl$, lは距離	磁位	U	A	–	$U=-d\Phi/dt$
起電力	V	V			起磁力	F	A	–	$\int Hdl$, lは距離
電界	E	V/m	N/C	F/Q, Fは力	磁界	H	A/m	–	$\nabla \times H=J+\partial D/\partial t$
電束密度	D	C/m²	–	$\rho=\nabla \cdot D$	磁束密度	B	T	Wb/m²	$\int_S BdS$
抵抗	R	Ω	V/A	V/I	磁気抵抗	R_m	1/H	A/Wb	$l/\mu S$
静電容量	C	F	C/V	Q/V	インダクタンス	L	H	Wb/A=Ω・s	Φ/I
誘電率	ε	F/m	–	$D=\varepsilon E$	透磁率	μ	H/m	Wb/A・m=Ω・s/m	$B=\mu H$

8 SI単位外のよく用いられる長さの単位

馬場　清太郎

表10に，SI単位外ですがよく用いられる長さの単位を示します．この中で米国の技術資料によく出てくるのは，インチとミルです．

表10　SI単位外だがよく用いられる長さの単位

読み	表示	長さ
オングストローム	Å	$10^{-10}\,\mathrm{m} = 10^{-7}\,\mathrm{mm}$
ミクロン	μ	$10^{-6}\,\mathrm{m} = 10^{-3}\,\mathrm{mm}$
インチ	inch	$25.4\,\mathrm{mm}$
ミル	mil	$10^{-3}\,\mathrm{inch}$

1 mm = 0.03937 inch

9 基本物理定数

編集部

表11　基本物理定数

名称 [注1]	記号	値 [注2]	単位
セシウムの超微細遷移周波数*	$\Delta v\,\mathrm{Cs}$	9 192 631 770	Hz
真空中の光の速さ*	c	299 792 458	$\mathrm{m\ s^{-1}}$
プランク定数*	h	$6.626\ 070\ 15 \times 10^{-34}$	$\mathrm{J\ Hz^{-1}}$
（$\hbar = h/2\pi$）	$\hbar$	$1.054\ 571\ 817\cdots \times 10^{-34}$	$\mathrm{J\ s}$
電気素量*	e	$1.602\ 176\ 634 \times 10^{-19}$	C
アボガドロ定数*	N_A	$6.022\ 140\ 76 \times 10^{23}$	$\mathrm{mol^{-1}}$
ボルツマン定数*	k	$1.380\ 649 \times 10^{-23}$	$\mathrm{J\ K^{-1}}$
視感効果度*	K_{cd}	683	$\mathrm{lm\ W^{-1}}$
電子ボルト	eV	$1.602\ 176\ 634 \times 10^{-19}$	J
ジョセフソン定数	K_J	$483\ 597.848\ 4\cdots \times 10^9$	$\mathrm{Hz\ V^{-1}}$
フォン・クリッツィング定数	R_K	$25\ 812.807\ 45\cdots$	Ω
気体定数	R	$8.314\ 462\ 618\cdots$	$\mathrm{J\ mol^{-1}\ K^{-1}}$
シュテファン-ボルツマン定数	σ	$5.670\ 374\ 419\cdots \times 10^{-8}$	$\mathrm{W\ m^{-2}\ K^{-4}}$
原子質量定数	m_u	$1.660\ 539\ 066\ 60(50) \times 10^{-27}$	kg
万有引力定数	G	$6.674\ 30(15) \times 10^{-11}$	$\mathrm{m^3\ kg^{-1}\ s^{-2}}$
微細構造定数	α	$7.297\ 352\ 5693(11) \times 10^{-3}$	
微細構造定数の逆数	α^{-1}	$137.035\ 999\ 084(21)$	
リュードベリ周波数	$cR\infty$	$3.289\ 841\ 960\ 2508(64) \times 10^{15}$	Hz
磁気定数（真空の透磁率）	μ_0	$1.256\ 637\ 062\ 12(19) \times 10^{-6}$	$\mathrm{N\ A^{-2}}$
電気定数（真空の誘電率）	ε_0	$8.854\ 187\ 8128(13) \times 10^{-12}$	$\mathrm{F\ m^{-1}}$
電子の質量	m_e	$9.109\ 383\ 7015(28) \times 10^{-31}$	kg
陽子の質量	m_p	$1.672\ 621\ 923\ 69(51) \times 10^{-27}$	kg
陽子-電子質量比	m_p/m_e	$1836.152\ 673\ 43(11)$	
換算コンプトン波長	λ_C	$3.861\ 592\ 6796(12) \times 10^{-13}$	m
ボーア半径	a_0	$5.291\ 772\ 109\ 03(80) \times 10^{-11}$	m
ボーア磁子	μ_B	$9.274\ 010\ 0783(28) \times 10^{-24}$	$\mathrm{J\ T^{-1}}$

注1　*付きはSIの定義定数
注2　下2桁のかっこの値は標準不確かさ（1σ uncertainty）を表す

- 2018 CODATA Internationally recommended values of the Fundamental Physical Constants, NIST SP 959, June 2019, National Institute of Standards and Technology (NIST).
  https://physics.nist.gov/cuu/pdf/wallet_2018.pdf
- 基礎物理定数，計量標準総合センター（NMIJ）．
  https://unit.aist.go.jp/nmij/library/codata/

10 半導体の物性定数

馬場 清太郎

表12に，シリコン（Si）と炭化ケイ素（4H-SiC，4H
は結晶構造の名前），窒化ガリウム（GaN，ガンと読む）
半導体の物性定数をまとめました．4H-SiCとGaNは
Siに比べバンドギャップが大きいことから高温動作が
可能なことがわかります．

絶縁破壊電界が大きいことから構造を薄くできてオ
ン抵抗を下げられることがわかります．面白いのはキ
ャリア移動度で，4H-SiCとGaNはSiに比べ電子移動
度に対し正孔移動度が極端に小さくなっています．こ
のことからNチャネルMOSFETはできても，実用的
なPチャネルMOSFETはできない可能性が高いです．

表12 半導体の物性定数

項　目	Si	4H-SiC	GaN
バンドギャップ [eV]	1.1	3.3	3.4
比誘電率：ε_r	11.8	10.0	9.5
絶縁破壊電界：E_c [MV/cm]	0.3	3.0	3.3
飽和電子速度：V_{sat} [10^7 s]	1.0	2.0	2.5
電子移動度：μ_e [cm²/V・s]	1500	1000	1200
正孔移動度：μ_h [cm²/V・s]	600	115	～10
熱伝導率：λ [W/cm・K]	1.5	4.9	2.1

---

column▶02　k（キロ）は1000倍，Kは1024倍…しっかり使い分けよう

藤田 昇

SIの接頭語k（キロ）は1000倍を意味しますが，情
報系でのkは1024倍（＝2^{10}）を表すことが多いです
（ただし，国際規格などでは定められていない）．

電気関係のエンジニアは，習慣的にk：1000倍と
K：1024倍を使い分けています．

M（メガ）も同じように，SIの定義では1000000倍
を意味しますが，1048576倍（＝$2^{10} \times 2^{10} = 2^{20}$）とし

て使われることもあります．どちらも大文字のM
を使うので，明示的に使い分けられていません．

ちなみに，IEC（国際電気標準会議）では，キビ
（kibi，Ki＝2^{10}），メビ（mebi，Mi＝2^{20}）などのよう
な情報系専用の接頭語を推奨していますが，実際に
はほとんど使われていません．

回路で利用する最低限の数式

馬場 清太郎 Seitaro Baba

　回路設計や回路解析のために式を立てて解くとき は数学公式を利用します．ここではいろいろな資料 や公式集を参照しなくても済むように，数学公式を まとめました．

① 三角関数

〈基本公式〉

● 倍角の公式
$$\sin(2\theta) = 2\sin\theta\cos\theta$$
$$\cos(2\theta) = 1 - 2\sin^2\theta = 2\cos^2\theta - 1$$

● 半角の公式
$$\sin\frac{\theta}{2} = \pm\sqrt{\frac{1-\cos\theta}{2}}, \quad \cos\frac{\theta}{2} = \pm\sqrt{\frac{1+\cos\theta}{2}}$$

● ピタゴラスの定理
$$\cos^2\theta + \sin^2\theta = 1$$

● オイラーの公式
$$e^{\pm j\theta} = \cos\theta \pm j\sin\theta$$

● n倍角の公式
$$(\cos\theta + j\sin\theta)^n = \cos n\theta + j\sin n\theta$$
$$\sin\theta = \frac{e^{j\theta} - e^{-j\theta}}{2j}$$
$$\cos\theta = \frac{e^{j\theta} + e^{-j\theta}}{2}$$
$$a\sin\theta \pm b\cos\theta = \sqrt{a^2 + b^2}\sin\left(\theta \pm \tan^{-1}\frac{b}{a}\right)$$

〈変換式〉

● $2\pi\,\mathrm{rad} = 360°$
$$1\,\mathrm{rad} = \frac{180°}{\pi} \fallingdotseq 57.296°, \quad 1° = \frac{\pi}{180}\,\mathrm{rad} = 0.01745\,\mathrm{rad}$$

● 特殊角に対する値

°	0	30	45	60	90	120	135	150	180
rad	0	$\frac{\pi}{6}$	$\frac{\pi}{4}$	$\frac{\pi}{3}$	$\frac{\pi}{2}$	$\frac{2\pi}{3}$	$\frac{3\pi}{4}$	$\frac{5\pi}{6}$	π
sin	0	$\frac{1}{2}$	$\frac{1}{\sqrt{2}}$	$\frac{\sqrt{3}}{2}$	1	$\frac{\sqrt{3}}{2}$	$\frac{1}{\sqrt{2}}$	$\frac{1}{2}$	0
cos	1	$\frac{\sqrt{3}}{2}$	$\frac{1}{\sqrt{2}}$	$\frac{1}{2}$	0	$-\frac{1}{2}$	$-\frac{1}{\sqrt{2}}$	$-\frac{\sqrt{3}}{2}$	-1
tan	0	$\frac{1}{\sqrt{3}}$	1	$\sqrt{3}$	∞	$-\sqrt{3}$	-1	$-\frac{1}{\sqrt{3}}$	0

● $\tan\theta = \dfrac{\sin\theta}{\cos\theta}$

● $\cos(-\theta) = \cos\theta$

● $\sin(-\theta) = -\sin\theta$

● $\cos\left(\theta - \dfrac{\pi}{2}\right) = \sin\theta$

図1　三角関数

　交流信号を扱う場合に最も重要なことは，位相を正 しく認識することです．位相の問題は**図1**に示す三角 関数を用いて解くことができます．

　三角関数で最も基本的なのはオイラーの公式で，ほ かの公式はオイラーの公式から導くことができます が，いちいち計算しなくても済むように重要な公式を 挙げました．

② 微分公式

● 公式

$$\frac{d(f \pm g)}{dx} = \frac{df}{dx} \pm \frac{dg}{dx}$$

$$\frac{d(af)}{dx} = a\frac{df}{dx}$$

$$\frac{d(fg)}{dx} = f\frac{dg}{dx} + g\frac{df}{dx}$$

$$\frac{d\left(\dfrac{f}{g}\right)}{dx} = \frac{g\dfrac{df}{dx} - f\dfrac{dg}{dx}}{g^2}$$

$$\frac{d\{F(f)\}}{dx} = \frac{dF(f)}{df}\frac{df}{dx}$$

$$\frac{dx}{df} = \frac{1}{df/dx}$$

※ f と g は x の関数,
F は f の関数, a は定数

● 導関数の例

名称	関数	導関数
定数	a	0
べき関数	x^n	nx^{n-1}
	x	1
	x^2	$2x$
	x^{-1}	$-x^{-2}$
	x^{-2}	$-2x^{-3}$
指数関数	e^x	e^x
	e^{ax}	ae^{ax}
	a^{bx}	$(b\ln a)a^{bx}$
対数関数	$\ln x$	$\dfrac{1}{x}$
	$\log x$	$\dfrac{1}{(\ln 10)x}$
三角関数	$\sin ax$	$a\cos ax$
	$\cos ax$	$-a\sin ax$
	$\tan ax$	$a\cos^{-2}ax$

図2 微分公式と導関数

電気・電子回路を扱う場合に,微分演算は三角関数ほど必要としません.本来なら微積分方程式を解かないと求められない回路の応答を,微分演算子 $j\omega$ を使った記号法や微分演算子 s を使ったラプラス変換法を用いて四則演算(足し算,引き算,かけ算,割り算)だけで解けるからです.微分演算を必要とするのは,インダクタンスの端子電圧を求める($V = Ldi/dt$)ような簡単な問題か,記号法もラプラス変換法も使えない非常に複雑な問題のどちらかです.

図2にまとめた微分公式は,簡単な問題を解くときに公式集をいちいち参照しなくても済むことを目的にしています.複雑な問題は,最近は回路シミュレータで出力波形を確認するのが一般的です.ただし,代数式は求められないので,条件を変えながら確認する必要はあります.

③ 積分公式

● 基本公式

$$\int (f \pm g)dx = \int f dx \pm \int g dx$$

$$\int af dx = a \int f dx$$

$$\int f\frac{dg}{dx}dx = \int f dg = fg - \int g\frac{df}{dx}dx$$

$$\int F(y)dx = \int \frac{F(y)}{dy/dx}dx$$

※ a は定数,f, g, y, は x の関数

● 三角関数の定積分

$$\sin\theta \text{ の平均値} = \frac{1}{2\pi}\int_0^{2\pi}\sin\theta\, d\theta = 0$$

$$|\sin\theta| \text{ の平均値} = \frac{1}{\pi}\int_0^{\pi}\sin\theta\, d\theta = \frac{2}{\pi} \fallingdotseq 0.6366$$

$$\sin\theta \text{ の実効値} = \sqrt{\frac{1}{\pi}\int_0^{\pi}\sin^2\theta\, d\theta} = \frac{1}{\sqrt{2}} \fallingdotseq 0.7071$$

● ひずみ波

$$\int_0^{2\pi}\sin\theta\,\sin n\theta\, d\theta = \begin{cases} \pi \,(n=1) \\ 0 \,(n \neq 1) \end{cases}$$

● 導関数の例

名称	$f(x)$	$\int f(x)dx\,(+C)$
べき関数	1	x
	$x^n\,(n \neq -1)$	$\dfrac{x^{n+1}}{n+1}$
	x	$\dfrac{x^2}{2}$
	$\dfrac{1}{\sqrt{x}}$	$2\sqrt{x}$
	$\dfrac{1}{x}$	$\ln x$
有理関数	$(ax+b)^n\,(n \neq -1)$	$\dfrac{(ax+b)^{n+1}}{a(n+1)}$
	$\dfrac{1}{(ax+b)}$	$\dfrac{1}{a}\ln(ax+b)$
指数関数	e^x	e^x
	e^{ax}	$\dfrac{1}{a}e^{ax}$
	a^{bx}	$\dfrac{a^{bx}}{b\ln a}$
三角関数	$\sin(\omega t + \phi)$	$-\dfrac{1}{\omega}\cos(\omega t + \phi)$
	$\cos(\omega t + \phi)$	$\dfrac{1}{\omega}\sin(\omega t + \phi)$
	$\tan(\omega t + \phi)$	$-\dfrac{1}{\omega}\ln\cos(\omega t + \phi)$
	$\sin^2(\omega t + \phi)$	$\dfrac{t}{2} - \dfrac{1}{4\omega}\sin 2(\omega t + \phi)$
	$\cos^2(\omega t + \phi)$	$\dfrac{t}{2} + \dfrac{1}{4\omega}\sin 2(\omega t + \phi)$

図3 積分公式と導関数

積分演算は実効値や電力損失を求めるときに使用されるので,微分演算よりは使用頻度は高いです.**図3**に使用頻度の高い積分公式をまとめました.

回路・部品

シリアル通信

コネクタ関係

単位・値

電波・無線

あれこれ

④ テイラー展開と近似公式

$$f(x) = \sum_{n=0}^{\infty} \frac{f^{(n)}(a)}{n!}(x-a)^n$$

$$= f(a) + f'(a)(x-a) + \frac{f''(a)}{2!}(x-a)^2 + \cdots$$

- $|x| \ll 1$ のときの近似式

$(1+x)^n \fallingdotseq 1 + nx$ $(1+x)^2 \fallingdotseq 1 + 2x$

$(1+x)^{-1} \fallingdotseq 1 - x$ $\sqrt{1+x} \fallingdotseq 1 + 0.5x$

$\dfrac{1+x_1}{1+x_2} \fallingdotseq 1 + x_1 - x_2$ $\dfrac{1}{\sqrt{1+x}} \fallingdotseq 1 - 0.5x$

$\sin x \fallingdotseq x \fallingdotseq x - \dfrac{x^3}{6}$ （30°のとき0.06%）

[rad]. [°]では近似式が成立しない

$\cos x \fallingdotseq 1 \fallingdotseq 1 - \dfrac{x^2}{2}$ （30°のとき0.35%）

$\tan x \fallingdotseq x \fallingdotseq x + \dfrac{x^3}{3}$ （30°のとき1.03%）

$e^x \fallingdotseq 1 + x \fallingdotseq 1 + x + \dfrac{x^2}{2}$ $\ln(1+x) \fallingdotseq x \fallingdotseq x - \dfrac{x^2}{2}$

図4　テイラー展開と近似公式

■ テイラー展開の例（nは整数）

$$(1+x)^n = 1 + nx + \frac{n(n-1)}{2!}x^2 + \frac{n(n-1)(n-2)}{3!}x^3 + \cdots$$

$$e^x = 1 + x + \frac{1}{2!}x^2 + \frac{1}{3!}x^3 + \cdots$$

$$\sin x = x - \frac{1}{3!}x^3 + \frac{1}{5!}x^5 - \frac{1}{7!}x^7 + \cdots$$

$$\cos x = 1 - \frac{1}{2!}x^2 + \frac{1}{4!}x^4 - \frac{1}{6!}x^6 + \cdots$$

$$\frac{1}{1-x} = 1 + x + x^2 + x^3 + x^4 + \cdots$$

$$\frac{1}{1+x} = 1 - x + x^2 - x^3 + x^4 - \cdots$$

$$\ln(1 \pm x) = \pm x - \frac{1}{2}x^2 \pm \frac{1}{3}x^3 + \frac{1}{4}x^4 \pm \cdots$$

　回路設計や回路解析の場合，設計式や動作を表す式を1次関数で近似すると，扱いやすくて理解しやすくなります．電気・電子回路ではほとんどの場合に誤差が±1%以下ならば問題なく動作し，±10%以下で

も大丈夫な場合が多いです．これが近似式の有用性の根拠となっています．

　近似式を求めるときに役立つのがテイラー展開です．図4ではテイラー展開と簡単でよく使う近似公式をまとめました．

---

column▶01　交流信号の位相は三角関数の公式を用いて解ける

馬場　清太郎

　交流信号の位相は，周波数が等しい正弦波信号で問題になります．周波数が異なる正弦波信号では，ほとんど問題になりません．まずは周波数が等しい入出力正弦波信号の位相の変化を正しく認識することが重要です．

　位相の問題は三角関数の公式を用いて解けます．注意すべき点として，位相を問題にする正弦波信号は定常信号と考えます．つまり無限の過去から，無限の未来まで振幅と周波数が一定の正弦波信号と考えて位相を計算します．

　正弦波信号の位相は時間的に進む方向をプラス，遅れる方向をマイナスとしています．正弦波信号をオシロスコープで観測するときは，位相0°の基準の信号（一般に入力信号）を決めて，その信号が0V（平均値）から立ち上がるときを0°とします．ほかの信号（一般に出力信号）をみて，0Vから立ち上がるときが基準の信号の右側だったら遅れ，左側だっ

たら進み位相とします．位相差は信号の1周期を360°として，基準の信号に対する立ち上がり時間の差を周期で割って，360°をかければ求まります．

　問題は正弦波信号が周期関数波形であることです．同一位相といっても，360°遅れているともいえるし，360°進んでいるともいえます．正確に求めるには入出力の伝達関数から計算する必要があります．同一位相だったら0°，反転していたら180°とします．180°の場合に+180°か-180°かはその後の位相変化で決めます．

　高次フィルタの伝達関数は平坦域の位相を0°または180°として，周波数とともに連続的に変化するものとします．たとえば，ローパス・フィルタでは超低周波で0°または180°とし，高周波で3次では270°遅れとします（90°進みとはしない）．4次では360°遅れとします（0°とはしない）．

回路・部品

シリアル通信

コネクタ関係

単位・値

電波・無線

あれこれ

第18章 レベル変化の大きいアナログ信号によく使う

大きさ比べの単位 dB便利帳

① dB表記のいろいろ

藤田 昇

電子回路設計の現場では，[V]や[A]などのSI単位に加えて，レベル変化の大きい無線機やオーディオの中のアナログ信号を扱える[dB]もよく使います．

[dB]はデシベルまたはデービーと読み，B(ベル：電話の発明者Alexander Graham Bellから取った単位)に，1/10を意味する接頭語d(deci)を付けたものです．

電力の比率がR_Pのとき，その対数($\log_{10}R_P$)をとった単位が[B]です．その10倍の$10 \times \log_{10}R_P$の単位が[dB]です．一方，電圧比がR_Vの場合は$2 \times 10 \times \log_{10}R_P$がdB値になります．ここで2を掛けているの

は，電力は電圧の2乗に比例するからです．

基本① 「dB」で表せば巨大な値どうしの掛け算が2～3桁どうしの足し算になる

[dB]を使うメリットを次に示します．

- どんなに大きな値も2～3桁で表せる
- 真数の掛け算を足し算で計算できる

[dB]は，偏差や増幅率/減衰率などの比率表記に使われるほか，サフィックスを付けてSI単位の1つの表現形としても利用されます．表1にdB表記の一覧を示します．

表1 dB表記のいろいろ

単位	サフィックス	意 味	用 途
dB	－	比1を0dBとした相対値	汎用
dB	－	1kHzの最低可聴音を0dBとし，周波数補正した絶対値．単なる比と区別しにくい	音響，雑音測定
dBc	c(career)	キャリア・レベルを0dBcとした相対値	伝送回線，無線回線
dBO	O(Output)	基準出力レベルを0dBOとした相対値	伝送回線
dBd	d(dipole)	1/2波長ダイポール・アンテナ・ゲインを0dBdとしたアンテナ・ゲイン	アンテナ・ゲイン
dBi	i(isotropic)	理想アンテナ・ゲインを0dBiとしたアンテナ・ゲイン	アンテナ・ゲイン
dBm	m(milli watt)	1mWを0dBmとした電力(絶対値)	汎用
dBs	s(signal)	600Ω1mWの電圧(約0.77V)を0dBsとした電圧(絶対値)	低周波回路
dBSPL	SPL(Sound Pressure Level)	音圧2×10^{-5}Paを0dBとした音圧レベル(絶対値)	音響
dBμ	μ(microvolt)	開放端電圧$1V_{EMF}$を0dBμとした電圧(絶対値)	無線回線(UHF帯以下)
dBV	V(Volt)	1Vを0dBVとした電圧(絶対値)	低周波回路
dBW	W(Watt)	1Wを0dBWとした電力(絶対値)	汎用(大電力回路)
dBkW	kW(kilo Watt)	1kWを0dBkWとした電力(絶対値)	汎用(特大電力回路)
dBμV/m	μV/m(microvolt/m)	1mあたり1μVを0dBμV/mとした電界強度(絶対値)	無線回線(UHF帯以下)
dBf	f(field)	電界強度μV/mを0dBfとした電圧(絶対値)．0dBf=1μV/m=0dBμV/m[※1]	放送
dBt	t(terminal)	終端電圧$1\mu V_{PD}$を0dBtとした絶対値 0dBt=1μV=+6dBμ_{EMF}=－107dBm(50Ω系)	放送

備考※ 0dBf=1fW=1×10^{-15}Wとした例(IHF，オーディオ機器の受信感度測定方法)もある

基本② してはいけないdB平均

　測定データの平均値が必要なときがあります．多くの測定器はdB表記（たとえば，受信電力の測定値はdBm）で出力します．このdBで表された数値をdBのまま算術平均（データの総和÷データ個数）すると，目的の平均値が得られません．dB値の和を取ることは，真数の積になってしまうからです．かならず真数になおしてから平均化し，その結果をdB表記に戻してください．測定データがdBで表記されていると，ベテラン技術者でもついついそのまま算術平均してしまいがちですので，よく気を付けましょう．

基本③ 電力ゲインのときは[dBm]を使う

　表1のなかでも，低周波や高周波信号のレベルの単位として［dBm］がよく利用されます．

　dBmのサフィックス"m"は［mW］を表します．1 mW＝0 dBmを基準とした絶対値を表します．信号増幅回路の特性を表すには電力ゲインが肝心なので，各部のレベルを表すのも電力［dBm］のほうが便利

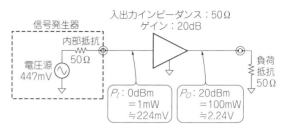

図1　入出力インピーダンス50Ωの増幅回路のレベル
入出力インピーダンスが同一のアンプでは電力ゲインも電圧ゲインも同じdB値になる

です．とくに定インピーダンス回路（50Ωや600Ωなど）であれば，多段接続したときのゲインや減衰量の計算がシンプルになります．

　図1は，入出力インピーダンスが50Ωでゲイン20 dBの高周波増幅回路の入出力レベル例です．電力ゲインは100倍，電圧ゲインは10倍ですが，いずれもゲインは20 dBです．

　なお，測定器などのdBm表示は，決められた負荷抵抗をつないだときの数値です．正規でない負荷抵抗のときの表示数値は信用できません．

② 電圧比 / 電流比 / 電力比とdBの換算早見表

馬場　清太郎

● 覚えておくと便利な換算表（概略値）

　電圧比すなわち増幅率［倍］と減衰率［倍］を対数［dB］に変換すると，桁数が圧縮されるだけではなく，増幅率どうしの乗算は加算で，除算は減算で求めるこ

とができます．

　いちいち対数に変換するのは面倒です．そこでプロは代表的な換算値を覚えていて，計算スピードをもっと早めています．覚えておくと便利な換算を表2に，概略値の計算法を図2に示します．

　アンプの周波数特性やフィルタのカットオフ周波数は，理論値では$1/\sqrt{2}$すなわち－3.0103dBの点ですが，一般に丸めて－3dBと言います．厳密な理論計算では，－3dB＝0.7079倍ではなく$1/\sqrt{2}$倍＝0.7071倍にします．

表2　電圧比とデシベルの換算表
ベテランのエンジニアは，必要なときこの表をサッと頭に思い浮べる

電圧比 ［倍］	dB （概算値）	電圧比 ［倍］	dB （概算値）
10000	80	1/10000	－80
1000	60	1/1000	－60
100	40	1/100	－40
10	20	1/10	－20
9	19	0.9	－0.9
8	18	0.8	－1.9
7	17	$1/\sqrt{2}$	－3
6	15.5	0.7	－3.1
5	14	0.6	－4.4
4	12	0.5	－6
$\sqrt{10}$	10	0.4	－8
3	9.5	$1/\sqrt{10}$	－10
2	6	0.3	－10.4
$\sqrt{2}$	3	0.2	－14
1	0	1	0

電圧比A[倍]とゲインG[dB]は，次の定義式によって換算する

$$G = 20 \log|A|$$

●計算例
- $\sqrt{2}$倍＝1.4142＝3.0103dB≒3dB
- $\sqrt{10}$倍＝3.1623＝20dB÷2＝10dB
- 2倍＝$(\sqrt{2})^2$≒3dB×2＝6dB
- 4倍＝2×2≒6dB×2＝14dB
- 5倍＝10÷2≒20dB－6dB＝14dB
- $\frac{1}{A}$[倍]＝－A[dB]，$A^n = nA$[dB]
- $\frac{A_1}{A_2} = A_1$[dB]－A_2[dB]
- $A_1 \cdot A_2 = A_1$[dB]＋A_2[dB]

図2　デシベルによる倍率の高速計算

● 電圧比 / 電流比 / 電力比とdBの換算図

図3に電圧, 電流, 電力の比率とdBの換算図表を
示します.

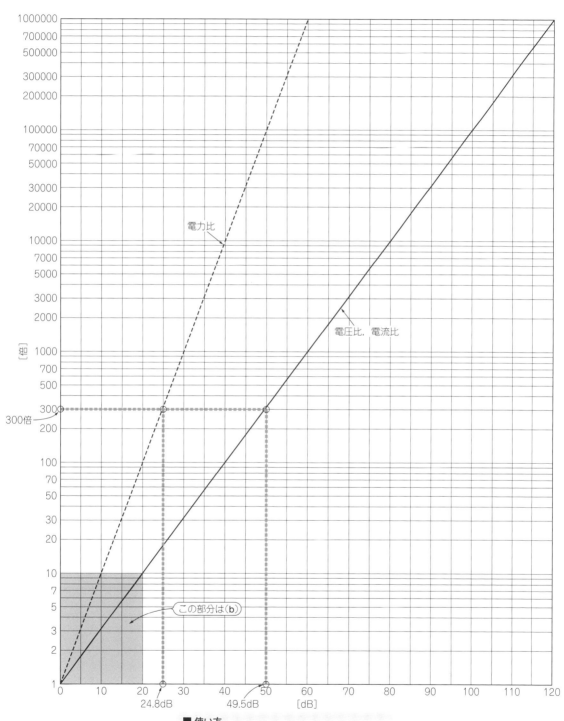

■ 使い方
斜線との交点から比率の[倍]⟷[dB]が換算できる

（a） 1倍（0dB）～1000000倍（120dB）の増幅のdB換算図

図3　電圧, 電流, 電力の比率とdBの換算図

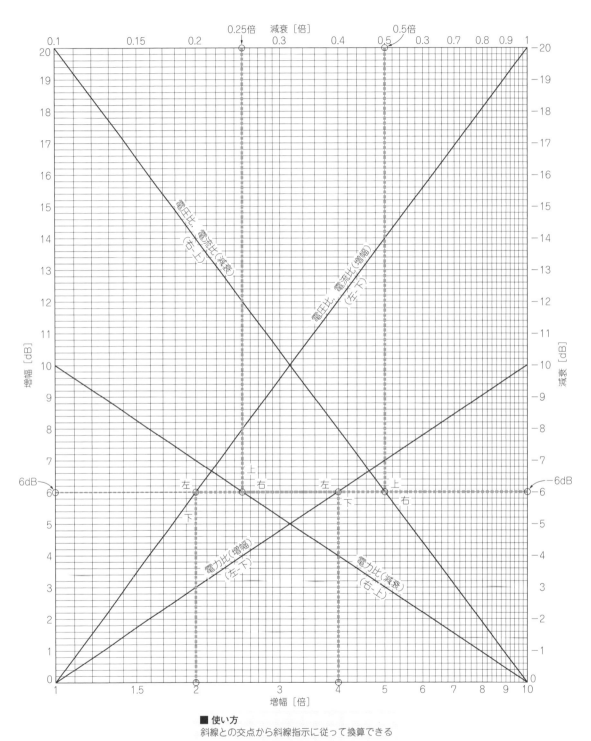

■ 使い方
斜線との交点から斜線指示に従って換算できる

（b）1倍（0dB）～10倍（20dB）の増幅または1倍（0dB）～0.1倍（−20dB）の減衰のdB換算図

図3　電圧，電流，電力の比率とdBの換算図（つづき）

第5部

電波と無線の便利帳

第19章 特徴,用途,伝送中の損失から通信距離の目安まで

電波の便利帳

藤田 昇 Noboru Fujita

1 電磁波/電波の周波数による分類

● 電磁波/電波の周波数と呼称

　図1に電磁波の周波数による分類と,それによる呼称の違いを示します.光や電波,X線なども電磁波の一種です.日本の電波法では,3 THz以下の電磁波が電波とされています.

　周波数が3 THz以下の電磁波,いわゆる電波の周波数による分類とその呼称を表1に示します.

　周波数1 GHz程度以上の電波は,一般にマイクロ波と呼ばれていて,表2のようなバンド名で呼ばれます.

　電波法上の呼び名は,表1とはまた少し異なり,表3

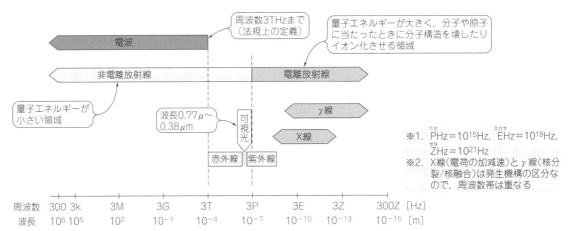

図1　電磁波の周波数による分類

表1　電波の周波数で分けたときの呼称

周波数	波長	略称	呼称(英)	呼称(和)
3～30 Hz	10000 km～100000 km	ELF	Extremely Low frequency	－
30～300 Hz	1000 km～10000 km	SLF	medium Low Frequency	－
300～3 kHz	100 km～1000 km	ULF	Ultra Low Frequency	極超長波
3 k～30 kHz	10 km～100 km	VLF	Very Low Frequency	超長波
30 k～300 kHz	1 km～10 km	LF	Low Frequency	長波
300 k～3 MHz	100 m～1 km	MF	Medium Frequency	中波
3 M～30 MHz	10 m～100 m	HF	High Frequency	短波
30 M～300 MHz	1 m～10 m	VHF	Very High Frequency	超短波
300 M～3 GHz	10 cm～1 m	UHF	Ultra High Frequency	極超短波
3 G～30 GHz	1 cm～10 cm	SHF	medium High Frequency	極々超短波
30 G～300 GHz	1 mm～10 mm	EHF	Extremely High Frequency	ミリ波
300 G～3 THz	0.1 mm～1 mm	－	－	サブミリ波

表3 電波法上の周波数帯の分類と呼称

周波数帯の周波数の範囲	周波数帯の番号	周波数帯の略称	メートルによる区分
3 kHzをこえ，30 kHz以下	4	VLF	ミリアメートル波
30 kHzをこえ，300 kHz以下	5	LF	キロメートル波
300 kHzをこえ，3000 kHz以下	6	MF	ヘクトメートル波
3 MHzをこえ，30 MHz以下	7	HF	デカメートル波
30 MHzをこえ，300 MHz以下	8	VHF	メートル波
300 MHzをこえ，3000 MHz以下	9	UHF	デシメートル波
3 GHzをこえ，30 GHz以下	10	SHF	センチメートル波
30 GHzをこえ，300 GHz以下	11	EHF	ミリメートル波
300 GHzをこえ，3000 GHz以下	12	–	デシミリメートル波

参照 電波法 施行規則 第四条の三

のように分類されています．ラジオなどで使う帯域は，
表4のように特別な呼び名が付けられています．

● **電波の利用形態と周波数ごとの特徴**

　電波（電磁波）にはさまざまな利用価値があります．
主な利用形態とその例を表5に示します．
　電波は，周波数によって特徴が変わります．大まか
な傾向を表6に示します．この特徴により，用途によ
って使われる周波数が異なります．周波数帯ごとの主
な用途を表7に示します．

表2 マイクロ波の呼称

バンド	周波数［GHz］
P	0.5～1.0
L	1.0～2.0
S	2.0～4.0
C	4.0～8.0
X	8.0～12.5
Ku	12.5～18
K	18～26.5
Ka	26.5～40
V	40～75
W	75～110

Ku：under K band，Ka：above K band

※「マイクロ波」は通称で，波長
がマイクロメートルの波のことで
はない

表4 電波法上の呼称特例

周波数帯	周波数範囲
中波帯	285 k～535 kHz
中短波帯	1606.5 k～4000 kHz
短波帯	4000 k～26.175 MHz

参照 電波法 運用規則 第二条

表5 電波の利用形態

利用形態	システム例
放送	テレビ，AM/FMラジオ
通信	海上・陸上・航空通信，携帯電話，多重無線，衛星通信，アマチュア無線
遠隔観測・制御	テレメータ，リモコン
位置標識	GPS（米国），Galileo（欧州），GLONASS（ロシア），準天頂衛星みちびき（日本），ロラン，電波ビーコン
センサ	レーダ，天体観測，人体センサ
加熱	電子レンジ，温熱治療器，誘導加熱
エネルギー伝送	RF-ID，SSPS（Space Solar Power System）

表6 電波の周波数による特徴の変化

特徴	低い周波数	高い周波数	備考
波長	長い	短い	300 MHzで1 m
直進性	弱い	強い	波長と生活空間寸法の比で変わる
透過損失	一般に小	一般に大	同じ誘電体の場合
電離層	反射（LF～HF）	透過（UHF～）	VLF以下は透過
長距離通信	容易	困難	球体の地上の場合
高速通信	困難	可	高速通信には広い周波数幅が必要
アンテナ	一般に大	一般に小	GHz帯で大型アンテナを使うことも
生体発熱	なし	あり（UHF～）	波長が人体より短いと吸収されやすい

表7 周波数帯ごとの主な用途

周波数	略称	主な用途（国内の割り当て例）
3～30 Hz	ELF	–
30～300 Hz	SLF	–
300～3 kHz	ULF	–
3 k～30 kHz	VLF	–
30 k～300 kHz	LF	標準電波，ロランC，航空ビーコン，移動体識別
300 k～3 MHz	MF	中波ラジオ放送，船舶無線電話，船舶通信
3 M～30 MHz	HF	短波放送，船舶通信，航空通信，移動体識別，市民ラジオ
30 M～300 MHz	VHF	船舶通信，FM放送，航空無線，移動・固定通信，テレメータ・テレコントロール，マルチメディア放送
300 M～3 GHz	UHF	地上ディジタル・テレビ，移動・固定通信，携帯電話，PHS，テレメータ・テレコントロール，GPS，無線LAN，電子レンジ，レーダ
3 G～30 GHz	SHF	多重無線，衛星放送，衛星通信，レーダ，無線LAN
30 G～300 GHz	EHF	衛星間通信，レーダ，天体観測，無線LAN
300 G～3 THz	–	天体観測

回路・部品
シリアル通信
コネクタ関係
単位・値
電波・無線
あれこれ

② 送信電力と受信電力の関係

● 電波が空間を伝わるときの損失

　電波に対する障害物や反射物がない真空中で，ゲイン0dBiの送受信アンテナ間で電波を送信したときの信号の減衰量を自由空間損失といいます．自由空間損失のグラフを図2に示します．

　電波は空間を広がりながら進むので，距離の2乗に比例して損失が増えます．

　空気中でもほぼ同じ結果を得られますが，周波数が高くなると空中の水蒸気分子や酸素分子などの影響で自由空間損失より大きな損失になります．

● 送信電力と電界強度，受信電力の関係

　自由空間であるアンテナから別のアンテナに電波を送信したとき，電界強度や受信電力がどのような関係になるのか，理論値を図3に示します．

● 電界強度と受信電力の関係

　ゲイン0dBiのアンテナにおける電界強度と受信電力の関係を図4に示します．

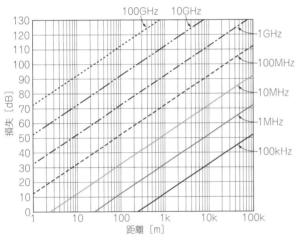

図2　電波の自由空間での損失

※1 このグラフは自由空間損失 Γ_0 [dB]の計算式(フリスの伝達公式)による.

$$\Gamma_0 = 10 \times \log\left(\frac{4\pi D}{\lambda}\right)^2 = 20 \times \log\left(\frac{4\pi D}{\lambda}\right)$$

ただし，λ：波長[m]$= 3 \times 10^8 / f$，D：送受信アンテナ間距離[m]

※2 計算式上は，周波数の2乗に比例(波長の2乗に半比例)して損失が増えるように見えるが，これはゲイン0dBiのアンテナは周波数が低いほど寸法が大きくなるからである

※3 計算式上は，低い周波数で距離が短くなると損失が0dB以下(つまりゲインがある状態)になってしまう．これは，距離(送受信アンテナ間隔)に対して0dBiのアンテナの大きさが無視できなくなるからで，この範囲ではこの公式は適用できない

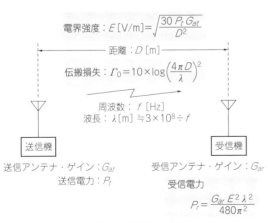

図3　送信電力，電界強度，受信電力の関係

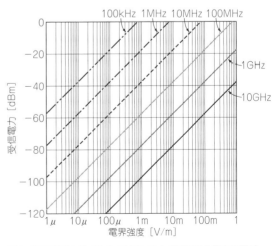

図4　電界強度とゲイン0dBiアンテナが受信する電力の関係

回路・部品

シリアル通信

コネクタ関係

単位・値

電波・無線

あれこれ

③ 電波が伝わるのに必要な空間「フレネル・ゾーン」

● 確保すれば，自由空間を伝わるとみなせる

電波は波動エネルギーであり，アンテナ間を伝わるためには波長に比べてある程度の大きさの空間が必要です．その広がりを表すものがフレネル・ゾーンです．送信アンテナからの距離に対する1次フレネル・ゾーンの半径を図5に示します．

1次フレネル・ゾーンを確保すれば，おおむね自由空間での伝搬損失として扱えます．

● 送信アンテナから受信アンテナが見通せる地上高

高い周波数の電波は直進性が強く，送受信アンテナ間の見通しを確保するのが原則です．アンテナ間の距離が長くなると，地球の丸みがじゃまをして見通し条

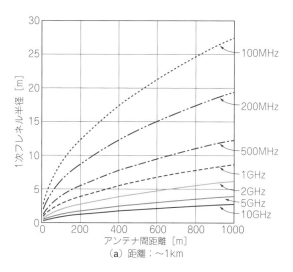

(a) 距離：～1km

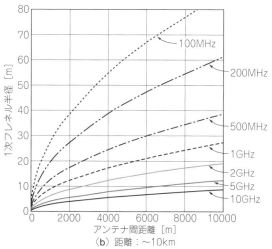

(b) 距離：～10km

■ 計算式

$$r_n = \sqrt{\frac{n\lambda d_1 d_2}{d_1 + d_2}}$$

ただし，n：次数，d_1, d_2：それぞれのアンテナまでの距離[m]，λ：波長[m]

図5 電波が伝わるときの空間への広がりを示すフレネル半径

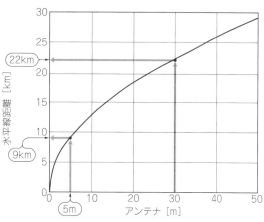

図6 アンテナの地上高と得られる見通し距離の関係

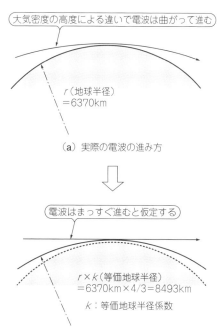

図7 大気密度の違いにより電波が曲がるぶんを補正する等価地球半径係数の考え方

件を得られなくなります．アンテナの高さを高くすると見通し距離が長くなります．

図6は，ある標高のアンテナから見た水平線までの距離を示しています．例えば，送信アンテナ高を30 m，受信アンテナ高を5 mとしたときの水平線までの距離はそれぞれ22 kmと9 kmですから，見通し距離は31 kmとなります．

地球上の電波は空気の密度が高度によって変わることからわずかに下方に曲がります．ここで，地球の半径が増加したと仮定すれば，電波が直進するように図示できます（**図7**）．一般には地球半径が4/3倍（等価地球半径係数という）になったとして計算します．

④ 大気上空にある電離層の影響

● 電離層とは

地球を取り巻く大気の上層部にある分子や原子の一部は，太陽光線やX線などの宇宙線により電離（イオン化）しています．その領域を電離層と呼びます．この領域は，電波を反射したり透過したりします．反射するか透過するかは，電子密度や電波の周波数によって変わります．

電離層は**図8**のように層状に分布し，記号で区別されています．昼間と夜間では太陽からの宇宙線の到達量が異なるので，層構成や電子密度が異なります．

周波数帯によって電離層の影響がどのように違うのかを**表8**に示します．

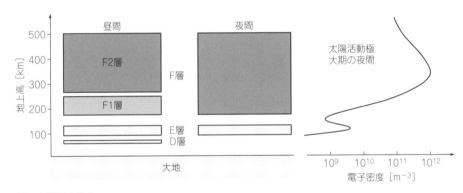

図8　電離層の構成

表8　電波周波数による電離層の影響の違い

周波数帯	特　性
超長波(3 k〜30 kHz)以下	電離層を通過する
長波(30 k〜300 kHz)	D層(昼間)あるいはE層(夜間)で反射する
中波(300 k〜3000 kHz)	E層で反射するが，D層は減衰しながら通過する．そのため，D層が存在する昼間より夜間の方が遠方まで電波が到達しやすい
短波(3 M〜30 MHz)	D層・E層を通過しF層で反射する．昼と夜でF層の状態が異なるので伝わり方も変わる
超短波(30 M〜300 MHz)	電離層を通過する．ただし，スポラディックE(通称Eスポ)が発生すると100 MHz程度までの電波を反射することがある．スポラディックE層(Sporadic E layer)とは上空約100 km付近に局地的かつ突発的な電子密度が極めて高い電離層をいう
極超短波(300 M〜3000 MHz)以上	電離層を通過する．ただし，通過中は伝播速度がわずかに遅くなるので，GPSのような即位システムでは測位誤差が発生する

column▶01 電波をはじく不思議な壁「電離層」の基礎知識

加藤 高広

電離層は地球大気の上層100 kmから400 kmに存在します（**図A**）．このような上空ではすでに大気圧はゼロに近いですが，窒素や酸素といった地球大気の構成分子は希薄に存在しています．これらの分子に太陽からの紫外線やX線が当たると，電子が飛び出す電離が起こります．

● 電離層の効果

電離層では，その名の通り電離によって生じた自由電子がたくさんあるため，いわば反射板のような性質も持つようになります．入射した電波は徐々に曲がっていき，反射します．

● 3 M～30 MHzはよくはじく

自由電子があるとは言っても希薄な上層大気の中ですから，電子の量は限られています．完全な導体とは違い，電波が反射されるか否かは周波数によります．例えば30 MHz以上のVHF帯が反射されることはまれです．

3 MHz以下の中波帯の電波は，昼間は電離層下層部の吸収による減衰で遠方には届きません．しかし夜間になると減衰がなくなるため，電離層で反射して遠方に届きます．

3 M～30 MHzの短波帯は反射で遠方に届きますが，その時々の電子密度により伝搬状態は変動します．

● 電離層は時々刻々と変化する

日没後の上空では太陽光がなくなるため，再結合により電子密度は低下してゆきます．このため，1日のうちでも昼夜で電波の反射状態は変化します．

地球の自転軸が傾いていることから，太陽光の入射角には季節変動があって，電離層の状態も季節的な変化が起こります．

太陽からの紫外線やX線の強さは太陽活動により変化するため，約11年の黒点周期にしたがって変化することが知られています．

● 電離層を利用した遠距離通信はまだまだ現役

このように電離層は変動するため，電離層の反射を使った無線通信では，季節や時刻によって届きやすい周波数帯を選ぶ必要があります．

現在では，情報通信の大半が張り巡らされた有線通信網によっています．しかし，航空機や船舶のような移動体通信，あるいは地上の通信インフラ整備が遅れた地域ではいまだに無線は重要な通信手段です．近距離ではVHF帯（30 M～300 MHz）が使われますが，見通し距離を超えた地点との通信には電離層反射を使える短波帯が利用されます．電離層を使うことで，中継なしに遠距離間で情報交換できます．したがって，災害時などの非常通信においても重要です．

海底ケーブルや通信衛星の進歩により，電離層を使った遠距離無線通信は主流でなくなりました．しかし未だに重要な役割を担っており，確実な通信を維持するためには電離層の性質を良くつかんでおく必要があります．アマチュア局においても効果的な運用のために欠くことができない情報です．

◆参考文献◆

(1) 北村 透（JG1EIQ）；Ultimate3 Multi-mode Beacon Kitを活用したWSPRビーコンの運用・前編，CQ ham radio，2015年3月号，pp.87-91.

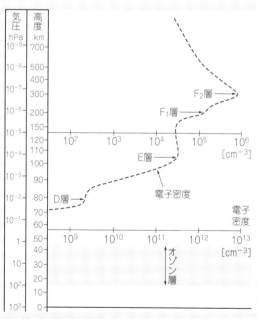

図A[1]　高度80 km以上のところに電波を反射しやすい電離層が存在する
昼夜，季節，太陽活動などで頻繁に変動する

無線通信の便利帳

藤田 昇 Noboru Fujita

1 免許不要で開設・運用できる無線局

● 免許を取るにはお金と手間がかかる

無線局を開設・運用するには，原則として，電波法を知っていることを証明するための免許（無線局免許と無線従事者免許）が必要です．

免許取得の手順を**図1**に示します．無線局の種類や規模にもよりますが数カ月以上かかるのが一般的です．

免許申請や更新に費用がかかり，さらに電波利用料がかかります．誰もが簡単に無線通信を利用するというわけにはいきません．

ちなみに電波利用料は免許必要局および登録局に賦課され，周波数帯や使用する周波数幅，空中線電力の大きさなどで料金が変わります．地域によって変わる場合もあります（需要の多い地域は高額になる）．

● 免許不要でデータ通信に使える無線局

無線局の開設・運用には原則として免許が必要ですが，利便性を考慮して免許不要の無線局の制度が定められています．

▶免許不要な無線局の種類

具体的な免許不要の無線局を**図2**に示します．その中でも**表1**に示す3種類が免許不要局といえます．

登録局は，登録者に無線従事者免許を要求するので厳密な意味では免許不要の無線局とは言いがたいです．

包括免許局は通信事業者が包括して免許申請しているので，一般には免許不要局とはいいません．

▶データ通信に使えるのは微弱無線局と小電力無線局

市民ラジオの無線局は通話専用なので，データ通信に使える免許不要の無線局は，微弱無線局か小電力無線局です．両者の比較を**表2**に示します．

微弱無線局は自由度が高いのですが，通信距離が短くて用途が限定されます．とくに，動画像のような高速データ通信の場合は極端に通信距離が短くなってしまいます．

● 免許不要局なら本当にすぐ使えるの？

小電力無線局は必ずしもすぐ使えるとは限りません．まず，使おうとしている無線モジュールが，電波法で決められた性能を満たしていることを証明する技術基準適合証明（技適）を取っているものかどうか確認します．技適が取れていないモジュールは使えません．

無線モジュールとホスト機器を標準的なインターフェースで接続する場合，ホスト機器がパソコンであれ

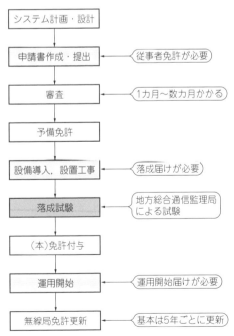

図1 無線局を開設・運用するための免許を取るには手間がかかる

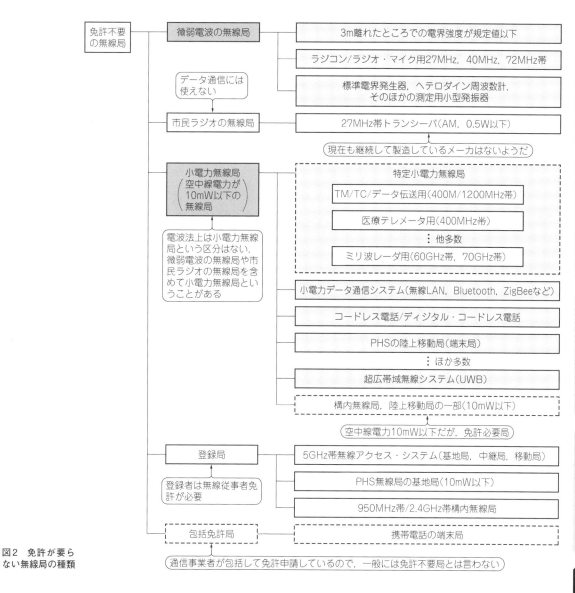

図2 免許が要らない無線局の種類

表1 免許が要らない3種の無線局

無線局	条件（原文）		周波数	用 途
微弱	発射する電波が著しく微弱な無線局で総務省令で定めるもの	当該無線局の無線設備から3mの距離において定められた電界強度（35～500 μV/m，周波数帯で異なる）以下のもの	規定なし	規定なし
		当該無線局の無線設備から500mの距離において，その電界強度が毎メートル200 μV/m以下のもの	13.56 M/27.12 M/40.68 MHz	通話，リモコン
		標準電界発生器，ヘテロダイン周波数計その他の測定用小型発振器	規定なし	調査，試験研究など
小電力	空中線電力が1W以下である無線局のうち総務省令で定めるものであって，次条の規定により指定された呼出符号又は呼出名称を自動的に送信し，又は受信する機能その他総務省令で定める機能を有することにより他の無線局にその運用を阻害するような混信その他の妨害を与えないように運用することができるもので，かつ，適合表示無線設備のみを使用するもの		30 M～300 GHz（VHF，UHF，SHF，EHF）	通話，リモコン，データ伝送など．周波数帯によって用途制限あり
市民ラジオ	26.9 M～27.2 MHzまでの周波数の電波を使用し，かつ，空中線電力が0.5W以下である無線局のうち総務省令で定めるものであって，適合表示無線設備を使用するもの．適合表示無線設備は技術基準適合証明（あるいは工事設計認証）を受けた無線設備		27 MHz帯	通話専用

表2　免許が要らない無線局のうちデータ通信に使えるもの

	微弱無線局	小電力無線局
出力	3 m地点の電界強度で下図のように規定 電界強度 [μV/m]　500 … 35　周波数 [Hz]　322M　10G　150G	● 空中線電力が1 W以下. ただし, 現状はほとんどが10 mW以下 ● アンテナは, 利得2.14 dBi以下で, 筐体に固定が原則. 一部は高利得の外付けアンテナも利用可能. ● dBiは, 完全無指向性アンテナ(Isotropic Antenna)を基準としたアンテナ利得を表す単位 ● 小電力データ通信システム(無線LAN)の空中線電力は電力密度規定なので, 実際の出力は現行でも200 mW程度出せる. 空中線電力は無線機の出力電力で, アンテナ(空中線)端子で測定される電力
変調方式	規定なし	種類ごとに規定されている. たとえば, 2.4 GHz帯小電力データ通信システムの場合はディジタル方式であればどんな方式でも使える
実用通信距離	周波数や伝送速度によって変わる. おおむね10 m以下と考えてよい	種類, 周波数, 伝送速度によって大きく変わるが, おおむね100 m程度と考えてよい 2.4 GHz帯無線LANの1:1回線では数十kmの例もある
技適	不要(微弱無線の証明ありが望ましい)	必要

ばパソコン内蔵のドライバ・ソフトウェアを使えます. しかし, パソコンでないときはあらかじめホスト機器にドライバ・ソフトウェアを組み込む必要があります.

とくに, 無線LANなどのような高機能の無線モジュールの場合, ドライバ・ソフトウェアは大がかりでコストがかかります.

② 無線LANにBluetooth, 小電力無線…免許不要局の通信距離

免許不要局のほとんどは空中線電力10 mW以下ですので, 通信距離はそれほど長くありません. 通信距離の目安を図3に示します.

● 1:1通信なら通信距離を伸ばせる場合がある

無線LANを代表とする一部の機種は空中線電力が電力密度(帯域1 MHzあたりの電力)で規定されています. 例えば, 10 mW/MHzと規定されている場合, 電波の占有周波数帯幅が10 MHzのときには計算上の空中線電力は100 mWになります.

さらに, 無線LANを代表とする一部の機種は外部アンテナの利用およびゲイン(上限規定あり)のあるアンテナを利用可能です.

そのため, 一般的な使い方ではありませんが, 1:1の通信であれば, 許容不要局でありながら10 kmを超える通信距離で高速データ通信を行うことができます.

● 小電力無線局の上限電力は上がったが…

小電力無線局の上限空中線電力は10 mWでしたが, 2011年3月に1 Wまで許容されるようになりました. かと言って, これまでの無線局が1 Wを出してよいとは限りません. もし, これまで割り当てられていた周波数帯に新たに1 Wの無線機が導入されると, それまでの10 mWに限定されていたユーザは圧倒的に不利

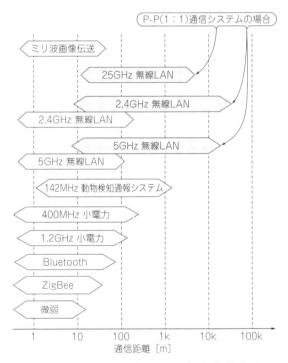

通信距離は空中線電力, アンテナ・ゲイン, 伝送速度, 地形や障害物, 干渉の有無などで大きく変わるので, 大まかな目安とする

図3　免許不要局の通信距離の目安

回路・部品
シリアル通信
コネクタ関係
単位・値
電波・無線
あれこれ

になってしまうからです．そのため，1Wが許されるのは，新しく割り当てられる周波数帯，あるいは割り

当てられてからの経過時間が少なく，増力しても混乱を生じない周波数帯に限られます．

③ 通信距離を伸ばすためのパラメータ

無線通信特性には送信電力と通信距離のように比例関係にあるものと，伝送速度と通信距離のように逆比例関係にあるものがあります．逆比例関係にある項目はどちらの特性を優先するか，つまりトレードオフを考慮しなければなりません．

送信電力と通信距離のように，特性上は比例関係にあっても，コスト，消費電力の制限，さらに法規上の規制もあるので，やはりトレードオフを考慮しなければなりません．

免許不要の無線局は特に空中線電力が小さいなどの法規制がきついので，何を優先するかを明確にしてからシステムを設計する必要があります．

表3に，トレードオフ項目以外のパラメータは同一としたときの関係（自由空間で計算）を示します．実際の動作環境は自由空間でないので数値通りにはいきませんが，設計や運用上の目安になると思います．

例えば，通信距離を伸ばすためには，送信電力，アンテナ・ゲイン，受信感度のどれかを上げる方法だけでなく，伝送速度を必要十分にまで下げるのも有効な方法です．最近の無線通信プロトコルでは，短距離通信では高速伝送，長距離通信では低速伝送と，複数の伝送速度を切り替えて使用できる方式が多くなっています．

表3 通信性能のトレードオフ

項　目	比例関係
伝送速度と通信距離	●伝送速度が2倍になると通信距離は$1/\sqrt{2}$になる ●通信距離が2倍になると伝送速度は1/4になる
送信電力と通信距離	●送信電力が2倍になると通信距離は$\sqrt{2}$倍になる ●通信距離が2倍になると送信電力は4倍必要
アンテナ・ゲインと通信距離	●送受信点双方のアンテナ・ゲインが2倍(3dB)になると通信距離は2倍になる ●送信点あるいは受信点の一方だけのアンテナ・ゲインが2倍(3dB)になると距離は$\sqrt{2}$倍になる
受信感度と通信距離	●受信感度が3dB上がると通信距離は$\sqrt{2}$倍
周波数と通信距離（アンテナ・ゲインが同じ）	●周波数が2倍になると通信距離は1/2になる ●同じ利得のアンテナを比べると，周波数が高くなると寸法が小さくなる
周波数と通信距離（アンテナ面積が同じ）	●アンテナの有効面積（おおむね寸法に比例）が同じであれば，周波数の高低は通信距離に影響しない

④ IEEE標準規格とARIB標準規格の位置付け

● IEEE標準規格

最近の高速無線データ無線通信システムはIEEE（アイトリブルイー）（The Institute of Electrical and Electronics Engineers, Inc. 米国電気電子学会）の標準規格に基づいているものが多いです．IEEE標準規格は世界各国からたくさんの技術者が参加して作成していますので，深く検討された実用性の高い規格となっています．世界標準なので機器の輸出入に便利です．

独自の規格を作ることも可能ですが，高度な通信システムの仕様を一から作り上げるには莫大な時間と費用がかかります．通信プロトコルは大規模なディジタル・アナログ混在回路とソフトウェアによって実現され，バグを全くなくすのは困難なので，当初の評価試験だけでなく運用しながらの評価・デバッグを続けることになります．この面で，すでに評価されている世界標準規格を採用することが利点になります．

標準規格は世界中で使われるので，量産効果が期待できることから，高集積度の専用IC（チップセット）が開発されています．逆にいうと，チップセットが開発されない標準規格は普及しないともいえます．

　最近は半導体メーカ（往々にしてファブレスのベンチャ）が開発したチップセットのプロトコルを標準化する傾向にあります．つまり，標準化された段階でチップセットの設計・試作が完成しており，即座に量産

に移れる状態にあるということです．

　当然ですが，世界標準に採用されたチップセット・メーカが先行者利益を得られるので，各社が開発にしのぎを削っています．

表4　特定小電力無線局等の種類とそれに対応するARIB標準規格

周波数帯	出　力	用　途	ARIB標準規格
250 MHz帯，380 MHz帯	10 mW	（アナログ）コードレス電話	STD-13
312 M～315.25 MHz			STD-T93
410 M～430 MHz 440 M～470 MHz 1215 M～1260 MHz	10 mW	テレメータ，テレコントロール，データ伝送	STD-T67
950.8 M～957.6 MHz			STD-T96
915 M～930 MHz	20 mW		STD-T108
	250 mW	簡易無線局（免許要）	
410 M～430 MHz 440 M～470 MHz	10 mW	医療用テレメータ	STD-21
402 M～405 MHz	10 mW	体内植込型医療用データ伝送	－
433.67 M～434.17 MHz	10 mW	国際輸送用データ伝送	STD-T92
410 M～430 MHz	10 mW	無線呼出用	STD-19
73.6 M～74.8 MHz 322 M～323 MHz 806 M～910 MHz	10 mW	ラジオ・マイク	STD-15
410 M～430 MHz 440 M～470 MHz	10 mW	無線電話	STD-20
75.2 M～76 MHz	10 mW	音声アシスト用無線電話	STD-T54
915 M～930 MHz	250 mW	移動体識別	STD-T100
2427 M～2470.75 MHz	10 mW		STD-29
2400 M～2483.5 MHz	10 mW/MHz		STD-T81
60 G～61 GHz 76 G～77 GHz 77 G～81 GHz	10 mW	ミリ波レーダ	STD-T48
57 G～66 GHz	10 mW	ミリ波画像伝送	STD-T69
10.5 G～10.55 GHz	20 mW	移動体検知センサ（屋内のみ）	STD-T73
20.05 G～24.25 GHz		移動体検知センサ	
142.93 M～142.99 MHz	1 W	動物検知通報システム	STD-T99
426.25 M～426.8375 MHz	10 mW	非常通報，制御	STD-30
2400 M～2483.5 MHz	10 mW/MHz	データ伝送（無線LANなど） 代表的なものを**表5**に示す	STD-T66
2471 M～2497 MHz			STD-33
5150 M～5350 MHz 5470 M～5725 MHz			STD-T71
24.77 G～25.23 GHz 27.4 G～27.16 GHz			－
1893.65 M～1905.95 MHz 1895.616 M～1902.528 MHz	10 mW	ディジタル・コードレス電話	STD-28
1906.25 M～1908.05 MHz 1915.85 M～1918.25 MHz 1884.65 M～1919.45 MHz	10 mW	PHSの陸上移動局	－
5.815 G～5.845 GHz	10 mW	狭域通信システム（DSRC）移動局	STD-T75
5.775 G～5.805 GHz	1 mW	DSRCの試験システム用	
4900 M～5000 MHz 5030 M～5091 MHz	10 mW/MHz	5 GHz帯無線アクセス・システム	STD-T71
3.4 G～4.8 GHz 7.25 G～1025 GHz	－41.3 dBm/MHz*	超広帯域無線システム（UWB） *0 dBm/50 MHzも併せて規定	STD-T91
700 MHz帯	10 mW/MHz	高度道路交通システムの陸上移動局	STD-T109

備考1　ARIB：Association of Radio Industries and Businesses，電波産業会．
備考2　ARIBのWebから標準規格をダウンロードできる．

● ARIB標準規格

日本国内で使う無線機器なら，ARIB(Association of Radio Industries and Business，電波産業会)によって作られた標準規格があります．ARIBは，電波の利用に関する調査，研究，開発，規格策定などを行う業界団体です．

表4に，特定小電力無線局等の種類と，それぞれに対応するARIB標準規格を示します．

また，特定小電力無線局のうち，高速無線データ通信システムの代表的な標準規格を表5に示します．

ARIB標準規格は，電波法規定の解釈と通信プロトコルの規定が書かれています．このほかに自主規制内容や参考資料を記載しているものもあります．なかには通信プロトコルの規定がないものや，IEEE標準規格など外部規格をそのまま参照しているものもあります．

電波法の規定とARIB規格の電波法の解釈は必ずしも一致せず，ARIB規格の方がより制限がきつい場合があります．たとえば，電波法では許容される変調方式がARIB規格では許容されないなどです(当然だが，逆はない)．

一方，IEEE規格はプロトコルが主体であり，電波行政に関わる部分は参考的な記述になっています．たとえば，無線LANの標準規格(IEEE 802.11＊)には周波数帯や周波数チャネルが規定されていますが，運用に際しては各国・地域の電波行政に従うこととされています．国内ではARIB標準規格に従うのが現実的です．

表5 高速無線データ通信システムの代表的な標準規格

項 目	Wi-Fi(無線LAN)	Bluetooth	ZigBee
商標等管理	Wi-Fi Alliance	Bluetooth SIG	Connectivity Standards Alliance (ZigBee Allianceから改称)
IEEE規格	IEEE 802.11＊	IEEE 802.15.1	IEEE 802.15.4
ARIB規格	STD-33，-T66，-T71	STD-T66	STD-T66
概要	有線LANの置き換えとして開発されたが，無線の特性を生かせるように多くの機能が追加され，多くのユーザが使っている．さらに，常に先進的なプロトコルを採用し続ける無線LANは，高速データ通信システムを牽引しているといえる	短距離の音声データ通信用として開発された．伝送速度はそれほど速くないが，小型で低消費電力の特長を生かし，パソコンの周辺機器用としても使われている	Bluetoothよりも短距離で低速だが極めて低消費電力のシステムとして開発された．ごく簡単なリモコンなどを想定していたが，ネットワーク機能を利用して屋外センサ・ネットワークなどに利用されている
周波数帯(国内)	2.4 GHz，5.2 GHz，5.3 GHz，5.6 GHz，25 GHz，60 GHz	2.4 GHz	2.4 GHz
変復調方式	FHSS，DSSS，CCK，OFDM，MIMO	FHSS	DSSS，QPSK(O-QPSK)
伝送速度	～7 Gbps(周波数帯で異なる)	1 Mbps(オプションで，～3 Mbps，～24 Mbps)	250 kbps
通信距離	P-MP＊：～数百m P-P＊：～数十km (周波数帯で異なる)	P-MP＊：～数十m P-P＊：～数百m	P-MP＊：～数十m P-P＊：～数百m
アクセス制御	CSMA-CA	CSMA-CA	CSMA-CA
誤り訂正	ARQ，FEC	ARQ，FEC	ARQ
インターフェース	イーサネット，USB，PCIバス，RS-232-Cなど	USB，PCIバスなど	USB，PCIバスなど
選択基準など	高速伝送，長距離伝送が可能だが，消費電力が大きくなる．また，回路規模・ソフトウェア規模が大きく，費用がかかる． 多くの周波数帯が解放されており，自由に選択可能	携帯電話の延長や無線ヘッドホンなど音声伝送機器に適する． 2.4 GHz帯を他のシステムと共用しているので，干渉による通信障害のリスクがある	超低消費電力なので乾電池で長期間動作も可能．伝送速度が遅いので大容量データ伝送には向かない． 2.4 GHz帯を他のシステムと共用しているので，干渉による通信障害のリスクがある

＊P-MP(Point to Multi-Point)は無指向性アンテナ，P-P(Point to Point)は指向性アンテナを使用した場合．

回路・部品

シリアル通信

コネクタ関係

単位・値

電波・無線

あれこれ

⑤ 無線LANの標準規格

● 無線LANとは

　広義の無線LAN（Wireless Local Area Network）は，文字通りローカル・エリア（半径数十m～数km程度の範囲）で使うディジタル・データ伝送のための無線ネットワーク・システムあるいはそれを構成する無線機器を指します．Wi-Fiや.11（IEEE 802.11の省略形），無線LANなどと呼ばれることもあり，電波法上はデータ通信システムの無線局となります．

　無線LAN，Wi-Fi，.11などの名称は必ずしも同じものを指さず，**図4**の関係にあります．とはいえ，多くの場合は，同じ意味にとってよいと思います．

● 無線LANの規格

　無線LANは，高速無線データ無線通信システムの中では最も早く標準規格化され，規格の改良・拡大を続けながらさまざまな用途に使われています．

　無線LANの標準規格を**表6**に示します．標準規格には基本的なプロトコルの規定以外に多くの付加機能・拡張機能が規定されています．

　無線LANは，最初から高速大容量データ伝送を目的に規格化され，常に最新の技術を取り入れて最高速データ通信を目指してきました．そして今でも高速化の検討が続いており，免許不要局としては最も高速の標準規格として今後とも使われていくと思われます．

　無線LANが常に最速を保てたのは，最初に割り当てられた周波数がISM帯（Industry-Science-Medical，工業・科学・医療用の帯域）だったことも大きな要因だったと思います．ISM帯は原則として他の通信システムが存在しない帯域なので，新しい変復調方式（FHSS，DSSS，CCK，OFDM，MIMO）を採用しやすかったのです．

　リアルタイム動画像のような大容量データの伝送システムや，ホット・スポットのように同一場所で複数のユーザが帯域を分割使用するようなシステムには，まず無線LANの採用を検討すべきです．

● 無線LANの国内での割り当て周波数

　国内で，無線LANに使える周波数は2.4GHz帯と5GHz帯です．その帯域の割り当てのようすを**図5**に示します．

● 新しい無線LAN規格は周波数利用効率が高い

　広い周波数帯域を使用すれば比較的容易に高速伝送が可能です．しかし，1人のユーザが広い周波数帯域を独占してしまうと他の人が使えなくなってしまいます．つまり，狭い周波数帯域幅で高い伝送速度を得られるプロトコルが優れた方式といえます．この特性は周波数利用効率（周波数幅に対する伝送速度の比）で評

表6　無線LANの基本規格（プロトコル規格）
電波についての規格は日本国内であればARIB標準規格を参照する必要がある

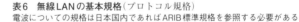

規格	周波数帯	方　式	帯域	伝送速度	備　考
802.11	2.4 GHz	DSSS	25 MHz	～2 Mbps	
		FHSS	80 MHz	～2 Mbps	
802.11 a	5 GHz	OFDM	20 MHz	～54 Mbps	
802.11b	2.4 GHz	CCK	25 MHz	～11 Mbps	
802.11 g	2.4 GHz	OFDM	20 MHz	～54 Mbps	
802.11 J	4.9 GHz 5.03 GHz	OFDM	20 MHz	～54 Mbps	日本独自の登録局
802.11 n	2.4 GHz	OFDM-MIMO	20 MHz	～300 Mbps	
			40 MHz	～600 Mbps	
	5 GHz	OFDM-MIMO	20 MHz	～300 Mbps	
			40 MHz	～600 Mbps	
802.11 ac	5 GHz	OFDM-MIMO	～160 MHz	～6.93 Gbps	
802.11 ad	60 GHz	SC	～9 GHz	4.6 Gbps	SC : Single Carrier
		OFDM		6.8 Gbps	
802.11 ax	2.4 GHz 5 GHz	OFDM-MIMO	～160 MHz	～9.6 Gbps	802.11 acの後継 2.4 GHzでも使用可

※1　帯域は概略の数値で，チャネル間隔と同じ．
※2　周波数は国・地域によって異なる．

かつては無線LANにいろいろなプロトコルがあったが，今はほぼIEEE 802.11に限られる

無線LAN
IEEE 802.11
Wi-Fi

IEEE 802.11規格かつWi-Fiアライアンスによる相互接続性の認証を受けたもの．家庭用無線LANはほぼすべてがWi-Fi認証を受けている

図4　無線LAN，IEEE802.11，WiFiの関係

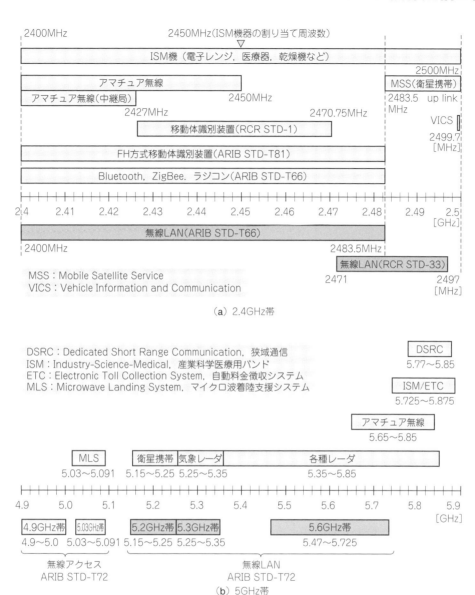

MSS : Mobile Satellite Service
VICS : Vehicle Information and Communication

（a）2.4GHz帯

DSRC : Dedicated Short Range Communication, 狭域通信
ISM : Industry-Science-Medical, 産業科学医療用バンド
ETC : Electronic Toll Collection System, 自動料金徴収システム
MLS : Microwave Landing System, マイクロ波着陸支援システム

（b）5GHz帯

図5　日本国内で無線LANが使える周波数の割り当て

価します.

表7に無線LANの周波数利用効率を示します. あらゆる技術を使って高速化を図っている最新の規格802.11acでは43.3 b/Hzという高い周波数利用効率を実現しています. 標準的なBluetoothやZigBeeが1 b/Hzあるいはそれ以下なのに比べ, その利用効率の高さが際だっています.

ただし, 最近の無線LANは高い周波数利用効率を実現するために省電力特性を犠牲にしています. それに対して初期の規格(802.11b)は, 周波数利用効率が低いのですが消費電力が小さく通信距離が長いので, 今でも使われています. 初期の規格が使われるのは802.11bに対応する半導体チップのIP(Intellectual Property, 知的財産権)が安いので, 複合チップ化しやすいという要因もあります.

電波・無線

表7　無線LANなどの周波数利用効率

規格	方式	無線変調	チャネル幅	伝送速度	利用効率	備　考
802.11	DSSS	QPSK	25 MHz	2 Mbps	0.08 b/Hz	–
802.11a	OFDM	64QAM	20 MHz	54 Mbps	2.7 b/Hz	–
802.11b	64CCK	QPSK	25 MHz	11 Mbps	0.44 b/Hz	–
802.11g	OFDM	64QAM	20 MHz	54 Mbps	2.7 b/Hz	–
802.11n	4-MIMO	64QAM	20 MHz	300 Mbps	15 b/Hz	20 MHzシステム
802.11n	4-MIMO	64QAM	40 MHz	600 Mbps	15 b/Hz	40 MHzシステム
802.11ac	8-MIMO	256QAM	80 MHz	3.47 Gbps	43.3 b/Hz	80 MHzシステム
802.11ac	8-MIMO	256QAM	160 MHz	6.93 Gbps	43.3 b/Hz	160 MHzシステム
Bluetooth	FHSS	$\pi/4$ DQPSK	1 MHz	1 Mbps	1 b/Hz	–
Bluetooth	FHSS	8DPSK	1 MHz	3 Mbps	3 b/Hz	オプション
ZigBee	DSSS	OQPSK	5 MHz	250 kbps	0.05 b/Hz	–

6 Bluetoothの標準規格

● Bluetoothとは

ホテルなどの部屋の電話線ローゼットと携帯電話を統一された規格の無線回線で接続することを目的に，超小型，低消費電力の無線システムとしてBluetooth SIG（Special Interest Group）によって企画・開発されました．

パソコン周辺機器の無線化にも使われていますが，伝送速度はそれほど速くないので用途は限られます．

物理層はIEEE 802.15.1で規定されています．国内では2.4 GHz帯でFHSS方式を採用しており，電波法上は2.4 GHz帯無線LANとまったく同じ扱いです．規格の概要を表8に示します．

表8　Bluetoothの主な仕様

項　目	仕　様	備　考
周波数帯	2.4 GHz	2400 M～2483.5 MHz
送信電力*	100 mW以下	クラス1：～100 mエリア
	10 mW以下	クラス2：～30 mエリア
	1 mW以下	クラス3：～10 mエリア
変調方式	FHSS	1 MHz間隔79チャネルをホッピング
ホッピング速度	1600ホップ/s	–
無線変調方式	GFSK	1 Mbps
	$\pi/4$ DQPSK/8 DPSK	2 Mbps/3 Mbps
伝送速度	2 Mbps	Ver.5.0～Ver.5.3
	1 Mbps	～Ver.1.2，Ver.4.0～Ver.4.2
	～3 Mbps	Ver.2.0，Ver.2.1
	～24 Mbps	Ver.3.0
誤り訂正	FEC（レート1/3，2/3）ARQ	FEC：Forward Error Correction　ARQ：Automatic Repeat-reQuest

*国内電波法では10 mW/MHz以下と電力密度で規定されている

● 主な仕様

基本的には，伝送速度は1 Mbpsで，下り721 kbps，上り57.6 kbpsに使い分けています．このほか4 kbpsの音声専用チャネルも別途3つ確保されています．

表9に示すようなバージョンがあります．バージョンによっては，オプションで伝送速度3 Mbpsに，さらには24 Mbpsに拡張可能です．

通信距離は，室内で最大10 m程度を想定していますが，規格上は高出力（最大空中線電力100 mW）のものも可能で，無線LANと同じく100 m以上の通信距離も確保できます．しかし，高出力にすると消費電力が増大して小型・低消費電力の特徴がなくなってしまいますので，実際の製品の空中線電力は10 mWまたはそれ以下の出力となっているようです．

無線LANに比べて速度や通信距離の点で劣るものの，簡単にネットワークを構築できる使いやすさや携帯電話に載せることを前提とした省電力設計など，小型携帯機器に適した多くの利点があります．Bluetoothチップを搭載しているデバイスや機器の種類の多さも，Bluetoothがたくさん使われる理由の1つでしょう．

● プロトコルはBluetoothプロファイルで決められている

Bluetoothの応用システムや機器に合わせてプロファイルと呼ばれる標準的なプロトコルが用意されています．Bluetooth SIGによって標準プロファイルが策定されているほか，Bluetooth利用機器メーカやユーザが独自のプロファイルを提供することもできます．

当然ですが，異なる機器間での通信をスムーズに行うためにはプロファイルの策定規約を明確に決めてお

表9 Bluetoothのバージョン

バージョン	主な特徴
Ver.1.1	● 最初の普及バージョン
Ver.1.2	● 2.4 GHz帯を共有する無線LAN(11 g/b)との干渉対策(AFH：Adaptive Frequency Hopping)が盛り込まれる
Ver.2.0	● EDR(Enhanced Data Rate)に対応．オプションだがVer.1.2の約3倍のデータ転送速度(最大3 Mbps)を実現する
Ver.2.1	● ペアリングが簡略化される(2台の機器を接続するプロトコルの改良) ● マウスやキーボードのバッテリ寿命を最大5倍延長できるSniff Subrating機能(＝省電力モード)が追加される
Ver.3.0	● 無線LAN規格IEEE 802.11のMAC/PHY層を利用することでデータ転送速度最大24 Mbpsを実現(オプション) ● 電力管理機能を強化し，省電力化を向上
Ver.4.0	● 大幅な省電力化を実現する低消費電力モード(BLE：Bluetooth Low Energy)に対応 ● 既存のバージョンとの接続性がない(実際には2種類のハードで対応) ● セキュリティの強化：AES(Advanced Encryption Standard)暗号化方式を採用
Ver.4.1	● BLEにモバイル端末向け通信サービスの電波との干渉を抑える技術，データ転送の効率化，自動の再接続機能，直接インターネット接続できる機能，ホストとクライアント同時になれる機能を追加
Ver.4.2	● BLEにDLE(Data Packet Length Extension)を追加 ● 通信速度(アプリケーション・スループット)が260 kbpsから650 kbpsに2.5倍高速化 ● BLEがIPv6/6LoWPANでインターネット接続できる
Ver.5.0	● BLEのデータレートが，2 Mbps，1 Mbps，500 kbps，125 kbpsになり，2 Mbpsおよび1 Mbpsは従来通り到達距離が100 m，125 kbpsは到達距離が400 mとなる
Ver.5.1	● ペアリングされているBluetooth機器の方向を探知する機能を追加
Ver.5.2	● LE Audio規格の追加を含む改良
Ver.5.3	● 消費電力の節減

かなければなりません．しかし，あまりに細かな規約だと新たなプロファイルを作りにくいという欠点も生じます．実際に一企業が独自のBluetoothプロファイルを作るのはたいへんだということです．

● **低消費電力の拡張規格Bluetooth Low Energy**(BLE)

Bluetoothはもともと低消費電力なのですが，さらに低消費電力のBLE規格がBluetooth SIGによって策定されています．低消費電力のZigBeeを意識したものと思われます．セキュリティも強化され，無線LANでも使われているAES(Advanced Encryption Standard)暗号化方式を採用しています．

BLEはVer.4.0に位置づけられますが，前のバージョンとの互換性(後方互換)がありません．そのため，チップセットに両バージョンの機能を内蔵して，どちらのバージョンでも使用できるようにしています．

column ▶ 01 ネットワークのカバー・エリアによる分類

藤田 昇

ネットワークは，カバー・エリアによって**表A**のような名称が付けられています．無線LANは，文字どおり，LANをワイヤレス化したものです．BluetoothやZigBeeはPANに位置付けられています．

ただし，明確な境目や使い分けが決められているわけではありません．たとえば，無線LANと言いながら，数十kmの距離で通信していることもあります．

表A ネットワークのカバー・エリアによる分類

略称	名　称	通信距離	備　考
BAN	Body Area Network	～1m	身につけた機器間
PAN	Personal Area Network	～数m	身の回りの機器間
CAN	Controller Area Network	～数m	車載機器間，車内
CAN	Campus Area Network	～数百m	大学構内など
LAN	local area network	～数百m	
MAN	Metropolitan Area Network	～10km	市街地全域
RAN	Regional Area Network	～数十km	地方域
WLAN	Wide Area Network	～数十km～	LANより広いエリア
GLAN	Global Area Network	数千km	地球規模

⑦ ZigBeeの標準規格

● **ZigBeeとは**

　天井灯の無線遠隔操作や，窓の鍵(錠前)の開閉監視用としてZigBee Alliance[編注]で企画・開発されました．物理層はIEEE 802.15.4で規定されており，Bluetoothよりも小型で低消費電力が売りです．ネットワーク・トポロジーとして，**図6**に示すスター，ツリー，メッシュの3つをサポートしており，ネットワークを構成するノード(無線局)は，コーディネータ(ZC)，ルータ(ZR)，エンド・デバイス(ZED)に分類されます．

● **主な仕様**

　物理層の仕様を**表10**に示します．通信方式はDSSSを採用しています．伝送速度は最大250 kbps(2.4 MHz方式の場合)と低速で，想定通信距離も30 m程度と短

いのですが，乾電池で数年間(動作形態によって異なる)の動作が可能なほど消費電力が少ないという特徴をもちます．また，複数(最大64000)の通信拠点をメッシュ・ネットワークで結ぶことができます．

　現在，ZigBeeの仕様として，ZigBee Feature SetとZigBee PRO Feature Setの2つがあります．

　前者ではネットのノードの最大数やショート・アドレスなどをあらかじめ定義し，それをもとにネットワークを構築します．

　後者ではランダムにショート・アドレスを割り当てますので，ネットワーク構築が容易です(ツリー構造には対応していない)．ただし，アドレス重複割り当ての可能性があり，アドレス衝突検知で対応しています．

　ちなみにZigBeeデバイスにはあらかじめ64ビット

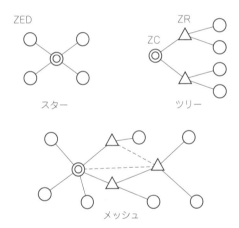

図6 ZigBeeの端末同士の接続形態(ネットワーク・トポロジー)

表10 ZigBeeの物理層仕様
ZigBeeの物理層仕様IEEE 802.15.4-2003のうち，国内で使用可能な2.4 GHz帯の仕様を抜粋

項　目	規　格	備　考
周波数	2400 M〜2483.5 MHz	海外では800 M/900 MHz帯もあり
チャネル間隔	5 MHz	4205 M〜2480 MHzの16チャネル
変調方式	DSSS	−
無線変調方式	O-QPSK	offset QPSK
伝送速度	250 kbps	−
シンボルレート	62.5 ksps	−
チップレート	2 Mcps	−
拡散符号長	32ビット	−
空中線電力	10 mW/MHz以下	実際の製品は1 mW以下が多い

表11 代表的なZigBeeプロファイル

プロファイル名	内　容
スマート・エナジー(SE)	電力・水道・ガスなどのエネルギの監視制御のための相互接続可能なプロファイル．用途として，メータ・サポート，デマンド・レスポンス，プライシング，テキスト・メッセージ，セキュリティを想定している
リモート・コントロールRF4CE	省電力で簡単に使えるRFリモコン通信のプロファイル．赤外線の置き換えとして，双方向通信，長距離通信，バッテリの長寿命化を実現する．用途として，HDTV，ホームシアタ，set-top box，その他オーディオ等民生機器を想定している
ホーム・オートメーション(HA)	スマート・ホームを可能にする相互接続可能なプロファイル．用途として，制御デバイス，ライト，環境，エネルギ管理，セキュリティを想定している
在宅健康管理(HC)	クリティカルではないヘルス・ケア・サービスをターゲットとしたプロファイル．用途として，高齢者支援，慢性疾患管理，運動機器を想定している
テレコム(TA)	モバイル機器通信のためのプロファイル．用途としては，情報デリバリやモバイル・ゲーム，ロケーション・ベース・サービス，モバイル・ペイメント/広告を想定している
リテイル・サービス	買い物とデリバリを監視制御するプロファイル．用途として，従業員のハンドセット，カスタマのハンドセット，ショッピング・カート・シェルフ・タグ，その他センサを想定している

出典：ZigBee SIGジャパンのWebページ

（180億の1億倍）のユニークなアドレス（拡張アドレス）が振られていますが，動作の際は16ビットのショート・アドレスを使用しています．

● ZigBeeプロファイル

ZigBeeの応用システムや機器に合わせてプロファイルと呼ばれる標準的なプロトコルが用意されています（表11）．ZigBee Allianceによって標準プロファイルが策定されているほか，ZigBee利用機器メーカやユーザが独自のプロファイルを提供することもできま

す．

Bluetoothと同じ考え方ですが，後発のZigBeeではプロファイル策定基準を緩くして作りやすくしています．

編注：ZigBee Allianceは，2021年5月に団体名をConnectivity Standards Alliance（CSA）に改称した．同団体は新たなスマートホームのための通信規格Matterを発表したが，ZigBeeの情報も引き続きWebサイト（https://csa-iot.org/）にて提供している（2023年3月時点）．

8 免許不要無線機の入手方法と使うメリット/デメリット

● 免許不要無線機の入手方法

誰でも使える免許不要の小電力無線機を入手する方法として，以下の3つの方法が考えられます．
① パソコンや携帯電話機，あるいは無線ルータのように無線機をあらかじめ内蔵している機器を買う
② 情報機器と組み合わせ，あるいは機器に組み込むことを目的としたモジュールを買う
③ チップセットおよび周辺部品を買い集めて無線装置を作る

それぞれ，利点欠点がありますので，目的や自分の環境に合わせて選択します（表12参照）．最近はUSBやISAバスなどの標準インターフェースを備えた各種

の無線モジュールが市販されていて，試作や実験，あるいは少量生産に便利です．

● 免許不要無線機のメリットとデメリット

法整備と標準規格化によってさまざまな規格の免許不要局を使えるようになっています．すでに多くの免許不要局が使われていますが，メリットばかりではなくデメリットもあります（表13参照）．

最も大きなデメリットは，電波干渉による通信障害を避けるのが困難なことです．免許不要局の多くは使用場所の制限がないので，ある日突然にすぐ隣に干渉局が出現する可能性があります．基本的には自動的に干渉を避ける機能（CSMAなど）を有していますが，

表12 免許不要無線機の入手方法による違い

項目	製品を買う	モジュールを買う	チップを買う
入手形態	●標準インターフェースを備え，単体で通信機能を有する機器を購入する ●無線機内蔵のパソコンや携帯電話機，あるいは無線ルータなど	●標準インターフェースを備え，情報機器と組み合わせることを想定したモジュールを購入する	●チップセットを購入し，プリント回路板やソフトウェアを作る
購入先	●電気店 ●量販店 ●機器メーカ	●モジュール・メーカ ●代理店 ●電気部品店	●チップ・メーカ ●代理店 ●電気部品店
技術基準適合証明	●機器メーカや商社で取得済み	●モジュール・メーカや商社で取得済み	●自分で取得する．あるいは代理業者に依頼する
利点	●購入するだけで使用できる ●少量でも経済的な価格で入手可能	●購入するだけで使用できる ●少量生産でも安価 ●接続機器（パソコンなど）側にドライバが組み込んであるものが多い	●設計の自由度が多い（ハードウェア/ソフトウェアともに） ●大量生産の場合は安価． ●最終ユーザの特注に対応できる
欠点	●設計の自由度がほとんど無い ●機器メーカのアプリケーションに限定される	●設計の自由度が少ない ●接続機器によってはドライバを別途用意するか，作成するかしなければならない	●ソフトウェア/ハードウェアともに作成しなければならない ●少量生産の場合は高価 ●チップセット・メーカとライセンス契約が必要 ●アライアンスなどへの参加が必要
その他	●直輸入品やネット販売品などでは技適を取得していないものもある．そのまま使用すると電波法違反になるので注意を要する		●無線技術や高周波測定設備がないと対応困難 ●個人での対応は困難

表13　免許不要の無線機を使うメリットとデメリット

	内　容	備　考
メリット	無線従事者免許不要で，誰でも使える	
	無線局免許申請が不要で，購入するだけで使える	申請費用が不要
	電波利用料が不要	
	再免許申請が不要(当然，申請費用も不要)	免許局には原則として期限がある
	一般に小型で安価	標準化と量産による
	一般に低消費電力	空中線電力が小さいため
	狭いエリアに多くのユーザを収容できる	空中線電力が小さいため
デメリット	通信距離が短い	空中線電力が小さいため
	使用アンテナの変更やケーブルでの延長ができない	無線LANのようにアンテナ変更や延長が可能なものもある
	個々のユーザに周波数が割り当てられていないので電波干渉のリスクがある	
	連続送信時間に制限がある	制限がないものもある
	免許局に干渉による障害を与えた場合は使用中止あるいは周波数を変更しなければならない	
	免許局から干渉による障害を受けても許容しなければならない	

あくまで周波数帯を共用する機能ですので伝送速度が遅くなるなどの弊害を生じることがあります．

　免許不要局を産業用などの重要なシステムに使用する場合は，デメリットを十分理解し，対応策を検討した上で利用してください．

⑨ 技術基準適合証明(技適)の受験手順

　免許不要の無線局のうち，微弱無線局以外，つまり特定小電力無線局や登録局(端末局)，包括免許局(端末局)として使用する無線機は，技適または認証が必要です．

● 技術基準適合証明(技適)とは
　技適とは，技術基準適合証明(電波法第38条の6)の略称で，総務大臣の登録を受けた証明機関が，個々の無線通信機器を試験し，遵守すべき技術基準に適合していることを証明する制度です．

　一般に無線機メーカが技適を取得して製品を販売しますが，制度上は商社や個人でも取得できます．

　技適の受験手順を図7に，証明ラベルの例を図8に示します．

column ▶ 02 技術基準適合証明の表示内容が簡略化された

藤田　昇

　免許不要で使用できる小電力無線設備には，無線機本体に技術基準適合証明ラベル(シール)が貼られています(適合表示無線設備という)．1つの筐体の中に複数の無線機種を内蔵している場合(例えば2.4 GHz帯と5 GHz帯無線LAN)，従来は，複数の証明番号をラベルに併記するしくみでした(図A)．

　現在は表示が簡略化されて，複数の無線機種でも1つの証明番号で済むようになっています(図8の例1を参照)．なお，当面は新旧表示が混在します．

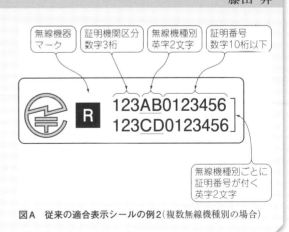

図A　従来の適合表示シールの例2(複数無線機種別の場合)

● **工事設計認証（認証）とは**

技適と同様の制度で，工事設計認証（電波法第38条の24）があります．これは個々の機器の試験は行わず，同一種類の無線機器全体として証明番号を付与する制度で，認証と略称されます．大量生産品の場合は受験費用の面で技適より経済的です．

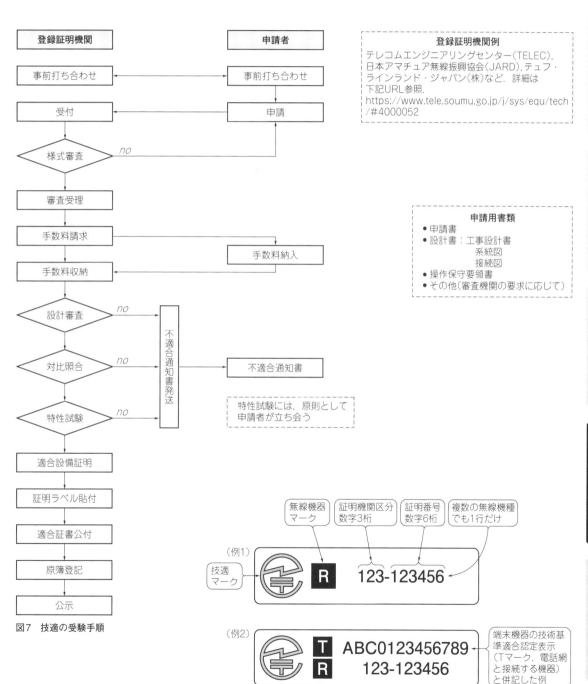

登録証明機関例
テレコムエンジニアリングセンター（TELEC），日本アマチュア無線振興協会（JARD），テュフ・ラインランド・ジャパン㈱など．詳細は下記URL参照．
https://www.tele.soumu.go.jp/j/sys/equ/tech/#4000052

申請用書類
● 申請書
● 設計書：工事設計書
　　　　　系統図
　　　　　接続図
● 操作保守要領書
● その他（審査機関の要求に応じて）

特性試験には，原則として申請者が立ち会う

図7 技適の受験手順

無線機器マーク
証明機関区分数字3桁
証明番号数字6桁
複数の無線機種でも1行だけ

（例1）
技適マーク
R 123-123456

（例2）
T ABC0123456789
R 123-123456

端末機器の技術基準適合認定表示（Tマーク．電話網と接続する機器）と併記した例

図8 証明ラベルの例（技適取得品には必ず表示されている）

回路・部品
シリアル通信
コネクタ関係
単位・値
電波・無線
あれこれ

column ⊳ 03　無線通信方式を選ぶときの3大ポイント

宮崎 仁

　通信速度は1秒あたりに伝達される全ビット数を示すビットレートで定義する場合と，1秒あたりの正味データを示すスループットで定義する場合があり，これらを横並びには比較できません．また，ビットレートが同じでも，得られるスループットは方式によって変わります．

　Bluetooth（BR：Basic Rate）とBLEのビットレートはともに1 Mbpsです．非対称モード動作時のBluetoothのスループットは下りで723.2 kbps，上りで57.6 kbpsです．BLEのスループットは単方向

で最大305 kbpsです．

　通信速度，通信距離，消費電力は，無線通信方式を選ぶときの3大ポイントです（図A）．

　消費電力は，同じ規格でも実際の回路や使い方によって変わりますが，全体としては高速，長距離になるほど消費電力も大きくなります．スリープ時の消費電力を抑える技術やスリープ状態から短時間でウェイクアップする技術が進んだので，最近は，ビットレートは比較的高くても低スループット＆低消費電力で通信できます．

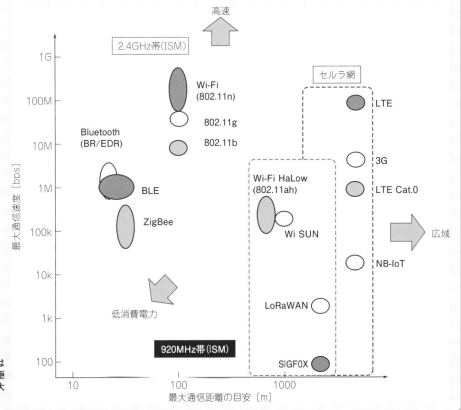

図A　無線通信方式は①通信速度 ②通信距離 ③消費電力の3大ポイントで選ぶ

第6部

これからの注目分野
あれこれ

電池・バッテリの便利帳

① 電池の分類

竹村 達哉

● 電力を発生する原理による分類

電池とは，「それを構成する系の化学的，物理的あるいは生物化学的変化によって生ずるエネルギーを直接電気に変換する装置」と定義されます．ここで「直接」というのがたいせつで，火力発電は発電機を介しているので電池とは言いません．

一般的に電池と言えば，化学変化を利用する化学電池のことです（**図1**）．これ以外は一括して特殊電池と呼ばれたり，あるいはそれぞれ物理電池，生物電池と呼ばれたりして区分されています．

▶物理電池

物理電池には太陽光エネルギーを利用する太陽電池，原子力あるいは放射線エネルギーを利用する原子力電池，熱エネルギーを利用する熱起電力電池（熱電変換型電池）などがあります．

▶化学電池

化学電池は電池の中で化学反応を行わせ，直接電気エネルギーに変換する装置で，正極と負極と電解液からなり，これを電池の3要素と言います．化学電池のうち，一度使いきった後で外部から電気エネルギーを与えても（これを充電と言う）元に戻らないもの，あるいはそのように設計製造されていないものを1次電池と言い，元に戻るものを2次電池（別名：蓄電池，充電式電池）と言います．

燃料電池は，水素や酸素などを外部から供給して装置内で化学反応を起こさせて電気エネルギーを得るものです．

● 形状による分類

形状から見ると，円筒形電池，角形電池，積層電池，ボタン形電池（コイン形電池），ピン形電池，ペーパー形電池，パック電池などに分類できます．

▶円筒形

円筒形電池はもっとも一般的なものであり，R20（単1），R14（単2），R6（単3），R03（単4），R1（単5）などがあります（**表1**，**写真1**）．

▶積層形

複数の電池を組み合わせた積層電池は，一時は数十種もありましたが，現在では9V形の006P型（6F22，6LF22など）くらいとなりました．

▶ボタン形/コイン形

ボタン形電池は直径よりも高さが小さい扁平形電池のことです．酸化銀電池（**写真2**）やアルカリ・ボタン電池，空気亜鉛電池がボタン形電池と呼ばれています．腕時計の小型薄型化に伴い酸化銀電池も小型薄型化され，現在では20種類以上のものがあります．なお，慣例的に直径よりも高さが小さいリチウム電池をコイ

表1　円筒形電池の呼称に使われる英字と寸法

IEC，JIS	日本の呼び方	米国の呼び方	寸法（直径×高さ）[mm]
R20（LR20）	単1形	D	34.2×61.5
R14（LR14）	単2形	C	26.2×50.0
R6（LR6）	単3形	AA	14.5×50.5
R03（LR03）	単4形	AAA	10.5×44.5
R1（LR1）	単5形	N	12.0×30.2

注：（　）内はアルカリ乾電池

正極　負極

写真1　アルカリ乾電池（単3形）

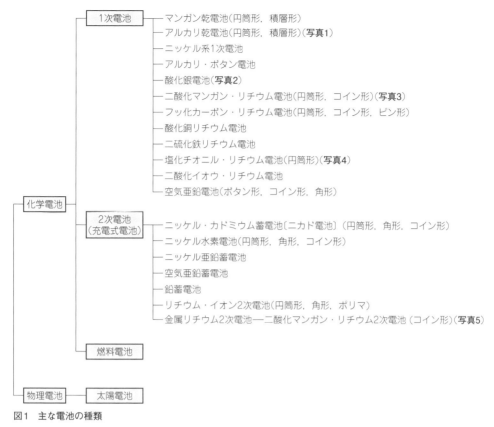

図1 主な電池の種類

回路・部品

シリアル通信

コネクタ関係

単位・値

電波・無線

あれこれ

ン形電池と言います.

▶ピン形

　ピン形電池は円筒形電池の一種で，文字どおりピンのように細い電池です．ピン形電池は，魚釣りの発光ダイオード式電子浮きなどの電源に使用されます.

▶ペーパー形

　ペーパー形電池は，文字どおりシート形状の薄型電池です.

▶パック電池

　パック電池は組電池とも言い，1個または複数個の電池と電池以外の部品(リード線，コネクタ端子，保護部品，ケース，絶縁チューブなど)から構成されている1組の電池です.

写真2　酸化銀電池(SR1120)

写真3　二酸化マンガン・リチウム電池(CR17450)

写真4　塩化チオニル・リチウム電池(ER6C)

写真5　コイン形二酸化マンガン・リチウム2次電池(ML1220)

② 電池の特徴

竹村 達哉

1次電池の特徴

主な1次電池の特徴を表2に示します.

● マンガン乾電池(R)

正極活物質として二酸化マンガンの粉末, 負極活物質として亜鉛缶を用いた電池です(入れ物が負極を兼ねている). 時計やおもちゃなど幅広く使われています.

休ませながら使うと電圧が回復するという特徴をもっており, 小さな電流で休ませながら使う用途に向いています.

時計のように負荷が軽いものは問題になりませんが, 重負荷で間欠的に使われるのは苦手です.

● アルカリ乾電池(LR, LF)

マンガン乾電池と同じ電極材料を使っていますが, マンガン乾電池では, 負極の材料である亜鉛を入れ物としているのに対し, アルカリ乾電池ではより薄くて丈夫な鉄を入れ物にすることで, 正・負極の材料をより多く詰め込めるような工夫がされています.

また, 負極の亜鉛を粉末にすることで, 表面積を増大させています. これらの工夫により, マンガン乾電池よりも長寿命でパワフルとなっています.

大電流を必要とするディジタル・カメラやストロボ, 電動歯ブラシなどに適しています.

また, 入れ物が正極(正極缶)であるため, マンガン乾電池とは構造が逆となっています(これをインサイドアウト構造と呼ぶ). マンガン乾電池と互換性を持たせるため, 正極缶の底に凸部を設け, 電池の正極としています.

● 酸化銀電池(SR)

電圧が非常に安定しており, 寿命がなくなる直前まで, ほぼ最初の電圧をキープすることができます. そのため, クォーツ時計などの精密電子機器に使用されています. 最近では, 有害な水銀を含まないものも出ています.

● アルカリ・ボタン電池(LR)

酸化銀電池よりも容量は小さいですが, 正極材料として高価な酸化銀の代わりに二酸化マンガンを使っているため, 安価な電池です. そのため, 玩具や防犯ブザーなど幅広く使われています.

● 空気亜鉛電池(PR)

空気中の酸素を正極に使用しているので, 電池内に負極の材料である亜鉛をたくさん入れることができ,

表2 主な1次電池の特徴

電池の種類	マンガン乾電池	アルカリ乾電池	酸化銀電池
公称電圧	1.5 V	1.5 V	1.55 V
正極	二酸化マンガン	二酸化マンガン	酸化銀
電解液	塩化亜鉛水溶液	水酸化カリウム水溶液	水酸化カリウムまたは水酸化ナトリウム水溶液
負極	亜鉛	亜鉛	亜鉛
使用温度範囲	$-10 \sim +55$℃	$-20 \sim +60$℃	$-10 \sim +60$℃
放電特性	放電開始当初は, 急勾配で放電電圧が降下し, その後なだらかに電圧が落ちていき, 放電末期はその勾配が大きくなる, S字形の放電カーブが特徴.	マンガン乾電池と同様, 放電初期は急勾配で放電電圧が降下し, その後なだらかに電圧が落ちていき, 放電末期はその勾配が大きくなる, S字形の放電カーブとなる.	放電電圧は, ほぼ一定とたいへん安定しており, 最後に急激に落ちる, L字形の放電カーブを描く.

表3 主な2次電池の特徴

電池の種類	ニッケル水素電池	リチウム・イオン2次電池
記号	–	–
公称電圧	1.2 V	3.7 V
正極	オキシ水酸化ニッケル	コバルト酸リチウム
電解液	水酸化カリウム水溶液	有機電解液
負極	水素吸蔵合金	カーボン
使用温度範囲	− 20 〜 + 60℃	− 20 〜 + 60℃
放電特性	電圧が1.2Vと低めだが，負荷特性に優れ作動電圧は安定している．アルカリ乾電池と同様に，S字形の放電カーブとなる．	公称電圧が3.7Vと，ニッケル水素電池の約3倍あり，機器の小形軽量化に貢献している．

小さなサイズでも大きな容量を確保できます．その特性を生かし，補聴器などに使われています．

● コイン形二酸化マンガン・リチウム電池(CR)

CR電池の電圧は高く，3Vあります．コスト・パフォーマンスに優れているので，車や電子機器のリモコン，時計など，幅広い用途に使われています．

● 円筒形リチウム電池(CR)

コイン形と比べて電極面積を大きくでき大電流を流すことができるので，コンパクト・カメラなどの主電源に使われています．長期の使用に耐えるため，最近は火災警報器の電源としても使われています．

● 塩化チオニル・リチウム電池(ER)

ER電池は，3.6Vと非常に電圧の高い電池です．高い信頼性が要求される機器のバックアップに使われています．

作動温度範囲が広く，完全密閉構造が採用され長期信頼性に優れることから，欧米ではガスや水道メータの自動検針装置の電源としても使用されています．

アルカリ・ボタン電池	空気亜鉛電池	コイン形二酸化マンガン・リチウム電池	塩化チオニル・リチウム電池
1.5 V	1.4 V	3 V	3.6 V
二酸化マンガン	空気	二酸化マンガン	塩化チオニル
水酸化カリウム水溶液	水酸化カリウム水溶液	有機電解液	無機非水電解液
亜鉛	亜鉛	リチウム	リチウム
− 10 〜 + 60℃	− 10 〜 + 60℃	− 20 〜 + 60℃	− 55 〜 + 85℃
マンガン，アルカリ乾電池と同様に，S字形の放電カーブとなる．	電圧は1.4Vと若干低めだが，放電電圧が末期まで安定していることが特徴．	アルカリ乾電池などと同様に，S字形の放電カーブとなるが，電圧は約2倍の3Vと高いのが特徴．	酸化銀電池などと同様に，放電末期まで非常に安定したL字形の放電カーブとなる．電圧は，1次電池では最も高い3.6V．

2次電池の特徴

主な2次電池の特徴を**表3**に示します.

● ニカド電池

コードレス・クリーナ，電動工具，非常灯などに使われています．パワフルな電池で，いろいろな用途に使われてきましたが，負極活物質としてカドミウムが使用されているため，近年はニッケル水素電池やリチウム・イオン電池への転換が進んでいます.

● ニッケル水素電池

ニカド電池で使われているカドミウムの代わりに水素吸蔵合金を負極の活物質として使用しています．標準的なニカド電池の約2倍の電気容量をもっているので，1回の充電でより長く機器が使えます．機器の小形軽量化を可能にしてくれる電池です．小形の機器だけでなく，ハイブリッド・カーにも使われています.

● リチウム・イオン2次電池

小さくて軽くてハイ・パワー．携帯電話などには欠かせない電池です．ビデオ・カメラや携帯電話がより小さく軽くなったのはこの電池によるところが大です.

最近では，電動アシスト自転車や電動工具といった中，大形の用途も広がってきています．その大きなパワーを安全に使いこなすために，リチウム・イオン2次電池は充電電圧や放電電圧，放電電流などを制御するための保護回路を内蔵した電池パックの形態で出荷されています.

機器によって求められる特性や形状が異なるため，これら電池パックは機器ごとに専用設計されるのが一般的です.

column ▷ 01　電池の正しい使い方

竹村　達哉

電池は扱い方を誤ると，発熱や発火，破裂したり，けがや機器故障の原因となります．以下に，代表的な注意事項を挙げます.

① 1次電池は充電しない

例えば，リチウム1次電池を充電すると，負極の表面にリチウムが針状結晶として析出し，その先端がセパレータを突き破って，電池の内部で短絡が起こります．その結果，発熱，発火，破裂に至ります.

リチウム1次電池以外でも，充電されるとガスの発生など異常反応が起こり，発熱，発火，破裂に至る危険があります．充電式でない1次電池は，絶対に充電してはいけません．特に，別途主電源があり，電池をバックアップ電源として使用する際には，注意が必要です.

また，リチウム・イオン2次電池のように充電式の電池であっても，指定された電流，電圧を超えた条件で充電すると，1次電池と同様異常反応が起こり，発熱，発火，破裂に至る可能性があります.

② 使い切った電池は，すぐに機器から取り出す

電池を使い切ったときや，長い間使用しないときは，電池を機器から取り出します．スイッチを切っていても，電池の容量は少しずつ減っていきます．そのまま放置されると，電池の電圧が0Vを下回る転極と呼ばれる状態となり，電池内部でガスの発生など，異常反応が起こり，液漏れや，発熱，発火，破裂の原因となります.

③ 同じ種類の電池を使う

新しい電池と使用した電池や，古い電池，銘柄(メーカの名前)や種類の異なる電池などを混ぜて使用してはいけません．特性の違いから，電池が液漏れ，発熱，破裂するおそれがあります.

④ 電池に端子やリード線などを直接溶接しない

はんだなどの溶接の熱により，内部構造が損傷して，変形，液漏れ，発熱，破裂，発火の危険があります.

⑤ 電池に超音波振動を与えない

電池に超音波振動を与えると，内容物が微粉化することで電池が内部ショート状態になり，電池を変形，液漏れ，発熱，破裂，発火させるおそれがあります.

3 主な電池の用途

江田 信夫

代表的な1次電池と2次電池の用途を**表4**に示します．

1次電池はエネルギ密度が大きく，電池構造上から低電流用途での長期使用に向いています．たとえばリチウム1次電池は保存性に優れており，30余年前に製造したものでも問題なく作動しています．

現在広く使われているリチウム・イオン蓄電池とニッケル水素蓄電池がカバーしているアプリケーション領域を容量と消費電力の面から**図2**に示します．

表4 電池各種と主な用途
1次電池と2次電池は特性が異なるのでそれぞれアプリケーションごとにすみ分けている

用途		リチウム・イオン	ニッケル水素	ニカド	シール鉛	リチウム 円筒	リチウム コイン1次	リチウム コイン2次	リチウム ピン	ボタン 空気	ボタン アルカリ	ボタン 銀	乾電池 アルカリ	乾電池 マンガン
スマートフォン	主電源	◎	○											
	メモリ・バックアップ							◎						
	基地局システム・バックアップ	○			◎			◎						
ノート・パソコン，タブレット	主電源	◎	○											
	メモリ・バックアップ							◎						
	無停電電源装置（UPS）	○			◎		○							
コンピュータ・システム	システム・バックアップ				◎									
電動工具，電動アシスト自転車，電動バイク，園芸用具		◎	○	◎	○									
映像音響機器	主電源	◎	○	○	○								◎	○
	メモリ・バックアップ，クロック機能						◎	◎						◎
非常灯，誘導灯				◎	◎									
玩具	ドローン，ラジコン	◎		◎										
	電子ゲーム，おもちゃ	○					◎		○		◎		◎	◎
計測器（メモリ・バックアップ）				○	◎		◎		○					
医療関連					◎	◎ 介護	◎ 体温				◎ 補聴			
自動車関連		◎ 全EV	◎ HEV				◎ キー							
時 計		◎ スマート					◎					◎		◎ 置
メータ（水道，ガス）						◎								
カメラ	ディジタル	◎	○			◎ FR								
	コンパクト					◎							○	
小物家電（シェーバ，電動歯ブラシ）		◎	◎	○									○	

注：(1) ◎：最適　○：適合　太字は2次電池（蓄電池）

(2) 介護：介護機器，体温：体温計，補聴：補聴器，全EV：全電気自動車，HEV：ハイブリッド電気自動車，キー：キー・レス・エントリ，スマート：スマート・ウォッチ，置：置き時計，FR：2硫化鉄リチウム電池

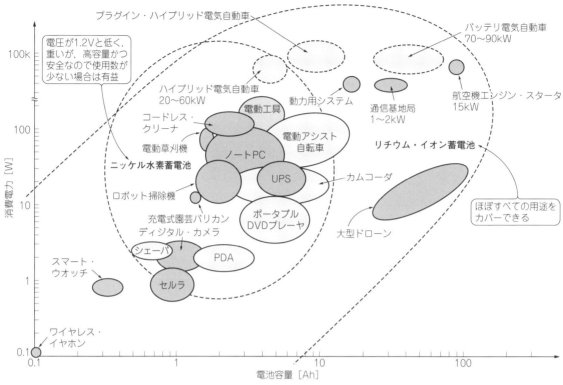

図2 リチウム・イオン蓄電池とニッケル水素蓄電池のアプリケーション領域
高いエネルギー密度と大出力特性をもつリチウム・イオン蓄電池はほぼどの用途でも使える

---

column▶02 1次電池の製品名の付け方

竹村 達哉

1次電池の製品名の付け方を以下に示します.

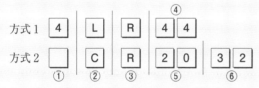

①は，直列につながっている電池の数です.
②は，電気化学系を表す英字です（表Aを参照）.
③は，形状を表すコードです.
　R：円形（円筒形，ボタン・コイン形），
　P：非円形［角形］（F：平面状）
④は，寸法を表す数字です.
⑤は，最大径を表す数字です.
⑥は，最大高さを表す数字です.

表A 電気化学系を表す英字の例

英字	負極活物質	電解液	正極活物質	公称電圧 [V]
－	亜鉛	塩化亜鉛	二酸化マンガン	1.5
B	リチウム	有機電解液	フッ化カーボン	3.0
C			二酸化マンガン	3.0
E		非水電解液	塩化チオニル	3.6
F		有機電解液	硫化鉄	1.5
G			酸化銅	1.5
L	亜鉛	アルカリ電解液	二酸化マンガン	1.5
P			酸素（空気中）	1.4
S			酸化銀	1.55

④ **電池の性格がわかる！ 放電曲線の読み方**

宮村 智也

● 放電曲線ってなに？

放電曲線とは，電池を一定電流で放電したときの電池電圧の変化を示すグラフです．縦軸には電池の端子電圧を，横軸には放電時間をとります．横軸に放電容量［Ah］をとる場合もありますが，放電容量を放電電流で割り算すればそれは放電時間になるので意味は同様です．

図3にリチウム・イオン，ニッケル水素，鉛の各蓄電池を，現在の技術で単3形電池として製造したときに得られるであろう放電曲線を示します．

放電曲線を見ると，電池の種類によって電圧の変化の傾向や出し入れできるエネルギーの量を知ることができ，電池駆動の機器設計に必要となる情報が得られます．

● 放電曲線からわかることその1：放電できる時間

図3は，それぞれの電池を同じ電流（300 mA）で定電流放電したときの電池電圧の変化をプロットしたものです．放電を止めるべき電圧を放電終止電圧と呼び，放電中に電池電圧がこの電圧に達したら電池は空っぽ

であるとします．図3ではニッケル水素が一番長い時間放電できる結果になっています．

● 放電曲線からわかることその2：電池から取り出せる電力量

図3は3種類の電池を単3形電池として作った場合の放電曲線で，放電できる時間はニッケル水素がリチウム・イオンより長くなっています．同じサイズであればリチウム・イオンが最も容量が大きいはずですが，これはいったいどういうことでしょう．

蓄電池は，電気エネルギーをためて使うための装置です．ですから，その容量はエネルギーで考える必要があり，放電電流と放電時間に加えて放電時の電圧を考慮する必要があります．電力量［Wh］は電圧と電流と時間の積ですから，プロットした曲線と座標軸で囲む面積が電池から取り出せる（あるいはためておける）電力量になります．

リチウム・イオンはニッケル水素の約3倍の電圧で動作するので，放電できる時間が短くても大きな電力量を出し入れできる電池といえます．

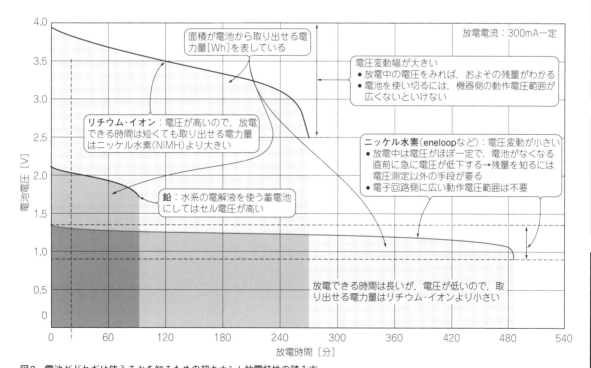

図3 電池がどれだけ使えるかを知るための超キホン！ 放電特性の読み方
リチウム・イオン，ニッケル水素(NiMH)，鉛の3大蓄電池を，仮に単3形として作ったとしたときの標準的な放電曲線を並べた．蓄電池の種類によって変化の仕方が異なる

● 放電曲線からわかることその3：電子回路に求められる動作電圧範囲

　蓄電池を電源にして電子回路を動かすときに気をつけたいのは，動作電圧範囲です．電子回路が動作すべき電圧範囲が蓄電池の種類によって異なることが，図3からわかります．

　一般に，放電の進行と同時に電池電圧は減少しますが，その傾向は電池の種類によって異なります．図3より，リチウム・イオンはニッケル水素や鉛に比べ電池電圧の変動幅が大きいことがわかります．

　コバルト酸系や3元系のリチウム・イオンでは，電池電圧が満充電時で約4V，放電終止電圧は約2.5Vですが，電池の容量を目いっぱい活用しようと思えば，図4のように電池電圧が2.5Vまで動作し続けるような機器構成にする必要があります．単セルの変動幅は1.5Vですが，機器に必要な電圧を稼ぐために電池セルを直列につなぐと，電圧変動幅も直列数の分（＝セル電圧の変動幅×直列数）増します．放電を開始してから電池がなくなるまでに4割弱も電圧が変動するわけですから，特にリチウム・イオン蓄電池で動作させる電子回路では動作電圧範囲に気をつける必要があります．

● 放電曲線からわかることその4：残量

　電池の残量が少なくなってくると電池電圧が降下します．電池の残量は直接目で見て確認できないので，できるだけ簡単な方法で電池の残量を知りたくなります．

　リチウム・イオン蓄電池を電源として見たときは，電圧変動幅が大きいことはあまり歓迎できない特徴です．

　これは別の側面から見た場合は歓迎すべき特徴になります．電池の残量と電池電圧に相関があるうえ，その変動幅も他の電池に比べて大きいことは，ほかの電池に比べて電池電圧から残量を推定しやすい，と見ることができます．実際，ある精度までならば電圧の測定だけでリチウム・イオン蓄電池の残量を推定できます．

　これに比べて，ニッケル水素は図3で示すとおり放電中の長い期間，電池電圧があまり変動しません．電圧が下がったなぁ，と思ったときは電池がほぼ空っぽの状態です．電源としては電圧変動が小さく優秀ですが，電池電圧を残量推定の手段にするのはあまり現実

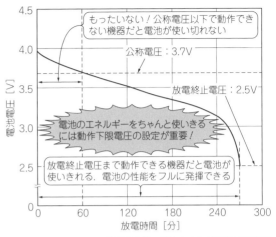

図4　リチウム・イオン蓄電池を使い切るためには回路の動作電圧範囲が広くないといけない

的ではありません．したがって，ニッケル水素で使用中の残量を知るためには，電圧測定以外の手段を検討する必要があります．

● 電池は生き物！放電特性を頭から信じてはいけない

　放電曲線からわかる情報について説明しましたが，実はこれで電池の性格がすべてわかるわけではありません．

▶理由1：電流や温度などの条件で特性が変わる

　放電曲線には必ず放電電流の大きさや使用温度などの試験条件が付記されています．放電電流が大きかったり，使用時の電池温度が低かったりすると期待した容量は得られません．

▶理由2：使い方で特性が大きく変わる

　放電曲線は電池が新品のときの特性と見るべきです．充放電の回数を重ねていくと容量は徐々に減少していきます．充放電現象は電池内部の電気化学反応によるものなので，使用条件や使用履歴で特性が変化するわけです．これが「電池は生き物である」と言われるゆえんで，最後は実物で期待の性能が得られるかどうか確認する必要があります．

◆参考文献◆

(1) 神田　基，上野　文雄；電池の用途展開と市場及び技術動向，東芝レビュー，Vol.56，No.2，2001年．

(2) 暖水　慶孝；二次電池の進化と将来，年報NTTファシリティーズ総研レポート，No.24，2013年6月．

⑤ 電池関連用語集

竹村 達哉

■ 容量(Capacity)

容量とは，電池を機器に使用したとき，機器が使用できなくなるまでに取り出すことのできる電気量のことです．放電電流(アンペア [A]，ミリアンペア [mA])と放電時間(アワー [h])の積(アンペア・アワー [Ah]，ミリアンペア・アワー [mAh])で表します．

容量は，使用時に流す電流(放電電流)や周囲温度の影響を受けます．そのため，電池の容量を比較する際には，一定の条件で放電する必要があります．カタログなどには容量とともに試験条件も記載してあります(**表5**)．

マンガン乾電池やアルカリ乾電池では放電電流によって取り出せる容量が大きく異なるので，特定の抵抗を接続したときの持続時間を容量の代わりに用いることが一般的です(**図5**)．

電池の容量を表す表現として，定格容量(Rated capacity)，公称容量(Nominal capacity)，標準容量(Standard capacity)，代表(ティピカル)容量(Typical capacity)などが使用されることがあります．

定格容量とは電池の最小容量のことで，公称容量，標準容量，代表容量(ティピカル容量)はいずれも電池の平均的な容量を表します．

なお，電池メーカによって定義が異なることがあるので注意が必要です．国際規格(IEC規格)やJIS規格では定格容量は定義されていますが，そのほかの容量に関しては規定されていません．

表5 コイン形二酸化マンガン・リチウム電池(CR)の仕様例

品名	公称電圧 [V]	標準容量 [mAh](注1)	標準放電電流 [mA]	寸法(注2) 直径 [mm]	寸法(注2) 高さ [mm]	質量 [g](注2)
CR2450	3	610	0.2	24.5	5.0	6.6
CR2430		290		24.5	3.0	4.6
CR2032H		240		20.0	3.2	3.0
CR2032		220		20.0	3.2	3.0
CR2025		170		20.0	2.5	2.5
CR2016		90		20.0	1.6	1.7
CR2012		50		20.0	1.2	1.4
CR1620		80		16.0	2.0	1.3
CR1616		55	0.1	16.0	1.6	1.1
CR1220		36		12.5	2.0	0.8
CR1216		25		12.5	1.6	0.6
CR1025		30		10.0	2.5	0.6

注1：標準容量は20℃において標準放電電流で2.0 Vまで放電した場合の容量．
注2：寸法，質量は電池本体の数値であり，端子形状などにより変わる．

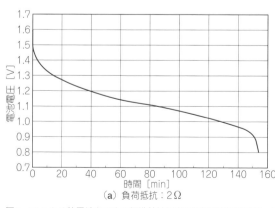

(a) 負荷抵抗：2Ω

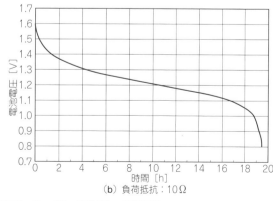

(b) 負荷抵抗：10Ω

図5 アルカリ乾電池(LR6)の標準特性例(標準定抵抗放電特性．試験温度：20±2℃．放電方法：連続放電)

■ エネルギー密度(Energy density)

エネルギー密度とは，電池から取り出すことのできるエネルギー量を単位体積または単位質量あたりの値で表したものです．前者を体積エネルギー密度，後者を質量エネルギー密度と言います．

体積エネルギー密度が大きい電池ほど小形化が可能で，質量エネルギー密度が大きい電池ほど軽量化が可能です．電池から取り出すことのできるエネルギー量は，電池の容量と平均電圧の積（ワット・アワー［Wh]）で表します．体積エネルギー密度はワット・アワー毎リットル［Wh/l]，質量エネルギー密度はワット・アワー毎キログラム［Wh/kg]で表します．

■ 内部抵抗(Internal resistance)

電池の内部抵抗は，無負荷時の出力電圧（OCV：Open Circuit Voltage）と負荷接続時の出力電圧（CCV：Closed Circuit Voltage）との差を負荷電流で割ったものと定義できます．

内部抵抗は電極や缶など導電材の電気抵抗に由来する成分と，電気化学反応やイオン電導に由来する成分からなります．前者を抵抗成分やオーム抵抗（オーム成分），後者を分極と呼ぶことがあります．電気化学反応やイオン電導の由来の分極とは，活物質中をイオンが移動する際の通りにくさや，放電により生じた電解液中のイオン濃度のムラなどに起因するものです．

内部抵抗は，通電電流，周囲温度，電極構造に依存します．一般に，通電電流が大きく／周囲温度が低くなるほど内部抵抗は大きくなります．構造的には，極間距離（正極と負極の電極間距離）が大きく／電極面積が小さくなるほど内部抵抗は大きくなります．

▶内部抵抗の測定法

内部抵抗の測定法には直流法と交流法の2種類があります．直流法は電池に矩形波電流（パルス電流）を通電したときの電圧変化から算出します．交流法は電池に微小の交流電流を通電したときの電圧変化から算出します．交流法では特に指定のない限り周波数1kHzの交流を用います．交流法で測定したときの内部抵抗をインピーダンスと呼ぶこともあります．

直流法では実際に電池を放電するので，実使用時に近い内部抵抗を知ることができますが，内部抵抗測定の前後で電池の状態が変わります（内部抵抗を測定することによって容量が減少する）．

一方，交流法では交流電流を通電するので，測定の前後で電池の状態が変わらない（内部抵抗を測定しても容量が減少しない）という利点があります．交流法は分極の影響が小さいので，交流法で得られた内部抵抗（インピーダンス）は直流法で得られた内部抵抗より小さな値を示します．

■ 放電(Discharge)

放電とは，電池に負荷を接続して外部回路に電流を流すことです．放電中の電池電圧の変化を示したものが放電曲線（放電カーブ）です．

放電曲線の形は電池の種類によって異なります．電池電圧は電池に使用している正極材料と負極材料の組み合わせによって決まります．放電曲線の形は，マンガン乾電池に代表されるS字形のものと，酸化銀電池に代表されるL字形のものに分けられます．この形の違いは放電反応のメカニズムの違いによります．

▶マンガン乾電池の放電

マンガン乾電池の正極活物質である二酸化マンガン（MnO_2）の放電反応は，次のように表現されます．

$$MnO_2 + H^+ + e^- \rightarrow MnOOH$$

この化学反応式から，MnO_2の1つが$MnOOH$の1つに変化しているように見えますが，実際には，MnO_2の中に反応したぶんのHが徐々に入り込んできます．その反応は連続的なもので，マンガンと酸素と水素の化合物が正極全体に均一になっています．連続的に反応するので，電圧も滑らかに低下します．

▶酸化銀電池の放電

酸化銀電池の正極活物質である酸化銀（Ag_2O）の放電反応は，次のように表現されます．

$$Ag_2O + H_2O + 2e^- \rightarrow 2Ag + 2OH^-$$

この場合，放電が進んだぶんだけAg_2Oが減少し，反応生成物のAgが増えます．電池では，Agは反応に関与することはなく，量は減っていきますが未反応のAg_2Oだけが電池内にあるかのように振る舞います．Ag_2Oはその量に関係なく電位は一定です．つまり，放電電圧は電池を使い切るまで一定になります．

▶負荷や周囲温度によって放電曲線の形は変化する

同じ電池でも，負荷の大きさや周囲温度によって放電曲線の形は変わります．放電電流が大きいほど放電中の電池電圧は低くなります．これは，放電電流が大きくなると電池の内部抵抗のオーム成分による電圧降下（IRドロップと言う．I：電流，R：抵抗）が大きくなるとともに分極も増大するためです．

また，周囲温度が低くなるほど放電中の電池電圧は低くなります．これは，周囲温度が低いほど電池の分極が増大するためです．

▶放電は負荷によって分類される

放電は接続する負荷の種類によって，定抵抗放電，定電流放電，定電力放電，パルス放電などに分けられます．定抵抗放電は放電中の負荷抵抗が一定の放電モードであり，放電電流は放電開始時がもっとも大きく，放電が進み電池電圧が低下するとともに減少します．

定電流放電は，放電電流が一定のモードです．定電力放電は，放電中の電力が一定の放電モードで，放電

電流は放電開始時がもっとも小さく，放電が進み電池電圧が低下するとともに増加します．また，携帯電話などのディジタル機器では時間間隔の短い矩形波電流（パルス電流）が流れます．

■ 充電(Charge)

充電とは，電池に外部から電気エネルギーを与えて，化学エネルギーとして蓄えることです．電池の種類により充電の方法が異なるので，電池の種類に応じた方法で充電する必要があります．誤った方法で充電すると，電池を漏液／発熱／発煙／破裂／発火させる恐れがあるので，十分な注意が必要です．また，1次電池を充電してはならないことは言うまでもありません．

▶ニッケル水素電池の充電方法

ニッケル水素電池は，一定電流で充電したとき，満充電付近で電池電圧にピークが現れ，電池温度も満充電付近で急激に上昇します．ニッケル水素電池では，この特徴を利用して，充電中の電池電圧および電池温度をモニタし，満充電付近で生じる特有の電圧変化（$-\Delta V$）および温度変化率（dT/dt）を検知して充電を終了する充電方法などを採用しています．

▶リチウム・イオン2次電池の充電方法

リチウム・イオン2次電池は，ニッケル水素電池と異なり，満充電付近で電圧ピークがなく，充電に伴って電池電圧は上昇し続けます．電池電圧が一定電圧を超えると電池特性の劣化や安全性の低下を招きます．そこで，リチウム・イオン2次電池では定電流／定電圧充電（CCCV充電）が使用されています（表6）．

この充電方法は充電の上限電圧を設定し，電池電圧が上限電圧に達するまでは定電流充電を行い，上限電圧に達してからは定電圧充電に切り換える方法です（図6）．充電時の上限電圧は4.2Vが一般的です．リチウム・イオン2次電池はその電解液の性質から正極に含まれている50～60％のリチウム・イオンしか利用しないように設計されています．この制御は充電電圧を制限することで実現しています．この電圧が最大充電電圧（上限電圧）です．

最大充電電圧を超えて充電すると，劣化が大きくなるだけでなく負極が受け入れきれないリチウム・イオンが金属状態で負極上に析出し危険な状態になります．劣化が大きくなるだけでなく，異常な発熱や発火に至ることもあります．

表6 リチウム・イオン2次電池の仕様例

充電方式	定電流／定電圧充電方式
充電電圧	4.20 ± 0.05 V／セル
最大充電電流	1 C
充電時間	約3時間
充電温度	0 ～ +45℃

▶トリクル充電

電池から負荷を切り離した状態で放置しても自己放電により電池の容量は減少します．満充電後，電池の自己放電により減少した容量を補うために，電池と負荷を切り離した状態でたえず微小電流で充電する方法をトリクル充電と言います．トリクル充電システムでは，常時は充電装置で電池への充電のみを行い，停電時に電池が負荷に接続され，電力を供給します．代表的な例として非常灯の電源があります．

▶フロート充電

充電電源に電池と負荷とが並列に接続された状態で絶えず充電する方法をフロート充電と言います．

フロート充電システムでは，常時は充電電源が負荷に電力を供給しながら同時に電池の充電も行い，停電時や充電電源が故障したとき，電池から無瞬断で負荷に電力を供給します．代表的な例としてメモリ・バックアップ，UPS（無停電電源装置）などの電源があります．

■ 漏液(Leakage)

漏液（液漏れ）とは電池内部から電解液が漏れ出す現象のことです．漏液の原因の主なものには，過放電，逆挿入，ショート，誤った充電などがあります．

アルカリ系電池（電解液に強アルカリの液体を使用する電池）の場合，漏液について一般的にはソルティング(Salting)，クリープ(Creep)，リーク(Leak)の3段階に区別しています．

ソルティングとは，電池封口部分にわずかに白い粉が認められ，布で軽く拭くことによって容易に除去できる程度のものを言い，実用にはほとんど支障がなく，

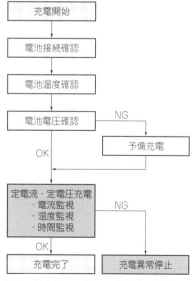

図6 リチウム・イオン2次電池の充電制御のフローチャート

電気特性的にはまったく影響のないものです.

クリープとは,封口部分から電解液のはい上がり現象が認められ,そのときの外囲条件によって湿っていたり乾いていたりするもので,時には相手端子を腐食したり接触不良を起こしたりすることがあります.

リークとは,封口不良部分などから電解液が漏れているもので,明らかに不良とされるものです.

■ 使用推奨期限

JIS規格(C 8511)に定められた性能を保証できる保管期限のことです.使用推奨期限を過ぎた電池も使うことはできますが,本来の性能を発揮することができません.電池は未使用であっても時間とともに徐々に性能が落ちていくためです(自然劣化).

JISおよびIECともに,使用推奨時期,有効期限(保証満了年月)の表示は,

- JISの場合
  使用推奨時期または製造時期を表示する
- IECの場合
  製造年月または保証満了年月を表示する

と定められているので,製造時期(年月)を表示した電池もあります.

一般的に,使用推奨期限はアルカリ乾電池やマンガン乾電池といった市販向け電池の本体やパッケージに表示されており,リチウム電池などの産業用電池の本体には製造時期(年月)が表示されています.

■ メモリ効果(Memory Effect)

ニカド電池やニッケル水素電池において,容量が残っている状態で放電をやめて充電,すなわち継ぎ足し充電をし,次にまた同じようなタイミングで放電をやめて継ぎ足し充電をするということを繰り返すと,その放電をやめた場所で放電電圧が低下する現象が見られ,機器によっては電源が切れることがあります.これをメモリ効果と呼びます.リチウム・イオン電池では,このメモリ効果は現れません.

■ そのほかの用語

▶開路電圧[Open circuit voltage(OCV),Off-load voltage]

電池に負荷をかけていない状態における両端子間の電圧のことです.つまり,電池を機器に接続しない状態(電流を流さない状態)での電池両端子間の電圧です.

▶閉路電圧[Closed circuit voltage(CCV),On-load voltage]

電池に負荷をかけた状態における両端子間の電圧のことです.つまり,電池を機器に接続して電流を流している状態での電池両端子間の電圧です.電池には内部抵抗があるため,閉路電圧は開路電圧より低い値を示し,流す電流が大きいほど閉路電圧は低くなります.

▶公称電圧(Nominal voltage)

電池系の固有な電圧に基づいて規定した電池電圧のことで,電池の表示に用いられます.アルカリ乾電池は1.5 V,二酸化マンガン・リチウム電池は3.0 Vです.

▶終止電圧(End-point voltage, End voltage, Cutoff voltage, Final voltage)

放電終了時期を示すために規定した閉路電圧のことです.マンガン,アルカリ乾電池(1.5 V)は0.9 V前後,二酸化マンガン・リチウム電池(3 V)は2～2.5 Vです.

▶過放電(Over discharge)

終止電圧を下回った後,さらに続ける放電のことです.

▶自己放電(Self discharge)

電池に負荷を接続しない状態で放置(貯蔵)したとき,電池内部の化学反応によって,電池本来の使用可能な容量が減少する現象です.放置中の温度が高いほど自己放電は大きくなります.

▶分極(Polarization)

電池の両端子間の電圧(電池電圧)や電極電位が,通電によって平衡値からずれることです.つまり,電流を流しているときの電池電圧と流していないときの電池電圧に差が生じることです.

▶持続時間(Duration time, Duration period)

電池を放電したとき,その閉路電圧が規定の終止電圧以上を維持していた時間のことです.

▶Cレート

充電および放電のスピードのことです.電池の容量を1時間で完全充電(または放電)させる電流の大きさを1Cと定義しています.

▶活物質(Active material)

電池の電極材料で,電気を起こす反応に関与する物質のことです.

例えば,アルカリ乾電池では,正極活物質は二酸化マンガン,負極活物質は亜鉛であり,二酸化マンガン・リチウム電池では,正極活物質は二酸化マンガン,負極活物質はリチウムとなります.

▶電解液(Electrolyte)

電池内の電気化学反応に際して,イオンを伝導させる媒体のことです.水に電解質を溶かしたものと非水溶媒に電解質を溶かしたものがあり,後者を非水電解液と呼びます.

非水電解液には有機電解液と無機電解液の2種類があります.

▶利用率(Utilization factor)

充填されている活物質が完全に利用されたときに得られる電気量を100％としたとき,実際の放電で取り出すことができた電気量の比率のことです.

▶耐漏液性(Leakage resistance)

電解液の外部への漏出に耐える性能のことです.

▶短絡電流（Short circuit current）
電池の両端子間を短絡した瞬間に流れる電流のことです.

▶内部短絡（Internal short circuit）
セパレータなどの隔離体の破損や，隔離体の中に導電物が介在したりして，電池内部で正極と負極が電気的に接触することを言います.

◆参考文献◆
(1) IEC（国際電気標準会議），60086（1次電池に関する規格）.

column 03 クルマ用鉛蓄電池のマメ知識

赤城 令吉

● 型名の見方

自動車用鉛蓄電池は，25℃，25A放電時の放電時間RCと，−18℃時の放電電流CCAから求めた性能指数で性能がランク分けされます. RCは緩放電時の容量を，CCAはエンジン始動特性を表しています.

JISで定められた自動車用鉛蓄電池の型名の見方を図Aに紹介しておきます.

● 選定時には性能ランクが参考になる

自動車用・バイク用のエンジン始動用電池の性能ランクはCCAとRCの2点のみの評価になっています. その他の指標評価は反映していません（表B）.

週1回しかクルマを使用しない場合は，暗電流放電や自己放電の重要度が増します. 長期にわたって満充電以下の状態が続くことになるため，自己放電の小さいタイプを選ぶと長く使えます.

同じサイズの電池で性能別に何ランクかあるのは，その他の性能を考慮して，正極板と負極板間の距離や液量のバランスを変更している結果です.

使用回数が少なかったり，間隔が空いたりする場合は，初期に搭載されている電池と性能ランクが同じ電池を選択するとよいでしょう.

表B 性能ランクと5時間率容量

JIS性能ランク	電池サイズ系列	5時間率容量[Ah]	JIS性能ランク	電池サイズ系列	5時間率容量[Ah]
26	A 17	21	48	D 26	40
26	A 19	21	55		48
28		21	65		52
30		22	75		52
32		24	80		55
34		24	85		55
28	B 17	24	90		58
34		27	110		64
28	B 19	24	65	D 31	56
34		27	75		60
38		28	95		64
40		28	105		64
42		28	115		72
44		34	125		74
46		34	95	E 41	80
44	B 20	34	100		80
46		36	105		83
50		36	110		83
55	B 24	36	115		88
60		38	120		88
70		44	130		92
32	C 24	32	115	F 51	96
50	D 20	40	130		104
55		48	150		108
65		52	170		120
75	D 23	52	145		120
80		54	155		120
85		56	165	G 51	136
			180		128
			195		140
			190	H 52	160
			210		160
			225		176
			245		176

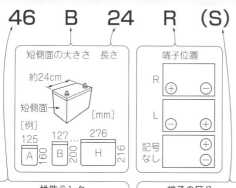

性能ランク
数値が大きいほど性能が高い. 緩放電容量RCとエンジン始動性能CCAの関係から求めた

端子の区分
B17, B19, B20, B24の蓄電池で，太いタイプT2端子を使う場合に表示

図A 自動車用鉛蓄電池の型名の見方
RCは緩放電時の容量を，CCAはエンジン始動特性を表す. 性能ランクはRCとCCAの関係から求められる

回路・部品
シリアル通信
コネクタ関係
単位・値
電波・無線
あれこれ

GPS 測位の便利帳

2018年11月1日，日本版GPS「みちびき」を使った準天頂衛星システム(QZSS：Quasi Zenith Satellite System)が正式に運用を開始しました．

QZSSでは次のような各種サービスが提供されます．
- GPS補完サービス
- サブメータ級測位補強サービス
- センチメータ級測位補強サービス
- 測位技術実証サービス
- 災害・危機管理通報サービス「災危通報」
- 衛星安否確認サービス「Q-ANPI」
- SBAS配信サービス
- 公共専用サービス

① 各国が保有する衛星測位システムと利用周波数

浪江 宏宗

衛星測位と言えば米国のGPS(Global Positioning System：全地球測位システム)が有名ですが，世界中を見渡すと図1に示すように数種類の衛星測位システムが存在します．

ロシアのGLONASS(グロナス：GLObal NAvigation Satellite System)，欧州のGALILEO(ガリレオ)，中国の北斗(BeiDou：ベイドゥ)，インドのNAVIC (IRNSS：Indian Regional Navigation Satellite System)，そして日本の準天頂衛星システム(QZSS：Quasi Zenith Satellite System)です．

これらの総称をGNSS(Global Navigation Satellite System：全地球航法衛星システム)と呼んでいます．

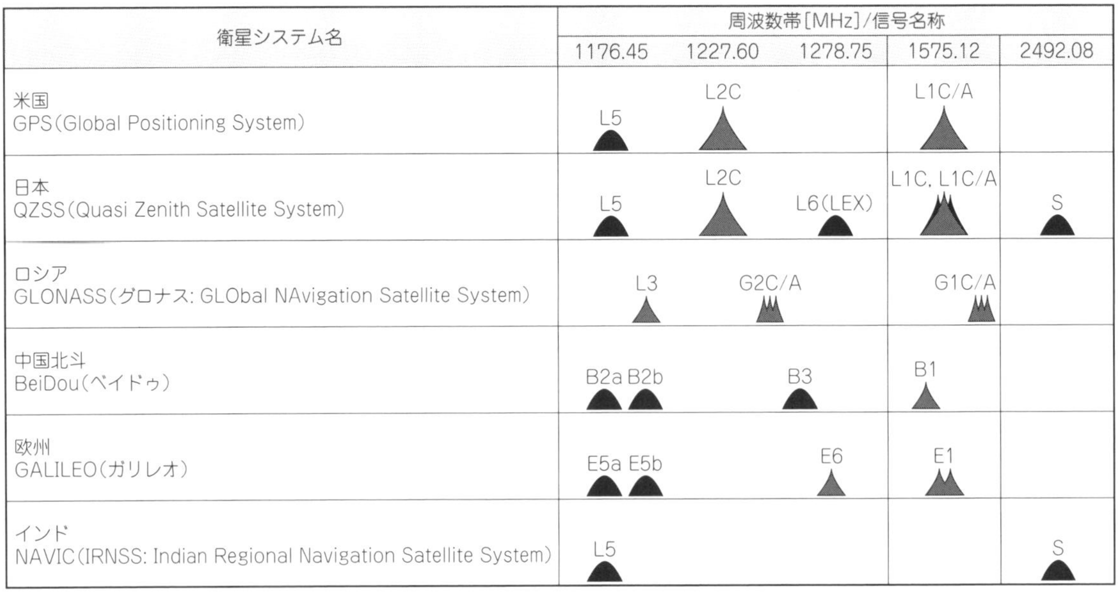

衛星システム名	周波数帯[MHz]/信号名称				
	1176.45	1227.60	1278.75	1575.12	2492.08
米国 GPS(Global Positioning System)	L5	L2C		L1C/A	
日本 QZSS(Quasi Zenith Satellite System)	L5	L2C	L6(LEX)	L1C, L1C/A	S
ロシア GLONASS(グロナス: GLObal NAvigation Satellite System)	L3	G2C/A		G1C/A	
中国北斗 BeiDou(ベイドゥ)	B2a B2b		B3	B1	
欧州 GALILEO(ガリレオ)	E5a E5b		E6	E1	
インド NAVIC(IRNSS: Indian Regional Navigation Satellite System)	L5				S

図1　各国が保有する全地球航法衛星システム(GNSS)が利用している信号と周波数
(注)図は内閣府 宇宙開発戦略推進事務局「みちびき Web サイト(https://qzss.go.jp/)」を元にCQ出版が作成

GPSよりGNSSの方が国際標準の呼び名になっています．航法というのは聞きなれない言葉かもしれませんが，航は航空機や航海の「航」で，航法＝ナビゲーションという意味です．

GLONASS，GALILEO，北斗はGPSと同様の地球全体をカバーするグローバルな衛星測位システムです．各国がともにGPSの機能・性能に追い付け追い越せとばかりに技術開発にしのぎを削っています．

column 01 24時間日本の上空を飛来している準天頂軌道衛星の軌道

浪江 宏宗

● 日本の人工衛星には平仮名の愛称がついている

有名どころでは，気象衛星の「ひまわり」や，幾多の困難を乗り越え，数年に渡る宇宙旅行から自力で地球に生還を果たした「はやぶさ」などです．

QZSSを構成する人工衛星にも愛称がついていて，「みちびき（導き）」と言います．行く先を衛星測位技術により導いてくれるということでしょうか．

● 24時間日本の上空を飛来する準天頂軌道衛星

QZSSの人工衛星には，準天頂軌道衛星と静止軌道衛星の2種類で構成されています．

準天頂軌道衛星は図Aに示すようにほぼ円軌道です（わずかに楕円軌道）．地球の周りを地球の自転に同期して周回しています．

衛星の地上射影軌跡は，北半球と南半球で非対称の8の字になります．日本上空では，地球から最も離れた遠地点となり，日本のほぼ天頂（準天頂）に長く留まります．頂上に位置するのでビルなどが林立する市街地でも，衛星の電波がビルなどに遮蔽されることなく受信できます．図Bに示すように，準天頂軌道上に等間隔に最低3機の衛星を配置すれば，順番に日本の上空を飛来します．常に準天頂の高仰角から1機以上受信できるので，QZSS独自の補強

情報がいつも利用できます．

（注）図A，図Bは内閣府 宇宙開発戦略推進事務局「みちびき Webサイト（https://qzss.go.jp/）」を元にCQ出版が作成．

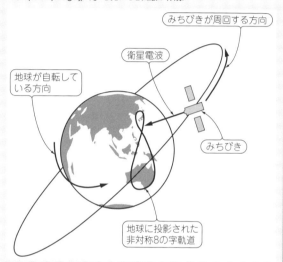

図A 日本が保有する準天頂軌道衛星QZSSは地球の自転に同期した楕円軌道で地球の周りを回っている
準天頂軌道衛星QZSSの地上射影軌跡は，北半球と南半球で非対称の8の字になる．日本上空では地球から最も離れた遠地点となり，日本のほぼ天頂（準天頂）に長く留まる

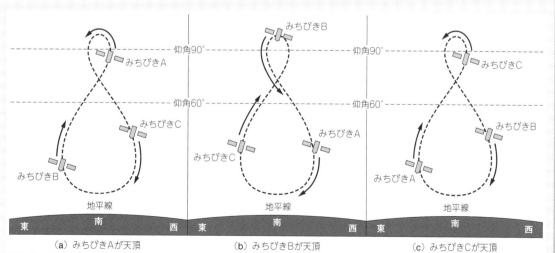

（a）みちびきAが天頂 （b）みちびきBが天頂 （c）みちびきCが天頂

図B 準天頂軌道上に等間隔に3機以上の衛星を配置すれば，24時間日本の上空に飛来する衛星を捉えられる
常に1機が準天頂の高仰角にあり，いつでもQZSS独自の補強情報が受信できる

② GPS測位技術の分類

岡本 修

衛星を使った測位法(**図2**)は,大きく分けて,次の2種類があります.

(1)　GNSSレシーバを1個使う単独測位

(2)　GNSSレシーバを2個使う相対測位

また,次の2種類に分類することもできます.

(1)　コードを利用して測位するコード測位

(2)　搬送波の位相とコードを利用する搬送波測位

コード測位の代表的な応用は,単独測位タイプのカー・ナビゲーションです.精度は10mと良くありません.受信機を2台使うディファレンシャル・コード測位は,それよりもやや精度が高く,1mほどです.

今注目されているのは,搬送波利用タイプの技術です.

衛星測位法

単独測位

地上にある複数の基準局から,衛星の軌道エラー,電離層や大気による電波の波長伸縮(最大10m)の値を衛星にアップリンクして全土に放送する.地上の移動局はこのデータを使って計算で求めた衛星との距離を補正し正確に把握することができる

搬送波位相測位
みちびきが発する補強信号 L6を受信利用する.利用は無料.測位性能は次のとおり.

① PPP(FLOAT解測位),PPP-AR(Fix解測位)方式
精度数cm~10cm,収束時間15~30分,2周波以上必要(一部1周波).JAXAが開発した測位計算ソフトウェアMADOCAと世界にある100カ所の測定データを利用する.MADOCA-PPPとも呼ぶ

② PPP-RTK方式
収束時間1分,測位精度7cm,2周波以上を受信できるレシーバを使う.みちびきが配信提供するCLAS(Centimeter Level Augmentation Service)を利用する.2018年11月,みちびきが4機体制になり,2周波タイプのレシーバ(ZED-F9Pなど)が誕生したことで,シンプルなハードウェア(レシーバ1台)で高精度測位(1分,7cm)が可能になった.CLASが配信するデータには,日本各地上空の電離層や大気の影響補正データと衛星の軌道エラー情報が含まれている.MADOKAが配信するデータには日本各地上空の電離層や大気の影響補正データが含まれていない

③ 単独コード測位
従来の移動通信機,携帯電話,カー・ナビゲーションなどに利用されている

④ 広域ディファレンシャル測位(SBAS, SLAS)
全国6カ所のモニタ局で観測したデータから,衛星(GPSおよびGLONASS)のクロックと軌道,電離層遅延,対流圏遅延のエラーを算出して,運輸多目的衛星(MTSAT:Multi-function Transport Satellite)から全土に放送する補強システム.正式名称は「GPS広域補強システムSBAS(Satellite-Based Augmentation System)」.多くの受信機が対応しており,航空機はこのしくみを利用している.電波利用は無料.測位精度は1~3m.みちびき(L1Sb信号)による配信サービス

⑤ 広域コード・ディファレンシャル測位
基準局で得られるデータから衛星ごとのコード測距オフセット誤差と変化率を算出して,移動局で補正するコードを利用する測位.広域コード・ディファレンシャルと違い,誤差要因別の補正値ではないため,基線長(基準局からの距離)に応じて誤差が増大する.測位精度は1~3m

相対測位

⑥ スタティック測位
静止状態を1時間保ち,衛星の移動から搬送波の波数を決める.データの平均化処理などをして高い測位精度を実現する.精度は1cmで地殻変動や公共測量などに利用される

キネマティック測位(RTK)

⑦ ローカル・エリアRTK方式
移動局上空の電離層の影響を,近くにある基準局(地上の固定局)との差分をとることでキャンセルして,高精度測位を実現する.収束時間は10~30秒,測位精度は数cmで,工事測量や公共測量に利用されている.基準局と通信手段が必要である.2周波以上(一部1周波)に対応した受信機を使う.基線長は10kmまで

⑧ 基準点ネットワークRTK方式
仮想基準点方式 VRS-RTK(Virtual Reference Station RTK)がある.収束時間は10~30秒,測位精度は数cmで,工事測量や公共測量に利用されている.2周波以上(一部1周波)に対応した受信機を使う.全国にある国土地理院の電子基準点を基準局として利用する(ユーザの準備作業は不要).有料(月額2~3万円)である.補正信号を受ける通信手段が必要

干渉測位(搬送波測位)
位置がわかっている固定局(移動局)を地上に設置する.移動局と基準局の上空の電離層や大気の状態,キャッチする衛星がほぼ同じであり,電波に含まれるエラー量がほぼ等しいことが前提である.移動局は基準局との差分をとることで衛星までの距離の誤差をキャンセルする

図2　衛星を使った測位法のいろいろ

③ **GPS受信機の標準的な通信フォーマット「NMEA」**

古野 直樹

NMEA-0183フォーマットは，名前(NMEA；National Marine Electronics Association，米国海洋電子機器協会)のとおり船舶関係の電子機器の標準フォーマットとして生まれました．そのため，NMEAフォーマットのデータは，船の運航にかかわるさまざまなデータを含んでいます．GPSモジュールは，それらのデータの中からGPSのデータをやり取りする部分を切り出して使っています．

GPS開発初期は，多くの船舶エレクトロニクス機器を手がけているメーカがGPSを生産していたため，このフォーマットがデファクトとして定着したものと思います．NMEAフォーマット・データの通信仕様を**表1**に示します．

● **標準センテンスの構成**

NMEAの標準センテンス(パケット)は，**図3(a)**のような形式になっています．センテンスを構成するデータはASCIIコードで表現します(**表2**)．

▶**$**

センテンスの開始を表すキャラクタです．NMEAのセンテンスはすべて$で始まります．

▶**アドレス・フィールド**

センテンスの種類を示します．5バイトの固定長です．よく使われるものを**表3**に示します．

表1 NMEAフォーマット・データの通信仕様

項　目	内　容
通信ポート名	TD1，RD1
通信手順	無手順
通信仕様	全二重　調歩同期式
通信速度	4800 bps
スタート・ビット	1ビット
データ長	8ビット
ストップ・ビット	1ビット
パリティ・ビット	なし

初めの2バイトはトーカ(talker，発信者)IDであり，機種ごとのコードを表します．GPSデータの場合はつねに"GP"で始まります．続く3バイト目は，センテンス・フォーマットと呼ばれ，含まれるデータの種類を表します．

▶**データ・フィールド**

実際のデータを格納している部分です．可変長で，必ずデリミタ(カンマ)"," で区切られます．該当するデータがない場合は，ヌル・フィールド(null field)が送信されます．ヌルとは，データ・フィールドにキャラクタが入っていない状態のことです．フィールドのデータの信頼性が落ちているときや，有効なデータがない場合に使います．

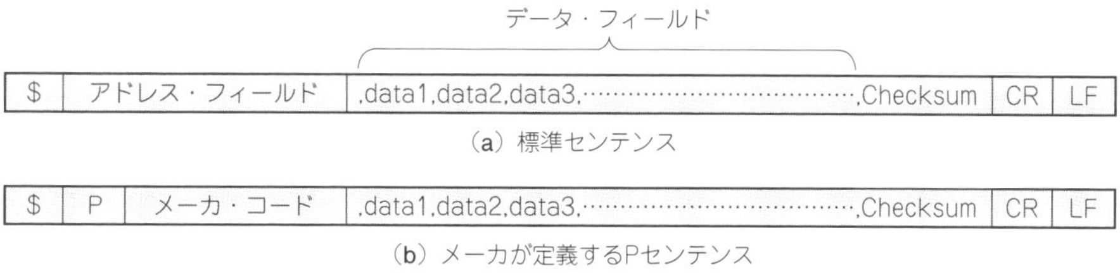

データ・フィールド

$	アドレス・フィールド	,data1,data2,data3,···························,Checksum	CR	LF

(a) 標準センテンス

$	P	メーカ・コード	,data1,data2,data3,···························,Checksum	CR	LF

(b) メーカが定義するPセンテンス

図3 NMEAフォーマット・データの標準的なセンテンスの構成

表2 センテンスを構成するデータはASCIIコードで表現する

キャラクタ	コード	意　味
CR	0D	キャリッジ・リターン．センテンスのエンドの境界
LF	0A	ライン・フィード．改行
$	24	センテンスのスタートの境界
*	2A	チェックサム・フィールドの境界
,	2C	フィールドの境界(デリミタ)

表3 センテンスの種類を表すアドレス・フィールドのパラメータ例

アドレス・フィールド	データの種類
GPDTM	測地系
GPGGA	位置，測位時刻など
GPZDA	現在日時など
GPGLL	位置，測位時刻
GPGSA	測位状態，DOP
GPGSV	衛星情報など
GPVTG	速度，方位
GPRMC	位置，測位時刻，速度，方位

▶チェックサム(checksum)

　$の次のデータ($は含まない)から，チェックサム直前のデータまでのすべてのデータについてXOR(排他的論理和)をとり，その結果を2バイトのASCIIコードに変換して出力します．

▶CR/LF

　センテンスの終了を示すターミネータとして，CR(キャリッジ・リターン)とLF(ライン・フィード)が使われます．

● Pセンテンス(Proprietary Sentence)の構成

　NMEAフォーマットでは，$からCR/LFまでの最大長は，$とCR/LFを含めて82バイトに制限されています．多くのセンテンスを短時間に送りたくても，標準の通信速度で送れるセンテンスは最大でも6つです．

　このため多くのGPSメーカでは，NMEAネットワークに接続しない組み込み用途などでは，上記の仕様とフォーマットは遵守しつつ，通信速度を9600～19200 bpsに上げています．

　NMEA-0183では，標準センテンスのほかに，メーカごとに定義できるセンテンスがあります．このセンテンスをPセンテンス(Proprietary Sentence)と呼びます[図3(b)]．GPSとの入出力を考慮して，GPS

コマンドも通常このPセンテンスで定義されています．

▶$

　$は，センテンスの開始を示すキャラクタです．標準センテンスと同様です．

▶P

　Proprietary Sentenceであることを示すPが置かれます．

▶メーカ・コード

　3文字のメーカ・コードが入ります．この3文字は，自由に決定してよいのではなく，重複を避けるために，必ずNMEAに登録してからでないと出力できません．GN-80の場合，FECの3文字が入ります．

▶データ・フィールド

　実際のデータを格納している部分です．独自フォーマットなので制約がありません．

▶チェックサム(checksum)

　$の次のデータ($は含まない)から，チェックサムの直前のすべてのデータについてXOR(排他的論理和)をとり，その結果を2バイトのASCIIキャラクタに変換して出力します．

▶CR/LF

　センテンスの終了を示すターミネータです．CR(キャリッジ・リターン)とLF(ライン・フィード)が使われます．

4 NMEAフォーマットの測位系でよく使うデータ形式「GPRMCセンテンス」

久山 敏史

　市販の地図ソフトウェアの多くは，標準でNMEAフォーマットに対応しています．そのほとんどがGPRMCセンテンスを標準でサポートしています．

　GPRMCセンテンスのフォーマットを表4に，データ例を図4に示します．

　$GPRMCで始まるヘッダに続き，UTC時刻，有効/無効フラグ，位置データ(緯度，経度，高さ)，方位(進行方向)，スピード，UTC年月日などが順次出力されます．

　各センテンスは可変長で，有効なデータがない場合

はGPSモジュールはデータを出力しないことがあります．表4のUTC Timeの備考欄にあるとおり，有効なデータがない場合にはヌル・フィールド(null field)，つまりカンマで区切られただけの無効フィールドが出力されます．例えば，電源投入後測位するまでの間は，GPSモジュールから次のようなデータが出力されるかもしれません．

　$GPRMC,,V,,,,,,N, 〈checksum〉

　ここでは，データ・フィールド2の有効/無効とデータ・フィールドのモード表示(無効表示)だけデータ

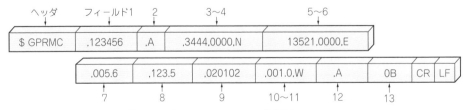

図4　NMEAフォーマット・データはいくつかのセンテンスで構成される

表4 NMEAフォーマット・データ(GPRMCセンテンス)の構成要素

フィールド	意 味		値のレンジ	図4の場合	データ長[バイト]	備 考
1	UTC時刻(UTC Time)	時間(hh)	00 ～ 23	12	2	測位が完了するまで, null(ヌル)を出力. 測位が完了したあとで, 受信状況が悪くなりデータが得られなくなった場合は, 最後に測位したデータを出力し続ける
		分(mm)	00 ～ 59	34	2	
		秒(ss)	00 ～ 59	56	2	
2	状態(Status)		A または V	A	1	A:データ有効, V:ナビゲーションへの警告
3 ～ 4	緯度(Latitude)	角度	00 ～ 90	34	2	–
		分	00 ～ 59	44	2	整数
		分	0000 ～ 9999	0000	4	端数
		北か南か	N または S	N	1	–
5 ～ 6	経度(Longitude)	角度	000 ～ 180	135	3	–
		分	00 ～ 59	21	2	整数
		分	0000 ～ 9999	0000	4	端数
		東か西か	E または W	E	1	–
7	速度(Speed)	kts	000.0 ～ 999.9	005.6	5	情報が有効でない場合は, nullを出力
8	真飛行コース(True Course)	度	000.0 ～ 359.9	123.5	5	情報が有効でない場合は, nullを出力
9	UTC時刻(UTC Time)	日(DD)	01 ～ 31	02	2	測位が完了するまで, null(ヌル)を出力. 測位が完了したあとで, 受信状況が悪くなりデータが得られなくなった場合は, 最後に測位したデータを出力し続ける
		月(MM)	01 ～ 12	01	2	
		年(YY)	02 ～ 79	02	2	
10 ～ 11	衛星の自差(Magnetic Deviation)	度	000.0 ～ 180.0	001.0	5	–
		東か西か	W または E	W	1	Wの場合, 自差= TRUE − DEV. Eの場合, 自差= TRUE + DEV
12	測位動作モードの指示		A, D, N	A	1	A:自立動作 D:DGPS(Differential GPS)動作 N:データ無効
13	チェックサム		–	–	2	–

があり, あとはカンマとカンマの間に1キャラクタもないヌル・フィールドで埋められています.

このようなデータ・フォーマットですから, ヘッダを検出して, バイト数を数えてデータを区別するというよくある受信プログラムを作ると破綻します. ヘッダを検出したら, カンマの数を数えてデータを区別するというのが正しい考え方です.

NMEAでは, カンマのことをデリミタと呼んでいます.

⑤ 位置の算出に必要な航法メッセージ・データ

小林 研一

図5に，GPS航法メッセージ・データの詳細を示します．各データには，誤り防止用に6ビットのパリティ・データが付加されています．

● サブフレーム1

サブフレーム1は次のようなデータから構成されています．

▶WN

WNは10ビットで，単位はGPS時計の1週間で約19.6年周期の時計です．元期は1980年1月6日が開始日です．これから現在の年月日と曜日がわかります．

▶C/Aの精度

4ビット構成で，0～15の値から受信した衛星番号の位置精度を示します．この値が大きい衛星のデータを使用すると位置精度の劣化につながります．

▶衛星の健康情報

データは6ビットからなります．良否のほかL$_1$やL$_2$のPコードの健康情報も含まれています．

▶IODC

衛星の時計補正データの発行時刻を示します．このデータはサブフレーム2，3のエフェメリス・データの発行時刻（IODE）と比較され，不一致がある場合（データの更新時に当たる），一致するまで再度，各フレーム・データを取り直す必要があります．

▶T_{GD}

この値は，軍用ユーザのYコードのL$_1$とL$_2$間の電離層の遅延量を示します．一般のC/Aコードを利用するユーザには使用できません．

▶衛星時刻補正データ

測定した衛星の時刻の補正項で，補正発行時のt_{OC}やa_{f0}，a_{f1}，a_{f2}の係数から測定時刻のずれを計算し，真の衛星時刻を求めるために使用します．さらに，これらの補正に衛星の楕円軌道に関係する相対性理論による時刻ずれを加えます．

● サブフレーム2，3

サブフレーム2と3のペアが，衛星のエフェメリス・データです．表5に，各パラメータの概要を示します．

このエフェメリス・データは，通常1時間で更新されます．一度収集したデータは最大4時間程度まで使用可能ですが，時間経過とともに衛星位置の誤差が増加するため，GPS受信機で測定した位置精度の劣化につながります．

▶IODE，t_{oe}

このエフェメリス・データ発行時刻は，サブフレーム2と3にあり，前項のサブフレーム1のIODCとともに，一致したときに各データが使用可能となります．

t_{oe}はエフェメリス・データを発行した時刻を示します．

▶$A^{1/2}$，e

$A^{1/2}$は衛星が運行する楕円軌道の長半径Aの平方根で，eは楕円軌道の離心率を表します（図6）．

▶Ω_0，$\dot{\Omega}$，ω，i_0，IDOT

これらのデータは，地球と衛星の楕円軌道との関係

表5　エフェメリス・データの各パラメータ

パラメータ	役　割
IODE	エフェメリス・データを発行した時刻
C_{rs}	衛星軌道半径の補正に使用
Δn	衛星の平均運動の補正に使用
M_0	平均近点離角（ある時刻での衛星の軌道面上の位置を示す角度）
C_{uc}	衛星軌道の補正に使用
e	衛星の楕円軌道の離心率
C_{us}	衛星軌道の補正に使用
$A^{1/2}$	衛星軌道の長半径の平方根
t_{oe}	エフェメリス・データの基準時刻
C_{ic}	衛星軌道傾斜の補正に使用
Ω_0	週の初め時刻の昇交点赤径
C_{is}	衛星軌道傾斜の補正に使用
i_0	基準時刻での軌道傾斜角（衛星軌道の赤道面からの角度）
C_{rc}	衛星軌道半径の補正に使用
ω	近地点引き数（衛星軌道の地球からの近地点方向と昇交点方向とのなす角度）
$\dot{\Omega}$	Ω_0の昇交点赤径の変化率
IDOT	軌道傾斜角の変化率

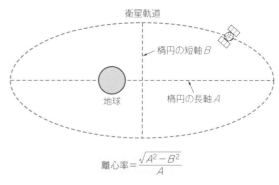

離心率 $= \dfrac{\sqrt{A^2 - B^2}}{A}$

図6　衛星軌道と離心率の関係

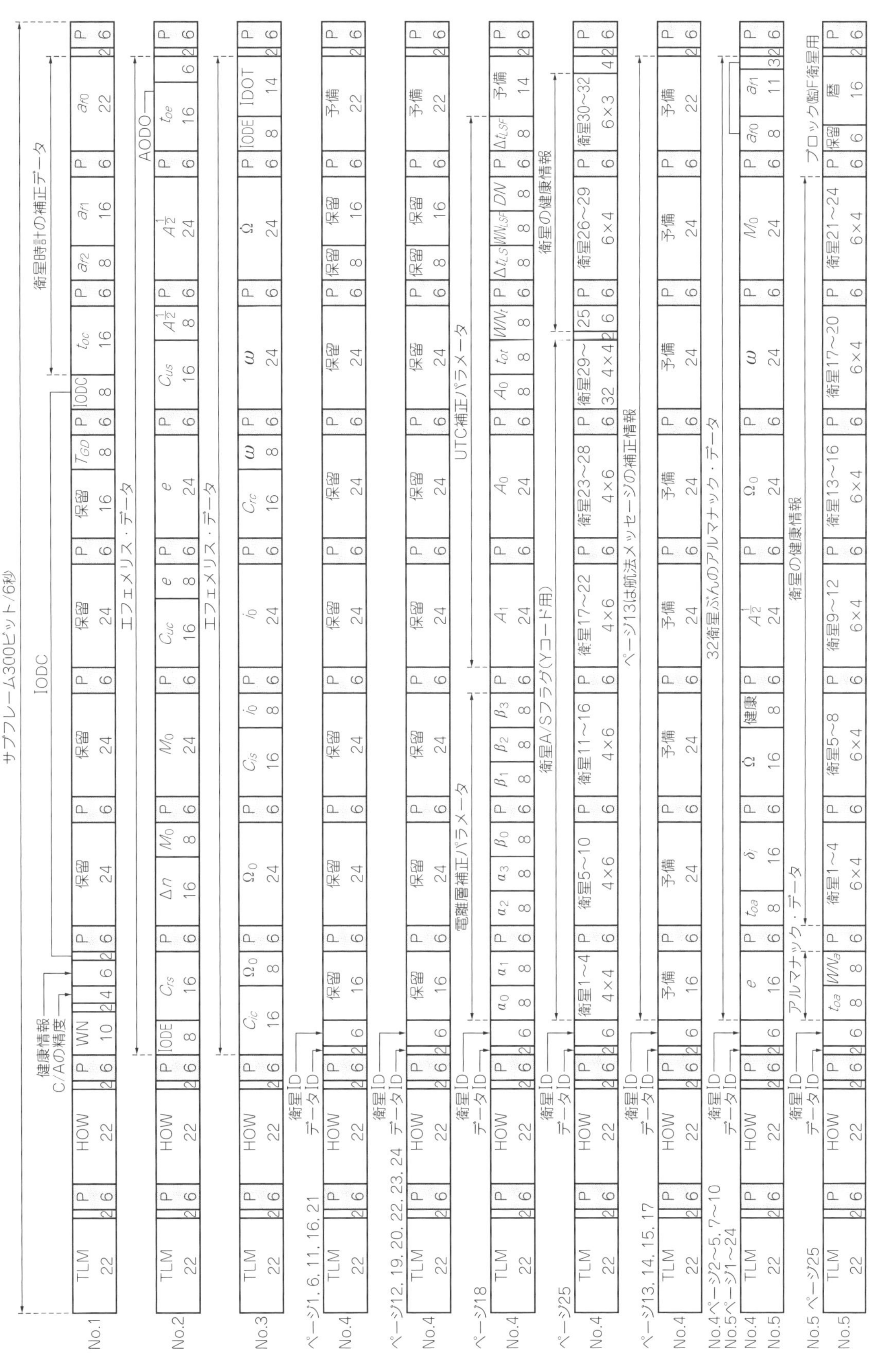

回路・部品

シリアル通信

コネクタ関係

単位・値

電波・無線

あれこれ

図5(2) GPS航法メッセージ・データの構造

を示すパラメータです(図7).

Ω_0 は週の初めの時刻での昇交点赤径を表します. 昇交点赤径は,衛星の軌道面と地球の赤道面との交点で,衛星が南半球から北半球に入る地点の赤道面の春分点方向からの経度になります.

$\dot{\Omega}$ は,昇交点赤径の時間による変化率を表します.

ω は近地点引き数と呼ばれ,衛星の軌道の地球からの近地点と昇交点との角度です.

i_0 は基準時刻での軌道傾斜角といわれ,地球の赤道面と衛星軌道面との角度です.

IDOTは,軌道傾斜角の時間による変化率を示します.

▶ Δn, M_0

Δn は,衛星の平均運動の補正項として使用されます. M_0 は平均近点離角と呼ばれ,基準時刻での衛星の軌道上位置と近地点との角度になります.

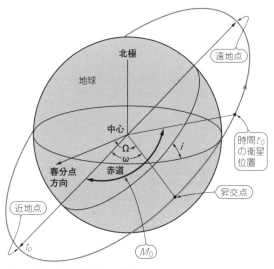

図7　地球と衛星軌道面との関係

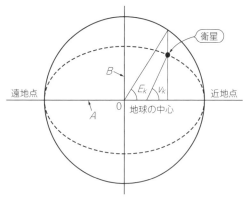

図8　衛星と軌道面との関係

図8は,楕円中心の離真近点角 E_k と地球中心の近地点から衛星位置までの真近点離角 v_k との関係を示します.

▶ 補正項 C_{rs}, C_{rc}, C_{us}, C_{uc}, C_{is}, C_{ic}

C_{rs} と C_{rc} は,衛星軌道半径の補正に使用します. また,C_{us} と C_{uc} は衛星軌道の補正に,C_{is} と C_{ic} は軌道傾斜角の補正に使用します.

● サブフレーム4, 5

図5に示したように第1フレームから第25フレームまでで内容が異なります. これらのフレームに,電離層補正パラメータ,UTC補正パラメータ,32衛星ぶんのアルマナック・データと,それらの衛星の健康情報があります.

また,サブフレーム4, 5にはデータIDと衛星IDが付加されていて,1〜25フレームにより内容が異なります. データIDは,アルマナック・データがあるサブフレームであるか,放送している衛星のデータの状況などを示しています. また衛星IDは,現在運行している衛星番号を表します.

▶ 電離層補正パラメータ

第18フレームのサブフレーム4にあります. このパラメータのうち,a_0, a_1, a_2, a_3 が地磁気緯度から遅延量の大きさを求める係数です. β_0, β_1, β_2, β_3 は,地磁気緯度と時刻による変化を表す係数です. これらとユーザから見た衛星の仰角,方位角より電離層による遅延量が計算できます.

▶ UTC補正パラメータ

このパラメータは第18フレームのサブフレーム4にあります. これらは,係数 A_0, A_1 のほか t_{ot}, Δt_{ls}, WN_t, WN_{LSF}, D_N, Δt_{LSF} 時間情報からなります. これらのパラメータで,UTCとGPS時刻との差のうるう秒がわかります.

また,近い将来に起こるうるう秒の発生日時や,うるう秒の起きた時刻にGPS受信機が正しい時刻を示すのにも利用できます.

ケプラー方程式
$$M_k = E_k - e \sin E_k$$
から E_k を求める.

次に v_k を求め,各補正項を加えて軌道面の衛星位置 (x_k, y_k) を求める.

次に真の昇交点赤経,真の軌道傾斜角を求める.

これらより,地心直交座標系の衛星位置 (X_k, Y_k, Z_k) を求めることができる.

▶アルマナック・データ

このデータは25フレーム中に32衛星ぶんがあります．データは通常1週間で更新されています．衛星位置の求め方は，エフェメリス・データと同じです．衛星の概略位置を示すため，軌道要素の各データが簡略化されています．

▶衛星の健康情報

このデータは第25フレーム中のサブフレーム4，5にあり，32衛星のアルマナック・データの健康情報です．全項の第1サブフレームの健康情報と同じ6ビット・データのほか，8ビットのデータもあります．

この8ビット・データには，航法データの良否も含まれています．

第1サブフレームはメッセージ・データを収集した衛星番号の健康情報で，上記32衛星ぶんの情報より更新が早く，位置計算に使用可能かの判定に使用されます．

◆参考文献◆

(1) Global Positioning System，The Institute of Navigation，1980，米国航海学会．

(2) *Navstar GPS Space Segment / Navigation User Interfaces，ICD‐GPS‐200C，2003.1.14更新．

音・オーディオの便利帳

① 音（音波）の基礎知識

河合 一

音波の定義

ギターを弾いているところを観察すると，弦が振動しているようすを見ることができます．これは周期的な往復運動，すなわち振動です．この振動が空気という媒体を介して伝わり，人間の耳に音として感知されます．この伝搬する空気の振動を音波と定義しています．

● 伝搬速度

音波の伝搬速度は温度により異なりますが，空気中では 340 m/s が標準伝搬速度です．正確には，伝搬速度 S は温度が T［℃］とすると次の通りです．

$$S[\text{m/s}] = 331.5 + 0.6\,T$$

音は振動なので空気以外も媒介とします．主な材質（媒体）における標準的な音波の伝搬速度を表1に示します．ゴム系材質は伝搬速度が遅いので，防振材料として用いられています．

column ▷ 01 音の周波数範囲

編集部

一般に，人間の耳が聞きとれる音の周波数範囲（可聴範囲）は 20 Hz～20 kHz だと言われています（図A）．可聴範囲よりも低い音（低周波）や可聴領域よりも高い音（超音波）は聞こえません．

88鍵ピアノの鍵盤で鳴らせる音の周波数範囲は，27.5 Hz～4.186 kHz です．なお，人間が音程として聞き分けることができる上限は，せいぜい4 kHz くらいまでと言われています[1]．

サンプリング周波数が 44.1 kHz である CD は，（理論上）22.05 kHz までの音を収録・再現できます．さらにサンプリング周波数が 192 kHz のハイレゾ音源になると，96 kHz までの高域が再現できます．

◆参考文献◆
(1) ヤマハ；ピアノの鍵盤数が88鍵から増えないわけは？，

https://www.yamaha.com/ja/musical_instrument_guide/piano/trivia/trivia007.html

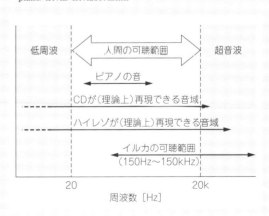

図A 音の周波数範囲

表1 音(振動)の伝わる速度

媒体	標準伝搬速度[m/s]
空気	340
水中	1500
木材	4500
金属(鉄)	5950
ゴム	35〜70

表2 音の3要素

要素	物理特性
大きさ	音圧
高さ	周波数
音色	波形

表3[1] 音の高さと周波数(12平均律の場合)

音名	オクターブ1	オクターブ2	オクターブ3	オクターブ4	オクターブ5	オクターブ6	オクターブ7
C	65.4064	130.8128	261.6256	523.2511	1046.5023	2093.0045	4186.0090
C#	69.2957	138.5913	277.1826	554.3653	1108.7305	2217.4610	4434.9221
D	73.4162	146.8324	293.6648	587.3295	1174.6591	2349.3181	4698.6363
D#	77.7817	155.5635	311.1270	622.2540	1244.5079	2489.0159	4978.0317
E	82.4069	164.8138	329.6276	659.2551	1318.5102	2637.0205	5274.0409
F	87.3071	174.6141	349.2282	698.4565	1396.9129	2793.8259	5587.6517
F#	92.4986	184.9972	369.9944	739.9888	1479.9777	2959.9554	5919.9108
G	97.9989	195.9977	391.9954	783.9909	1567.9817	3135.9635	6271.9270
G#	103.8262	207.6523	415.3047	830.6094	1661.2188	3322.4376	6644.8752
A	110.0000	220.0000	440.0000	880.0000	1760.0000	3520.0000	7040.0000
A#	116.5409	233.0819	466.1638	932.3275	1864.6550	3729.3101	7458.6202
B	123.4708	246.9417	493.8833	987.7666	1975.5332	3951.0664	7902.1328

チューニング(調律)の基準となる「ラ」の音

88鍵ピアノの音程外

● 音の3要素

音の性質を決める3要素は「音の大きさ,音の高さ,音色」です.物理特性でいうと「音圧,周波数,波形」にあたります(表2).

● 音の高さ(周波数)

音の高さは,音楽用語ではピッチと呼ばれます.実際の楽器の音は,一番周波数が低い基本波(基音)と,基本波の整数倍(倍音)で構成されます.一般的な楽器では,ほとんどが倍音成分です.基本波の周期 t[s]で音の高さ周波数 f[Hz]が決定され,基本波と倍音の組み合わせで音色がほぼ決定されます.

音楽における12平均律(1オクターブを12等分した音律.ドレミファソラシがCDEFGABにあたる)と基本周波数の関係は,表3に示すように厳密に規定されています.

同じ音名,例えば同じド(C)でも,低いドと高いドがあります.この違いはオクターブ(Octave)で表現し,1オクターブは周波数比で2倍です.音程はA＝440 Hzから定義されています.

● 音圧レベル

音波の大きさは音圧レベルで規定されます.音波を気圧の変化する波としての物理量で表現するもので,基準の音圧レベル(聴感可能な1 kHzの最小レベル)を規定し,実際の測定音圧との比をdBで表現するものです.本来dBは相対値なのに対し,音圧は基準の決まっている単位です.そのことを示すために,音圧の単位はdB SPL(Sound Pressure Level)と表記することもあります.

基準音圧 0 dB＝$2 \times 10^{-4}\,\mu$bar

bar:バール,気圧の単位

音圧レベルの具体的な例を表4に示します.人間の聴感での音圧レベル範囲は110〜120 dB程度までです.

表4 音圧レベルの具体例

音圧レベル[dB]	具体例
140	ジェット・エンジン
120	ロック音楽演奏会場最前列
100	オーケストラ会場
80	雑踏,繁華街
60	一般的な会話
40	夜間の郊外
20	1 m先から聞こえてくるつぶやき

また,音楽コンサートでの音圧レベル範囲は最大で90〜100 dB程度です.したがって,オーディオ機器が扱う必要がある最小信号から最大信号までの範囲(ダイナミック・レンジ)も,90〜120 dBを目安に考えます.

聴感特性

● 可聴周波数

人が音として感じることができる周波数範囲は一般的に20 Hz〜20 kHzとされています.これは可聴範囲とも表現されますが,オーディオにおいては扱う電気信号の周波数帯域をこの可聴帯域としており,オーディオ帯域として標準的に扱われています.

● ラウドネス曲線

人の感じる音の大きさは,低音と高音では鈍感になる傾向があります.個人差のある特性ですが,多くの人による測定データを元に学術的に規定したものが,ラウドネス曲線(図1)です.ISO(International Organization for Standardization,国際標準化機構)のISO226-2003が最新です.

全体的に,200 Hz以下の低域周波数に対する感度が著しく低下することと,特性曲線が音圧レベルによ

回路・部品

シリアル通信

コネクタ関係

単位・値

電波・無線

あれこれ

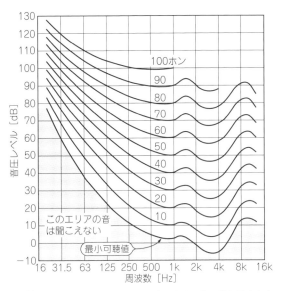

図1[(2)]　音圧と人間の耳に聞こえる音の大きさとの差を示すラウドネス特性
さまざまな周波数の音が感覚的に同じ大きさ（ラウドネス）に聞こえる音圧レベルを結んだ曲線．曲線が下がっている周波数の音は聞こえやすいことを示す．ラウドネス特性の補正をかけたあとの音量の単位がホンになる

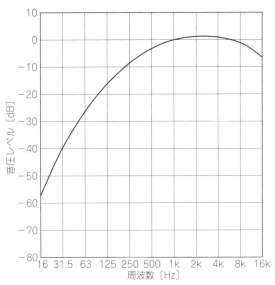

図2　人の耳に聞こえる音の大きさへの補正に使うA特性
騒音値の算出や，オーディオ機器のノイズ特性の評価に使う

り異なることを示しています．

　音圧レベルの小さい時に鈍感になる傾向が強いので，小音量での聴取向けに，低域と高域を持ち上げた特性にする機能をオーディオ・アンプに持たせることがあります．ラウドネス（Loudness）機能と呼ばれています．

● A特性

　ラウドネス曲線は，人間の騒音に関する聴感感度ともいえます．騒音の計測時には，この特性を加味します．騒音計の規格，IEC61672およびJIC C1509に，昔のラウドネス特性をベースにしたA特性（図2）が規定されています．Aウェイト（A-Weighted）・フィル

column 02　ラウドネス特性の移り変わり

河合 一

　ラウドネス特性は，古くはフレッチャー・マンソン特性として知られていたカーブです．音圧から聴感への補正値であるA特性は，フレッチャー・マンソン特性の40ホンでの値をベースに作られています．

　フレッチャー・マンソン特性，現在のラウドネス特性，A特性の比較を図Bに示します．

　ラウドネス特性としては，ロビンソン・ダッドソン特性も有名です．現行のISO226規格は2003年に改訂されたものですが，それ以前のISO226規格にあったラウドネス特性がロビンソン・ダッドソン特性でした．

　フレッチャー・マンソン特性のときは，1kHzの音圧0dBと，0ホン（最低可聴値）とが一致していました．ラウドネス曲線が更新されたため，最低可聴値は0dBと一致しなくなりました．

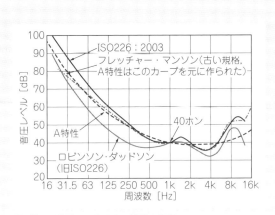

図B[(2)]　A特性とラウドネス特性の比較

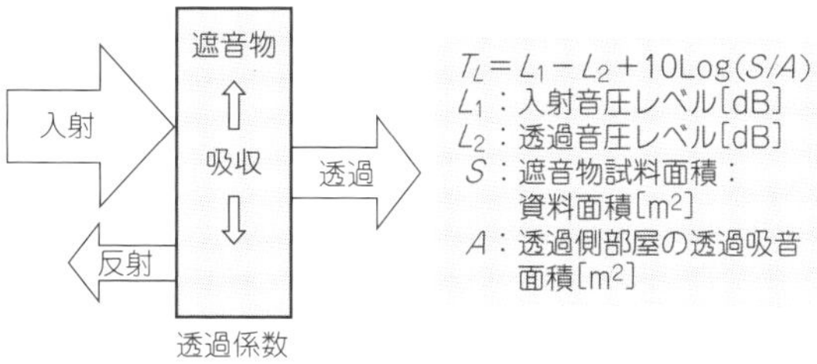

$T_L = L_1 - L_2 + 10 \mathrm{Log}(S/A)$
L_1：入射音圧レベル[dB]
L_2：透過音圧レベル[dB]
S：遮音物試料面積：
　資料面積[m²]
A：透過側部屋の透過吸音
　面積[m²]

透過係数

図3 遮音材の特性を示す透過係数

タと称されています。

オーディオ機器でも，アンプのノイズなどが耳に聴こえる大きさを考え，A特性を加味してノイズを評価することがあります。

室内音響

● 透過係数(損失)と吸音率

スタジオ，コンサート・ホールなどのオーディオ用途建築物はもとより，不動産/建築業界でも用いられる音響特性のひとつに，透過係数(損失)があります。図3に示すように遮音物に音が入射すると，一部が反射され，遮音物内で一部が吸収され，残りが透過します。この遮音特性を透過係数(または透過損失)T_Lと定義しています。

例えば，70 dBの音圧レベルが50 dBの透過係数の遮音物に入射すると，70 − 50＝20 dBの音圧レベルが透過することになります。

遮音物が特に音を吸収する効果を有する物を吸音材と呼び，その吸音率V_Aは次式で求められます。

$V_A = 1 - (反射エネルギ/入射エネルギ)$

● 残響時間

室内においては，発音体から出た音は聴音位置に直接到達する直接音と，時間遅れをもって壁に反射して到達する反射音とが総合されることになります。この反射音も複雑に反射して到達するので，これらが総合され残響音になります。そして，この残響音が直接音

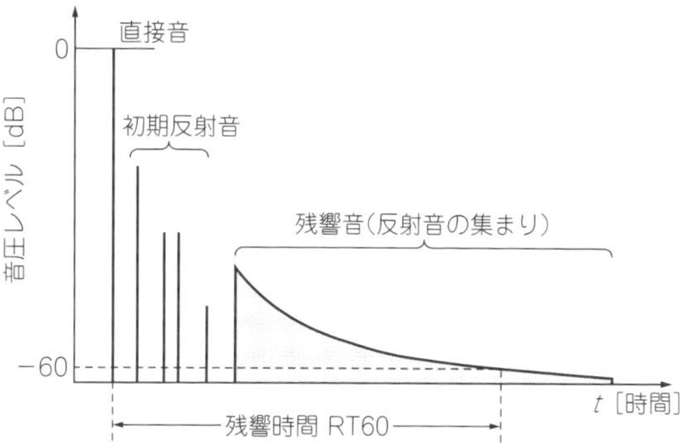

図4[3] 残響時間RT60の定義

レベルに対して60 dB低下するまでの時間が残響時間で定義され，図4に示すようにRT60として規定されています。

残響時間T_rを推定する代表的な方法に，アイリングの残響時間計算式があります。

$$T_r = \frac{0.161 \cdot K}{-S \cdot \ln(1-Z)}$$

K：部屋容量 [m²]
S：部屋の内表面積 [m²]
Z：部屋の平均吸音率

実際の残響時間は，部屋だけでなく，部屋内の場所でも変わります。録音スタジオとコンサート・ホールでは大きく異なりますし，同じホールでも測定ポイントで異なります。設計/施工においては，単純な残響時間の長短だけでなく，人間の聴感による残響時間の質も判断材料となります。

◆参考・引用文献◆
(1) Yoji Suzuki；6. 音程と周波数の関係，VGS音声システム・詳解．http://vgs-sound.blogspot.jp/2013/04/6.html
(2) 産業技術総合研究所；聴覚の等感曲線の国際規格ISO226が全面的に改正に．
https://www.aist.go.jp/aist_j/press_release/pr2003/pr20031022/pr20031022.html
(3) エー・アール・アイ；残響，残響時間，RT60．
http://www.ari-web.com/service/kw/sound/reverb.htm

column 03 「音」と「電波」，どちらも周波数だけどどう違うの？

編集部

周波数(単位はヘルツ [Hz])とは，1秒間に何周期の波が繰り返されるのかを示したものです。この波が空気などの振動である場合は，音(音波)になります。

一方，波が電界と磁界(＝電磁界)の変化である場合は，電磁波になります。光や電波，X線なども電磁波の一種です(詳しくは第5部を参照)。

② オーディオ信号を理解するための基礎用語 「振幅」「位相」「インピーダンス」

河合 一

振 幅

電気信号の振幅単位は実効値を扱うのが標準的です. 実効値の定義と代表的な波形での値を**図5**に示します.

絶対値として, 業界で慣用的に用いられている単位や, 規格として制定されている単位が多くあります. 主なものを**表5**に示します.

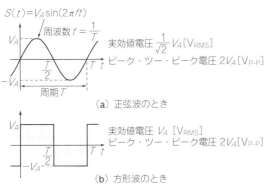

信号電圧を$S(t)$とすると, 実効値電圧は,

$$\sqrt{\frac{1}{T}\int_0^T \{S(t)\}^2 dt}$$

$S(t) = V_A \sin(2\pi f t)$

周波数 $f = \dfrac{1}{T}$

実効値電圧 $\dfrac{1}{\sqrt{2}} V_A \,[\text{V}_{\text{RMS}}]$

ピーク・ツー・ピーク電圧 $2V_A \,[\text{V}_{\text{P-P}}]$

(a) 正弦波のとき

実効値電圧 $V_A \,[\text{V}_{\text{RMS}}]$

ピーク・ツー・ピーク電圧 $2V_A \,[\text{V}_{\text{P-P}}]$

(b) 方形波のとき

図5　実効値電圧とピーク・ツー・ピーク電圧

位 相

オーディオ信号は直流成分がないので, 交流信号の集まりとして考えます.

交流信号は時間tと供に変化する信号なので, 振幅を$V_A (V_{\text{P-P}} = 2V_A)$とする交流信号$S(t)$は,

$$S(t) = V_A \sin(2\pi f t + \theta)$$

で表せます. θは信号位相を意味していて, $\theta = 0$の波形は通常のサイン波です. 時間的な進み要素または遅れ要素があると, その量θが加わります(**図6**).

インピーダンス

インピーダンス(単位：Ω)には回路/デバイスの入出力インピーダンス, 伝送路の伝送インピーダンス, 負荷インピーダンス, 素子/デバイスの固有インピーダンスなど, 多くの種類があります.

OPアンプの入力インピーダンスの例を**表6**に, コンデンサのインピーダンスの例を**図7**に示します.

通常は抵抗成分に加えてインダクタンス(L)成分とキャパシタンス(C)成分の合成値で定義されますが, 単純な抵抗で表せる場合でもインピーダンスと称することがあります.

インピーダンスは周波数によって異なる値を持ちま

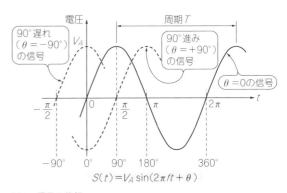

$$S(t) = V_A \sin(2\pi f t + \theta)$$

図6　信号の位相

表5　電圧振幅を表す単位

シンボル	定　義	基準値
dBV	$1\,\text{V}_{\text{RMS}}$基準の電圧. 民生用に使われる	$0\,\text{dBV} = 1\,\text{V}_{\text{RMS}}$
dBs	dBVの別表現	$0\,\text{dBs} = 1\,\text{V}_{\text{RMS}}$
dBm	接続先の負荷で$1\,\text{mW}$消費する電圧. とくに指定のない場合, $600\,\Omega$負荷と考える	負荷$600\,\Omega$のとき $0\,\text{dBm} = 0.775\,\text{V}_{\text{RMS}}$
dBv	$600\,\Omega$負荷のdBm値を基準にした電圧	$0\,\text{dBv} = 0.775\,\text{V}_{\text{RMS}}$
dBu	dBvの別表現	$0\,\text{dBu} = 0.775\,\text{V}_{\text{RMS}}$
VU	dBm基準のレベル表示	$0\,\text{VU} = +4\,\text{dBm}$
dBFS	PCM信号のフル・スケールを基準にした値	$0\,\text{dBFS} = $ フル・スケール

表6　OPアンプの入力インピーダンスの例

PARAMETER	CONDITION	OPA132P, U OPA2132P, U			UNITS
		MIN	TYP	MAX	
INPUT IMPEDANCE Differential Common-Mode	$V_{CM} = -12.5\text{V to} +12.5\text{V}$		$10^{13} \| 2$ $10^{13} \| 6$		$\Omega \| \text{pF}$ $\Omega \| \text{pF}$

$10^{13}\,\Omega$と2pF(または6pF)が並列

すが，仕様では規定周波数（1 kHzや1 MHzなど）での値となります．

◆参考・引用文献◆
(1) 村田製作所：金属端子付きのコンデンサを使う時の注意点を教えてください．
https://www.murata.com/ja-jp/support/faqs/capacitor/ceramiccapacitor/char/0027

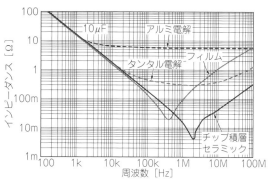

図7[(1)] 実際のコンデンサのインピーダンス

③ オーディオの接続用コネクタ

河合 一

● 2通りの伝送方式

図8に示すように，平衡（バランス）と不平衡（アンバランス）の2通りが使われています．バランス型は差動，アンバランス型はシングル・エンドともそれぞれ呼称されます．

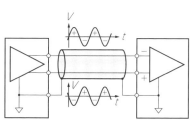

（a）平衡伝送

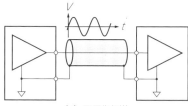

（b）不平衡伝送

図8 アンバランス伝送とバランス伝送

（a）ジャック

（b）プラグ

写真1 アンバランス伝送に使うRCAコネクタの外観

バランス伝送で使う差動信号では，＋側と−側で信号位相が反転しています．外部から入る同相ノイズに対して影響を受けにくくなります．

民生用では，アンバランス伝送が多いのでRCAコネクタのケーブル，業務用ではバランス伝送が多いのでXLRコネクタのケーブルがそれぞれ一般的です．

● RCAコネクタ

RCAコネクタの外観を写真1に示します．信号形態はホットとGNDのアンバランス形式です．RCAピン・ジャックはその取り付け形状から，基板取り付け型，パネル取り付け型があります．

ディジタル・オーディオ信号であるS/PDIFの伝送に使うケーブルはインピーダンスが75 Ωと規定されていますが，アナログ・オーディオ信号用には規定がありません．CEA（Consumer Electronics Association）により表7のように色分けが規格化されています．

表7 RCAコネクタの伝送信号による色分け

カラー表示	チャンネル/信号の定義
黒	アナログ・モノラルまたはTVのRF
白	アナログ・Lチャネル
赤	アナログ・Rチャネル
緑	アナログ・センター，または映像G信号
青	アナログ・サラウンドLチャネル，または映像B信号
灰	アナログ・サラウンドRチャネル
茶	アナログ・サラウンド・リアLチャネル
肌	アナログ・サラウンド・リアRチャネル
紫	アナログ・サブウーファー
橙	S/PDIF
黄	コンポジット映像信号

（a）レセプタクルのオス
（ソケット）

（b）レセプタクルのメス
（プラグ）

（c）プラグ（ケーブル・コネクタ）
のオス・ソケット

（d）プラグ（ケーブル・コネクタ）
のメス

写真2　バランス伝送に使う3ピンXLRコネクタの外観

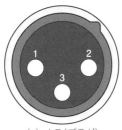
（a）オス（プラグ）　　　　　（b）メス（ソケット）

図9　バランス伝送に使うXLRコネクタのピン配置

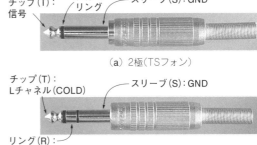

チップ（T）：
信号

絶縁
リング

スリーブ（S）：GND

（a）2極（TSフォン）

チップ（T）：
Lチャネル（COLD）

スリーブ（S）：GND

リング（R）：
Rチャネル（HOT）　　（b）3極（TRSフォン）

写真3　フォン・プラグの外観と信号配置

● XLRコネクタ

　XLRコネクタの外観を写真2に示します．米キャノン社（現在はITT-Cannon社）が開発，提唱したためにキャノン・コネクタとも呼ばれます．ホット，コールド，シールドの3芯構成で，バランス伝送に使われるのが一般的です．ピン配置を図9に示します．他に2～7芯タイプもあります．

　ディジタル・オーディオ信号の規格AES/EBUでは伝送インピーダンスが110Ωと規定されています．

● フォン・プラグ/ジャック

　フォン・プラグの外観を写真3に示します．

　フォン・プラグ/ジャックは，ジャック径により標準（6.5 mm），ミニ（3.5 mm），マイクロ（2.5 mm）の3種類があります．2極（モノラル）タイプ，3極（ステレオ）タイプがよく使われます．標準プラグの2極はTSフォン，3極はTRSフォンとも呼称されます．

● DINプラグ/コネクタ

　ドイツ工業標準規格DINが規格化しているプラグ/コネクタのことで，オーディオ関係では特に丸型プラグ/コネクタのことを指します．ピン数は3ピン～8ピンであり，標準サイズと小型（ミニ）タイプがあります．標準タイプの外観を写真4に，AV機器でのピン配置（5ピン）の代表例を図10に示します．

（a）ソケット

（b）プラグ

写真4　DINコネクタの外観

ピン番号	信　号
1	Lチャネル音声
2	GND
3	映像
4	+5V
5	Rチャネル音声

図10　AV機器に使われる5ピンDINコネクタのピン配置

写真5　多チャネルの伝送に使う丸型多芯コネクタ
NK27-21C-7/8（JAE）
［写真提供：トモカ電機］

● 多チャネル接続に使う丸型コネクタ

業務用オーディオで，多チャネルをまとめて扱いたい時に，**写真5**に示すKコネクタやMSコネクタが使われています．堅牢な構造と確実な接続(ネジ止め)が特徴です．

④ マイクとスピーカの基本特性を知るための用語集

河合 一

マイクロホン

マイクロホンは，振動体構造で大別するとダイナミック型とコンデンサ型があります．指向性の有無やワイヤレス・タイプなど，多くの品種があります．

主な基本特性は次の通りです．

▶マイク感度

1 kHz，1 Pa(94 dB SPL)の音圧を与えた時の無負荷出力信号レベル(dBVまたは電圧値)で定義されます．例えば，20 mV/Paなどです．

▶最大音圧レベル

全高調波ひずみ(*THD*)が規定値(例えば*THD* = 1 %)となる入力音圧レベル(dB SPL)です．許容入力レベルとも表現される場合があります．

▶周波数特性

集音可能な周波数範囲です．一般的には1 kHzを基準に−3 dBレベル低下する周波数範囲を示します．例えば20 Hz〜40 kHz/−3 dBなどです．

▶出力インピーダンス

信号源としての内部インピーダンスです．

▶雑音レベル

無信号時の出力雑音レベルです．電圧値，または入力音圧に換算したdB SPLで表示されます．例えば23 dB SPLなど．信号レベルとの比で，*SN*比またはダイナミック・レンジとして表現する場合もあります．

● 録音機器からマイクへの電源供給

マイクロホンは一部を除き動作に電源が必要です．電池を内蔵させることもありますが，録音機器から供給する場合もあります．代表的な方式を**図11**に示します．

▶プラグイン・パワー

小型のマイクでは，信号線に抵抗を介して電源を加える方式が一般的です．

▶ファンタム電源

バランス伝送のマイクロホンでは，信号ラインに直流48 Vを加えて動作させる方式が一般的です．

スピーカ

スピーカやヘッドホンも多くの方式と製品が存在します．主な基本特性は以下です．

▶出力音圧レベル

スピーカに1 Wの信号を加え，1 m離れた距離における音圧レベルで定義されます．単位はdB SPLです．

▶定格入力電力

スピーカに印可することのできる最大電力です．

▶インピーダンス

インピーダンスは**図12**のように周波数特性を持つので，一般的には，400 Hzの値，または最小値で規定されています．一般的なスピーカでは4 Ωから8 Ω，ヘッドホンでは16 Ω〜40 Ωが代表的な値です．

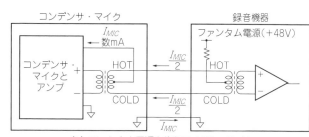

（a）プラグイン・パワーのステレオ・マイク　　（b）ファンタム電源を使うモノラル・マイク

図11　録音機器からマイクロホンへの電力供給

▶ 再生周波数特性

再生可能な周波数特性です.

▶ クロスオーバー周波数

スピーカの特性として，大口径ユニットは低域再生に，小口径ユニットは高域再生に向きます．そこで大小いくつかのユニットを組み合わせ，2 Way，3 Wayにすることがあります．そのとき，ユニットの担当が切り替わる周波数をクロスオーバー周波数といいます．

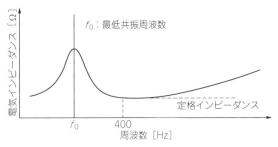

図12　スピーカ・ユニットのインピーダンス周波数特性
公称インピーダンスは400 Hzでの値または最小値

5 オーディオ信号の圧縮方式と用途

川村　新

音声圧縮の概要

● 音声をとびとびの間隔で2進数に置き換える量子化によって音声圧縮は進歩した

音声圧縮はディジタル信号処理技術のおかげで飛躍的に進歩しました．つまり，アナログ信号である音声波形をそのまま記録するのではなく，とびとびの値だけを記録する技術です．

音声波形のとびとびの値だけを記録したCDは，レコード盤よりも小さいサイズで長時間の音楽を収録できます．CDは何よりも再生やコピーを繰り返した場合に，音質の劣化がほとんど生じないという利点がありました．さらに，楽曲にヘッダ情報を追加できるので，楽曲の検索も瞬時に行えることになりました．またたく間にレコードがCDに変わりました．また，これまでアナログ信号だった音声を，ディジタル信号として扱えるようにしたことから，さまざまな圧縮方法が考案されました．

● 数字の列に決まりごとを持ち込むことでデータ量を圧縮する

ディジタル信号は単なる数列なので，代数的な処理に向いています．例えばランレングスという方法では，0が30個続き，その後に1が70個続くような信号があった場合，0…01…1のように100個の0と1を並べるのではなく，30，70と記録します．このようにすれば保存するデータ量を小さく（圧縮）できます．もちろん，30，70の意味がわからなければ信号を再現することができません．すべての音声圧縮技術に必要なことは，記録するデータの書き方（符号化），読み方（復号化）を決めておくことです．そして，音声圧縮技術とは，このデータの書き方，読み方の方式の違いとし

表8　オーディオ信号の圧縮方式と用途の例

圧縮方式	用　途	関連機関
PCM	CD，DVD，BD，他	ITU-T（G.701）
log-PCM	固定電話	ITU-T（G.711）
ADPCM	PHS，スーパーファミコン	ITU-T（G.726）
CELP	携帯電話，VoIP（Speex）	ITU-T（G.728，729）
EVS	携帯電話	3GPP
ATRAC	MD，ソニー製品各種，音楽配信	ソニー
MP3	携帯音楽プレーヤ，インターネット・ラジオ，音楽配信	MPEG
AAC	地デジ放送，iTunes，iPod，他	MPEG
aptX	スマートフォン，タブレット	クアルコム
ALS	スタジオ編集，音楽配信	MPEG
AC-3	映画，DVD，BD，プレイステーション3，他	MPEG
DTS	映画館，DVD，BD，プレイステーション3，他	ドルビー・ラボラトリーズ
WMA	Windows Media Player，ディジタル録音	マイクロソフト

て分類できます．

● 圧縮ならデータを1/100にもできる

最近では，書き方と読み方の取り決めは複雑になってきましたが，記録すべきデータ量は極端に小さくなりました．インターネットの音楽配信でも，高音質の楽曲があっという間に入手できます．

● 音声圧縮方式のいろいろ

表8に，さまざまな音声圧縮方式の用途と関連機関を整理しました．

最も代表的なものはPCM圧縮方式です．これはアナログ信号を単純にとびとびの値で記録したもので，用途はCD，DVD，wavファイルなどです．

PCMをやや修正した方法にlog-PCMがあります．log-PCMは人間の聴覚特性に合わせて小さい振幅は細かく，大きな振幅はおおまかに記録する方式です．

ADPCMは音声波形を予測して，その予測誤差を記録する方法です．予測誤差は音声波形そのものよりも振幅の変化の幅が小さくなるので，効率良く圧縮できます．

CELPは音声の発生機構をうまく利用した圧縮方式です．

ATRACは人間の聴覚特性を利用して，知覚できない音を除去することで，圧縮効率を高めています．これは元の音声の一部を完全に捨て去る，非可逆圧縮と呼ばれる方式の一種です．

有名なMP3も非可逆圧縮の1つで，聴覚特性の利用に加え，非線形量子化，ハフマン符号化など，音声圧縮に効果的な技術が詰め込まれました．それまでの常識を覆すほど大量の音楽を持ち運べることから，MP3プレーヤが一気に普及しました．

6 音声圧縮方式の代表例「MP3」

川村　新

● 携帯音楽プレーヤの普及に大きく貢献した

MP3とはMPEG-1 Audio Layer 3の略称です．また，MPEG(Moving Picture Experts Group)とは，マルチメディア符号化を行っている組織名であるとともに，この組織が策定した映像や音声の圧縮方式の名称としても用いられます．

MP3はMPEG-1 Audio Layer1やLayer2よりも高い圧縮率を実現する方法で，またたく間にユーザを増やし，携帯音楽プレーヤの普及に大きく貢献しました．

● 32に分割した帯域中の信号に重み付けをする

MP3の圧縮方式では，まず音楽信号をフィルタ・バンクによって32の帯域に分割します(**図13**)．そして，それぞれの帯域をMDCT(Modified Discrete Cosine Transform)によって周波数領域に変換します．ただし音声の特性に合わせてMDCTで変換する信号の長さ(ブロック)を変更しています．

例えば急激に変化するような信号の場合には，短い

ブロックが用いられ，時間分解能を向上させています．一方，変化が少ない信号には，長いブロックによって周波数分解能を改善します．周波数領域ではマスキング特性などの聴覚心理モデルを用いて不要な信号成分をカットします．さらに信号のパワーに基づいた非線形量子化を行います．

● 信号の出現頻度に基づいてビットを割り振る

この量子化信号を，ハフマン符号化によって効率良く符号を割り振ります．ハフマン符号化は信号の出現頻度に基づいてビットを効率良く割り振る方法です．最後に結果として得られた符号列を記録，あるいは伝送します．

MPEG-1 Audio Layer 1および2との主な違いは，MDCTの追加とハフマン符号化の導入です．

人気のMP3ですが，著作権保護機能がなく，インターネットを通じて自由にコピーを配布できることが問題となっています．

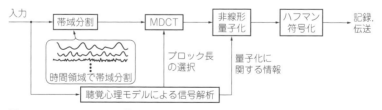

図13　MP3のエンコードの流れ

回路・部品

シリアル通信

コネクタ関係

単位・値

電波・無線

あれこれ

⑦ CDやwavファイルなどに使われている圧縮方式「PCM」

川村 新

PCM (Pluse Code Modulation) は，アナログ信号である音声をデジタル信号に変換したものです．例えば，横軸を時間，縦軸を音圧とすると，アナログ信号は平面のどこにでも値をとることができます．

一方，横軸，縦軸をそれぞれとびとびの値に切るとした場合，PCM信号はそれらの交点にしか値をもつことができません (**図14**)．アナログ信号が交点に無い場合，PCMでは縦軸上の信号を最も近い交点に割り振ります．したがって，ほとんどの場合，PCM信号は元の信号との間に誤差が生じます．

誤差を小さくするには，縦軸，横軸を細かく区切ることが有効です．このうち横軸の細かさにより，PCMが表現できる周波数の範囲が決められます．具体的には，横軸の1秒当たりの分割数（サンプリング・レート）の半分が，PCMが表現できる周波数の範囲となります．これはサンプリング定理として知られています．

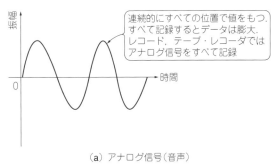

（a）アナログ信号（音声）

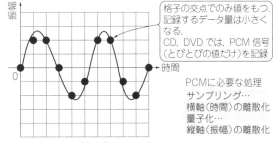

（b）デジタル信号（PCM信号）

図14 アナログとデジタル信号の違い

安全規格と認証

① 製品を販売するときに遵守するべき規格

梅前 尚

商用電源に接続する機器は，消費者を感電や火災の危険にさらす可能性があります．この危険から人を守るために，国や地域ごとに規格（安全規格）が定められています（表1）．規格に適合しない製品は，その地域で販売することが認められません．

安全規格は，用途ごとに細かく定められています．例えば，家庭用電気機器や事務用電気機器，医療用電気機器などに分類されています．

また最近，高速に動作するデバイスが普及した結果，製品から大きな電磁ノイズが発生するケースが増えて

います．そこで，ノイズの放射と侵入に対する耐量が規制されるようになりました．これらEMC（Electro Magnetic Compatibility；電磁両立性）規格への適合も，安全規格と同様に，販売するための必須条件となっています．

以前は国や地域ごとにそれぞれ異なる基準を有していましたが，現在これらを統合する動きがあり，国際規格であるIEC規格を基にそれぞれの安全規格の改訂が進められています．

表1 製品を販売するときに遵守するべき規格の例
世界の地域によって内容が少しずつ違う

地域	電気的要求	EMC要求		地域
		エミッション ［電磁障害(EMI)； 有害な電磁波を出さない］	イミュニティ ［電磁感受性(EMS)； 電磁波を受けても誤動作しない］	
国際	IEC規格 IEC62368(オーディオ，ビデオ，情報通信機器) IEC60601(医療用機器)	IEC規格　IEC61000　CISPR規格		IECとCISPRは別ではあるが，CISPRはIECの委員会の1つであり，同一とみなせる
日本	電気用品安全法 (電安法第1項適用機器)	電気用品安全法 (製品によっては電波法ほか)	IEC規格　IEC61000	EMC規格は電安法に含まれる
	電気用品安全法 (電安法第2項適用機器)	VCCI(自主規制)	JIS規格＋自主規制	VCCIは自主審査機関であり電安法とは全く別物
米国	UL規格	FCC規格	IEC規格　IEC61000	ULは民間組織，FCCは国の組織で別物
欧州	EN規格　低電圧指令	EN規格　EMC指令		EN規格は電気/ノイズともに規定しており統合された規格

回路・部品
シリアル通信
コネクタ関係
単位・値
電波・無線
あれこれ

② 代表的な安全規格マーク

梅前　尚

製品が販売される国や地域で定められている安全規格に適合し，認可を受けたことの証として，それぞれの安全規格のマークが表示されています（**表2**）．身近な例では，ノート・パソコンなどのACアダプタや充電器などに，これらの安全規格マークを見ることができます．

ほかにも，製品内部で使われる部品のうち，特に安全上重要なヒューズやフォトカプラ，Xコン，Yコン，リレー，電源スイッチ，AC入力用電源コネクタ，ACコードなどにも，安全規格マークが表示されています．

日本のPSEマークは法律（電気用品安全法）に基づくものなので，いわゆる他国の「認証」とは少し意味合いが異なります．JQAやJETなどの第3者機関が法律に準拠しているかどうかの確認である「適合性検査」を行い，製品が電気用品安全法に適合していることが確認されれば，PSEマークを表示することができます．

◆参考文献◆
(1) オムロン：主要安全規格の概要
https://www.fa.omron.co.jp/product/certification/pdf/shuyoukikaku.pdf

表2　安全規格マークのいろいろ（国名/マーク名/規格名または認可機関名）

日本 / PSEマーク / 電気用品安全法	中国 / CCCマーク / CQC	韓国 / KCマーク / KTLなど	台湾 / BSMI	米国 / UL規格	カナダ / CSA	欧州 / CEマーク EN規格	英国 / UKCA（CEマーキング制度とはほぼ同等）
オーストリア / OVE	ベルギー / CEBEC	ノルウェー / NEMKO	スウェーデン / SEMKO	デンマーク / DEMKO	フィンランド / FIMKO	スイス / ESTI	ドイツ / VDE

③ 主要国の安全規格

中　幸政

● **EU指令とEN規格**（EUへの輸出に必要）

EU指令は欧州連合（EU）加盟国共通のルールです．具体的な技術基準を明記しているわけではないので，EU指令を具体的に実施するために，欧州統一規格としてEN規格が制定されています．

EN規格は，基本的にIEC規格またはISO規格に整合されています．EN規格に適合すれば，CEマーキングの表示が可能です．EU諸国に輸出するためには，このCEマーキングが必要です．

EU指令でカバーされる主な指令は，機械指令（98/37/EC），EMC指令（89/336/EEC, 2004/108/EC），低電圧指令（73/23/EEC），R＆TTE指令（1999/5/EC）です．

▶ **EMCに関する規制**

EU指令のうち，EMC指令（89/336/EEC, 2004/108/EC）がEMCに関する規制です．試験により規格適合性を立証し，宣言書を発行すれば，マーキングが可能です．

適合しなければならない代表的なEN規格は，EN55022（EMI），EN55024（EMS），EN61000-3-2（電源高調波），EN61000-3-3（電圧変動）などです．

● **UL/ETL認証**（米国で電気製品の安全性を認証）

UL（Underwriter's Laboratories Inc.）は1894年に火災保険業者電気局（Underwriter's Electrical Bureau）として創設された米国の非営利試験機関です．あらゆる電気製品の安全性について，IEC規格に整合

したUL規格に基づく認証試験を行っています。当初は火災保険契約の条件として運用されていましたが、現在では各州の州法や都市の条例によって強制されているところが多くあります。UL認証は、最終製品に対するLISTINGと、機器の内蔵される部品に対するRECOGNITIONの2つに大別されます。

ULと同格のETL（Electorical Testing Laboratories）認証があり、ULマークの代わりにETLマークを表示する機器も多くあります（図1）。

図1 ULマークとETLマーク

● FCC認証（米国で無線機器を販売するために必要）

FCC（連邦通信委員会：Federal Communications Commission）は、米国国内の放送通信事業の規制監督を行う連邦政府機関です。意図的に電波を放射する通信機器などは、FCCまたはFCCによって指名されているTCB（Telecommunication Certification Body：適合性評価機関）の認証を取得しなければ米国での販売は認められていません。FCC認証を取得している機器にはFCC IDが付与され、製品上に表示することになっています。意図的に電波を放射しないIT機器などは、適合宣言による認定となっています。メーカが自らFCC規格に基づく試験をして適合性を立証し、適合宣言書を発行すれば、マーキングが可能です（図2）。

● 中国強制認証CCC（中国への輸出・販売に必要）

2001年の中国のWTO加盟をきっかけに、従来の「輸入品に対する認証制度（CCIB）」と「国内流通品に対する認証制度（CCEE）」を統合した「新強制認証制度」が2002年5月1日から実施されています。認証を受けた製品には中国強制認証（CCC，China Compulsory Certification）マークの表示が義務付けられ、マークのない製品は、中国への輸出および販売が禁止されています。CCCマークの表示には、中国国家検査機関（CQC）による試験と認証が必要です。

▶安全認証とEMCでマークが異なる

CCCマークには4種類あります。CCCは基本デザインで、右に記された小さな文字が認証の種類を表しています。Sは「安全認証」、EMCは「EMC」、S&Eは「安全及びEMC」、Fは「消防関係」を意味しています。

図2 FCCマーク
米国で無線機器を販売するために必要

● BSMI（台湾のEMC規制）

台湾では、電気・電子製品の安全およびEMC規制は済部標準検験局（BSMI；Bureau of Standards, Metrology and Inspection）が管轄しています。製品により適用される方法が異なります。

● KC（韓国のEMC規制）

情報通信部が管轄している電気通信基本法/電波法による規制と産業資源部が管轄している電気用品安全管理法による規制があります。それぞれ認証を受けるとKCC（Korea Communication Commission）マークとKCマークが付けられていましたが、2011年以降にはKCCマークもKCマークに統合されました。

● CISPR（シスプル）

CISPR（国際無線障害特別委員会）は、無線障害の原因となる各種機器からの不要電波（妨害波）に関し、その許容値と測定法を国際的に合意することによって、国際貿易を促進することを目的として設立されたIEC（国際電気標準会議）の特別委員会です。

> IEC（International Electrotechnical Commission/国際電気標準会議）は1908年に創設された電気分野を専門に扱う標準化機構です。スイスのジュネーブに本部があり、日本も加盟しています。EN規格やUL規格などの主要各国の規格は、IEC規格に整合させています。

回路・部品

シリアル通信

コネクタ関係

単位・値

電波・無線

あれこれ

4 主要国の環境規則

中 幸政

● EU

▶RoHS指令(有害物質使用制限指令)

RoHS(Restriction of Hazardous Substances)は電気・電子機器に含有される特定の有害物質(カドミウム,水銀,鉛,六価クロム,PBB,PBDE)の含有量を制限する規制です.制限量を超えて特定有害物質を含有する製品はCEマーキングができません.

▶WEEE指令(廃電気電子機器指令)

WEEE(Waste Electrical and Electronic Equipment)は,廃電気・電子機器の最終処分量を減らすために,リサイクルを推進する規制です.

▶ELV指令(廃自動車指令)

ELC(End-of-Life Vehicles)指令には,自動車に関するリサイクル要求と特定有害物質の含有制限という2つの要求があります.

▶REACH規則(登録・評価・認可・制限の制度)

REACH(Registration Evaluation, Authorization and Restriction of Chemicals)規則では,特定有害化学物質を年間1トン以上EU圏内で製造または輸入する場合は,欧州化学物質庁に登録しなければなりません.対象となる化学物質はRoHSよりも多いです.

● 中国

▶電子情報製品汚染抑制管理規則(中国版RoHS)

日本では一般的に中国版RoHSと呼ばれています.EUのRoHS指令と同じく,電気・電子機器に含有される特定有害物質の含有量を制限する規制です.対象となる化学物質はEU-RoHSと同じです.

▶廃棄家電及び電子製品汚染防止技術政策(中国版WEEE)

家電や電子製品の廃棄を減らして回収・処理工程での環境汚染を削減するための規制です.

▶電子廃棄物環境汚染防止管理規則

電子廃棄物の分解,利用,処理や電子廃棄物の発生,貯蔵についての規制です.

▶危険化学物品安全管理条例

中国国内で危険化学物品を生産・経営・貯蔵・輸送・使用し,廃棄した危険化学物品を処理する場合の規制です.

▶新規化学物質環境管理方法(中国版REACH)

中国版REACHと呼ばれ,EU-REACHのように年間1トン以上製造または輸入する場合に,環境保護部の化学品登記センターに申告が必要です.

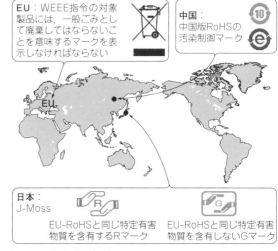

図3 主要国の環境規制

● 日本

▶J-Moss(電気・電子機器の特定の化学物質の含有表示方法 JIS C 0950)

EU-RoHSと同じ特定有害物質を含有する場合は,J-MossのRマークを表示しなければなりません.含有しない場合はGマークを表示できます.

▶化審法(化学物質審査規制法)

化学物質の製造,輸入及び使用に関する規制です.2009年改正でEU-REACHと整合が図られています.

▶グリーン購入法(国等による環境物品等の調達の推進等に関する法律)

国が物品を購入する際には,環境に配慮されたものを購入しなければなりません.民間は努力規定です.

● 米国

▶CA-RoHS

電気・電子機器のリサイクルと有害物質規制は,米国ではまだ法律は制定されていませんが,カリフォルニア州版RoHS「2003年電子機器廃棄物リサイクル法(Electronic Waste Recycling Act of 2003:EWRA)」が2007年1月1日から施行されています.

▶TSCA(有害物質規制法)

TSCA(Toxic Substances Control Act)は,米国環境保護庁(EPA)の定めた化学物質の評価,届け出,登録等に関する基本法です.

▶TRI(有害物質排出インベントリー)

▶Pro-65(安全飲料水および有害物質施行法)

初出一覧

本書の下記の項目は，「トランジスタ技術」誌に掲載された記事をもとに再編集したものです．

学生＆新人エンジニアのための

トラ技Jr.

トラギジュニア

■トラ技ジュニアとは

トラ技ジュニアとは，エレクトロニクス総合誌「トランジスタ技術」の小冊子で，学生さん・新人エンジニアさんに無料で配布しています．申し込んでいただいた先生に郵送しますが，社会人やバック・ナンバー希望の方は，オンライン購入することも可能です．1・4・7・10月の10日に発行しています．
無料配布の申し込みはこちらから．
https://toragijr.cqpub.co.jp/about/#sec02

Twitter @toragiJr

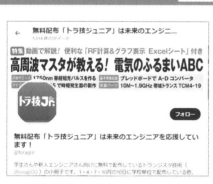

https://twitter.com/toragiJr

Facebook @toragiJr

https://www.facebook.com/toragiJr/

SNS など

公式ウェブ・サイト

https://toragijr.cqpub.co.jp/

メルマガ

トラ技ジュニア 便り＋

https://cc.cqpub.co.jp/system/contents/12/

〈著者一覧〉 五十音順

赤城 令吉	川村 新	広畑 敦
足塚 恭	久山 敏史	藤田 昇
井倉 将実	後閑 哲也	藤平 雄二
池田 直	小林 研一	藤原 孝将
稲葉 保	柴田 肇	古野 直樹
今関 雅敬	瀬川 毅	桝田 秀夫
梅前 尚	竹村 達哉	三原 順一
浦野 千春	登地 功	宮崎 仁
江田 信夫	中 幸政	宮村 智也
大中 邦彦	中村 黄三	森田 一
岡本 修	なのぴこ でばいす	山田 祥之
加藤 高広	浪江 宏宗	山本 真範
河合 一	馬場 清太郎	米倉 玄

エレクトロニクス設計便利帳101

編　集	トランジスタ技術SPECIAL編集部	2023年4月1日発行

発行人　櫻田 洋一　　　　　　　　　　　©CQ出版株式会社 2023
発行所　CQ出版株式会社　　　　　　　　　（無断転載を禁じます）
　　　　〒112-8619　東京都文京区千石4-29-14
電　話　販売 03-5395-2141
　　　　広告 03-5395-2132

編集担当者　島田 義人／平岡 志磨子／上村 剛士
DTP　三晃印刷株式会社／株式会社啓文堂
／美研プリンティング株式会社
印刷・製本　三晃印刷株式会社
Printed in Japan

定価は裏表紙に表示してあります
乱丁，落丁本はお取り替えします